高职高专系列教材·计算机类

局域网组建、管理与安全维护项目教程

吴献文　吴献谋　肖忠良　编著

西安电子科技大学出版社

内 容 简 介

本书采用任务驱动、项目教学的方法，按照理论实践一体化的教学模式组织教学内容，设置了以下完整的教学环节：学习目标—项目描述—项目分解—知识链接—任务实施—任务拓展—练习思考。

全书分为4个部分，共8个项目，这些项目又分为18个任务、59个子任务，主要涉及课程分析、组建网络、管理网络、网络安全维护等方面的内容。本书以实际工作项目为载体，注重技术的实用性。

本书可作为高职高专院校计算机、物联网、电子商务等相关专业“局域网组建、管理与安全维护”课程的教材，也可作为对局域网感兴趣的人员的自学用书。

图书在版编目(CIP)数据

局域网组建、管理与安全维护项目教程 / 吴献文，吴献谋，肖忠良编著. —西安：西安电子科技大学出版社，2020.11

ISBN 978-7-5606-5774-5

Ⅰ. ① 局… Ⅱ. ① 吴… ② 吴… ③ 肖… Ⅲ. ① 局域网—高等职业教育—教材 Ⅳ. ① TP393.1

中国版本图书馆 CIP 数据核字(2020)第 121638 号

策划编辑 陈 婷
责任编辑 刘志玲 陈 婷
出版发行 西安电子科技大学出版社(西安市太白南路 2 号)
电 话 (029)88242885 88201467 邮 编 710071
网 址 www.xduph.com 电子邮箱 xdupfxb001@163.com
经 销 新华书店
印刷单位 陕西天意印务有限责任公司
版 次 2020 年 11 月第 1 版 2020 年 11 月第 1 次印刷
开 本 787 毫米×1092 毫米 1/16 印张 16
字 数 374 千字
印 数 1～3000 册
定 价 38.00 元
ISBN 978-7-5606-5774-5 / TP
XDUP 6076001-1

前　言

本书按照网络管理员、网络工程师的岗位要求，从课程分析入手，明确课程实现目标与任务需求，确定课程在专业学习中的地位和作用，明确课程与岗位之间的关系；依据组网、管网、护网的网络工程实施进程设计整体架构，展现完整过程内容。全书共设计了 8 个项目，遵循由简单到复杂、由浅入深的规律组织各项目；每个项目划分为若干个任务，将网络组建、管理和基本安全所需的技能、知识、态度融入其中，在训练技能的同时注重职业素养的形成。

本书基于 Windows Server 2008 操作系统平台介绍局域网组建、管理与安全维护的操作技能。为了实现与中职课程的衔接，作者以不同类型局域网的组建、管理、安全维护为载体重构了课程内容。全书共分为 4 个部分，即课程分析部分、组建网络部分、管理网络部分、网络安全维护部分。全书的整体结构如下表所示。

篇号	篇名	项　　目	任务和子任务
第 1 部分	课程分析	职业岗位需求分析与课程定位	职业岗位需求分析
			课程定位
			课程设计思路
			课程项目与任务
第 2 部分	组建网络	项目 1：单台计算机接入网络	任务 1：计算机基本设置
			任务 2：接入 Internet
		项目 2：组建对等网络	任务 1：检查和配置单台计算机
			任务 2：组建最简单的对等网络
			任务 3：组建较复杂的对等网络
			任务 4：组建无线对等网络
		项目 3：组建家庭网络	任务 1：组建家庭网络需求分析与结构设计
			任务 2：连接与配置家庭网络
			任务 3：设置 Internet 共享

续表

序号	名称	项　目	任　务
第2部分	组建网络	项目4：组建办公网络	任务1：办公局域网需求分析与结构设计
			任务2：连接与配置办公局域网
		项目5：组建实训室局域网	任务1：组建实训室局域网需求分析与结构设计
			任务2：连接与配置实训室局域网
第3部分	管理网络	项目6：管理网络服务器	任务1：配置Web服务器
			任务2：配置FTP服务器
			任务3：配置DNS服务器
		项目7：管理网络隔离与通信	任务：办公网络安全隔离与通信
第4部分	网络安全维护	项目8：基本网络安全维护	任务：基本网络安全维护

本书的主要特色体现在如下几个方面：

（1）紧跟职业要求，与岗位需求紧密结合。

本书首先对课程进行分析，确定职业岗位需求与课程的关系；通过广泛的调研，确定岗位所需的具体技能、态度、知识目标等。

（2）重实践，但不忽视理论基础。

本书以实践为主体，注重培养学生的动手能力，增加了实践内容的比例，通过任务实施、任务拓展，逐步增强对学生实践技能的培养；同时，本书不忽视理论的指导，遵循“必需、够用”的原则，以“知识链接”的形式补充必要的理论知识，让学生“会做、能懂”，达到知其然并知其所以然的效果。

（3）组织结构新颖，教学环节完整。

本书采用项目式写法，以实际项目为驱动，从大家熟知的家庭网络、办公网络着手，解决生活、工作中的实际问题，从而激发学生的学习兴趣。

每个项目都设置了7个教学环节：学习目标—项目描述—项目分解—知识链接—任务实施—任务拓展—练习思考。从项目准备到项目实施再到效果检查，让学生明白“做什么—怎么做—做完后的效果如何”，尽量让学生能在学习过程中获得成就感。

（4）拓展学习空间，使知识结构立体化，学习内容层次化。

“任务实施”部分可以让大部分学生学会怎么做，但优秀的学生不满足于基础教学，因此本书设计了“任务拓展”部分，以解决“吃不饱”的问题，满足不同层次学生的需求。

本书由吴献文、吴献谋和肖忠良编著。肖素华、廖佳成、言海燕、张朝霞、唐丽玲、刘红梅、旷丽华、薛志良、陈承欢、颜珍平、王煜煜、林东升、谭爱平、王建平、李清霞等老师参与了部分编写、录入、检查、校正、图片处理等工作，在此一并表示感谢。

由于作者水平有限，书中难免存在欠妥之处，欢迎广大读者提出宝贵的意见和建议。作者电子信箱为 wxw_422lxh@126.com。

作　者

2020 年 4 月

目　　录

第 1 部分　课 程 分 析

本部分主要包括本课程的职业岗位需求分析、课程定位、课程设计思路、课程项目与任务。

1. 职业岗位需求分析

1) 岗位分析

通过查询 51job(前程无忧)、智联招聘、528 招聘网、job168 等专业人才招聘网站的招聘信息并加以分析，同广东、江苏、浙江、湖南、北京等地与网络相关的大中型国有、外资、民营企业等用人单位进行研讨后，对一些有代表性的信息进行了分析和整理，如表 1 所示。

表 1　职 位 信 息

岗位名称	用人单位	职位要求与描述信息
网络工程师	武汉某信息科技开发有限公司	**岗位职责：** 1. 负责客户系统网络的规划与实施； 2. 独立完成交换机等网络设备的调试； 3. 熟悉主流网络产品，编写项目实施方案。 **任职要求：** 1. 精通 TCP/IP 协议，熟悉主流网络产品设备的调试、维护； 2. 熟练掌握 VLAN、STP、IGMP-Snooping 等以太网交换技术； 3. 熟练掌握 MPLS VPN、BGP、OSPF 等常用路由协议以及 VRRP 等网络技术； 4. 具有至少 3 年以上项目实施或网络设备维护经验； 5. 具有 CCNP 或者相当级别的网络技术能力，通过 CCIE、HCIE-R&S 者优先
	深圳某互联科技有限公司	**岗位职责：** 1. 协助软件工程师进行开发项目的操作； 2. 进行网络的维护和管理； 3. 在软件工程师的指导下，根据要求完成简单的测试工作。 **岗位条件：** 1. 17～29 岁，对计算机有浓厚兴趣，喜欢互联网工作，能尽快入职并长期稳定工作； 2. 应往届毕业生、想转行人士均可，有无经验均可，公司有老同事负责辅导工作； 3. 必须有积极向上的心态，工作态度认真

续表一

岗位名称	用人单位	职位要求与描述信息
网络管理员	北京某科技发展有限公司	**岗位职责：** 1. 负责维护公司的计算机硬件； 2. 负责搭建与配置计算机网络，根据需求设计网络方案； 3. 负责与网络供应商配合维护和监控项目公司的局域网，保证其正常运行； 4. 负责安装和维护项目公司的计算机、服务器系统软件和应用软件，同时为其他部门的软硬件提供技术支持； 5. 负责排除各种软硬件故障，做好记录，定期制作系统运行报告； 6. 负责维护数据中心，对系统数据进行备份，对公司无形资产进行统计和管理； 7. 负责检查公司视频监控系统及电话监控系统的工作情况，确保公司财务安全及信息安全； 8. 负责配合各部门的需求，对电脑、电话、网络等进行调整，确保调整后相应的部门能正常工作； 9. 负责公司办公网络的维护工作，建立公司的网络办公系统，保证公司网络的正常运行； 10. 协助部门经理做好档案资料归档及交接工作。 **任职要求：** 1. 大专及以上学历，通信、电子工程、自动化、计算机及其相关专业毕业； 2. 具有三年以上工作经验，具备网络工程专业知识，接受过与岗位相关的专业培训； 3. 熟练操作日常办公软件及与岗位相关的专业软件； 4. 具备本岗位所需的专业技能，熟知操作流程，能较好地独立完成日常工作
系统工程师	上海某科技股份有限公司	**岗位职责：** 1. 负责公司内部网络建设、维护、监控及管理，保证网络系统安全； 2. 负责 PC、服务器、路由器等设备的安装、调试、维护和管理； 3. 负责提出售前、售中、售后客户的硬件设备及系统集成解决方案； 4. 负责售后服务，如无线 AP、路由器、交换机、服务器、存储设备、打印设备等的安装、调试和连接； 5. 熟悉服务器安装、调试，能做 RAID，做冗余，做双机热备，并熟悉系统安装及故障排除等； 6. 负责 ERP 系统及档案管理等日常办公系统的维护，对技术档案、后台数据进行定期存档和备份； 7. 配合相关部门做好售前、售中、售后的服务工作； 8. 配合相关部门做好公司内部的相关工作； 9. 做好领导交办的其他工作。 **任职要求：** 1. 大专以上学历，计算机、网络、通信、电子信息等相关专业毕业； 2. 具有四年以上相关工作经验，能独立承担网络设备的日常维护与管理工作； 3. 熟练掌握网络安全知识及相关设备技术； 4. 有团队合作精神，认同企业文化； 5. 做事积极主动，有较强的学习、沟通和协作能力

续表二

岗位名称	用人单位	职位要求与描述信息
高级网络工程师	湖南某信息技术有限公司	**岗位职责：** 1. 负责大型城域网等网络架构的规划、设计、调整、性能优化； 2. 负责网络环境的管理、配置、排错、维护； 3. 负责网络设备的安装、配置、管理，提供网络设备维护方案。 **任职要求：** 1. 具有计算机相关专业大专以上学历，以及三年以上网络规划设计或运维管理经验； 2. 华三/华为(路由、交换)技术过硬，具备配置、排错能力，熟悉网管软件及工具，熟悉大二层、OSPF、BGP、MPLS VPN 等技术； 3. 熟悉主流厂商防火墙、负载均衡、流控等安全及管理设备的工作原理和配置方法； 4. 具备良好的服务意识、沟通能力、项目管理能力及文档写作能力； 5. 勤奋敬业，责任心强，能吃苦耐劳，抗压能力强，有团队合作精神； 6. 具有华为安全认证、H3C 路由交换或安全认证、ITIL 证书或项目经理证书者优先

2) 岗位态度需求、技能需求、知识需求分析

通过对多家公司网络相关岗位(涉及的岗位包括网络管理员、网络工程师、高级网络工程师、系统工程师、系统高级工程师、系统集成工程师等)的调研，综合岗位要求及其描述信息，以网络工程师、网络管理员为主，分析归纳需要的知识、技能和工作态度，如表 2 所示。

表2 岗位知识需求、技能需求、态度需求分析

知识需求	技能需求	态度需求
1. 熟悉网络通信原理、TCP/IP 协议簇、网络操作系统； 2. 熟练使用各种报文捕获工具进行报文捕获与分析； 3. 对 Windows、UNIX、Linux 等操作系统有一定了解，熟悉通信网络基础知识、网络通信协议； 4. 具有一定的计算机网络基础知识，熟悉各种常用网络设备，能解决上网时遇到的问题； 5. 对计算机网络、TCP/IP 协议基础理论、主流操作系统的网络设置有较好的了解和认识； 6. 熟悉计算机操作维修、局域网防病毒维护、上网设置	1. 有较强的分析、解决问题的能力，对新兴的网络应用和网络发展趋势具有较高的敏锐性。 2. 有对新技术、新设备的自学能力和较强的动手操作能力，并积极主动学习。 3. 善于与客户沟通，有较强的分析问题、解决问题的能力。 4. 能适应快节奏的工作，能独立解决日常办公软件中的问题。 5. 语言表达清楚、明确，思维敏捷，逻辑能力强。 6. 能根据用户需求独立选择、购买和配置网络设备；能根据用户需求组建局域网，保障局域网正常运行；能有效利用硬件和软件工具快速定位局域网中存在的故障并进行排除。 7. 会设计拓扑结构并使用 Visio 软件绘制拓扑结构图。 8. 熟悉主流网络设备及日常操作维护	1. 为人正直，热爱网管工作，愿意长期从事此业务； 2. 善于学习，追求上进，踏实肯干； 3. 具备良好的合作精神； 4. 有吃苦耐劳的精神以及良好的服务意识，积极乐观； 5. 诚实守信，品行端正； 6. 工作认真细致； 7. 有很强的责任意识； 8. 服从工作安排，能够承担一定的工作压力

3) 职业与行业标准分析

根据国家软件水平考试网络管理员和网络工程师标准、网络管理员国家职业标准、计算机网络技术人员职业标准等，本课程主要适用于计算机基本操作、操作系统安装与应用、网络设计与安装、网络维护、网络故障检测与维修等技能训练及相关职业素养的养成。

理论知识与技能要求主要包含的内容如表3所示。

表3　理论知识与技能要求的内容

概要说明	详细要求
基本要求	职业道德
	基本知识
通信线路	对外互联网
网络设备	网络运行状况
	设备配置与维护
	熟悉设备性能
网络服务器与终端设备	终端设备的安装与配置
	终端设备的日常维护
	服务器的监控
	基本服务监视
服务器系统	应用服务器的安装与配置
	服务器系统的安装与配置
	数据库系统的配置与优化
网络系统	设备优化配置与维护
	系统性能分析优化与故障排除

2. 课程定位

“局域网组建”是高职高专院校计算机教学中的重要课程，是计算机网络技术专业的一门必修的核心课程。本课程旨在引导学生掌握家庭、宿舍、实训室等常见局域网组建与维护所必备的知识和技能。本课程的主要训练目标如表4所示。

表4　课程的主要培养目标

培养目标	目标描述
总体目标	培养学生利用局域网基础知识完成常用小型局域网的组建，能完成局域网组建的规划、设计。通过教师的教学工作，不断激发并强化学生的学习兴趣，引导他们逐渐将兴趣转化为稳定的学习动机，以使他们树立自信心，锻炼克服困难的意志，乐于与他人合作，养成积极努力、健康向上的品格，同时培养学生严谨、细致的工作作风，使其保持认真的工作态度

续表

培养目标	目 标 描 述
方法能力目标	1. 培养学生谦虚、好学的品格； 2. 培养学生勤于思考、认真做事的良好作风； 3. 培养学生良好的学习态度； 4. 培养学生举一反三的能力； 5. 培养学生理论联系实际的能力和严谨的工作作风，养成发现问题、解决问题并做好问题处理办法记录的习惯
社会能力目标	1. 培养学生的沟通能力及团队协作精神，培养耐心、细致、严谨的工作态度，形成不放弃细微问题、不骄不躁的工作作风； 2. 培养学生分析问题、解决问题的能力； 3. 培养学生敬业乐业的工作作风； 4. 培养学生的表达能力； 5. 培养学生吃苦耐劳的精神
专业能力目标	1. 了解局域网组建所必须具备的理论知识； 2. 通过参观校园网络、实训室网络、办公网络，根据实际情况对这些网络进行分析与设计，知道如何进行网络规划与设计，熟练掌握常用局域网的组建、配置与管理； 3. 熟悉无线局域网的标准、拓扑结构、常用设备、组建方式及基本安全配置等； 4. 掌握局域网的安全与管理

本课程的前导课程是“计算机网络基础”“电工电子技术”“计算机组装与维护”。通过前导课程的学习，学生已基本掌握了计算机网络的基础知识和必备技能，如 IP 地址的组成和作用、模拟电路、数字电路、计算机部件及相关安全操作规程与规范。其后续课程是“网络设备安装与配置”“网络规划与实现”“网络安全”等设备使用、网络规划设计、网络安全措施设置等方面的管理与规划课程。本课程起承前启后的作用，学生学习后能完成局域网络的使用、组建、配置、维护和设计等任务。

3. 课程设计思路

本课程的整体设计思路是：以项目为载体，纵向从基础项目到复杂项目，从有线局域网项目到无线局域网项目，涵盖了局域网的绝大部分内容；横向以学生认识规律为依据，首先从物理上直观的网络结构出发，让学生体验网络功能，然后引导学生自己动手进行网络需求分析，构建网络，最后指导其根据网络情况进行网络管理与安全维护。课程设计思路与基本结构如表 5 所示。

表 5 课程设计思路与基本结构表

序号	“部分”名称	项目	主要内容
1	组网	单台计算机接入网络	任务 1： 硬盘分区→安装操作系统→安装驱动程序→安装和配置 TCP/IP
			任务 2：安装网络适配器→制作网线→制作信息模块→接入 Internet
2		组建对等网络	任务 1：查看计算机的配置情况→查看网络服务安装情况
			任务 2：连接两台计算机→配置网络→共享文件和文件夹
			任务 3：共享资料→连接设备→共享打印机
			任务 4：选择无线网卡→安装无线网卡驱动程序→配置无线网络属性→测试对等网络
3		组建家庭网络	任务 1：用户调查分析→需求分析→网络结构设计
			任务 2：管理共享文件夹→访问共享文件夹
			任务 3：认识 Internet 连接共享→配置 Internet 连接共享
4		组建办公网络	任务 1：用户调查分析→需求分析→网络结构设计
			任务 2: IP 地址规划→选购网络设备→组建和配置网络→实时交流软件的安装与配置→服务器空间分配→测试网络
5		组建实训室局域网	任务 1：用户调查分析→需求分析→网络结构设计
			任务 2：选购并安装网络硬件设备及相应的软件→设置 Internet 连接共享→配置 DHCP 服务器→快速恢复多机系统→远程管理服务器
6	管网	管理网络服务器	任务 1：架设 Web 服务器→配置和管理 Web 服务器
			任务 2：安装准备→架设 FTP 服务器→配置 FTP 服务器→用 Serv-U 创建和配置 FTP 服务器
			任务 3：安装准备→架设 DNS 服务器→配置和管理 DNS 服务器→设置客户端 DNS→检测 DNS 设置
7		管理网络隔离与通信	划分 VLAN→配置 VLAN 间的路由
8	护网	基本网络安全维护	备份与还原系统→数据备份与恢复

4. 课程项目与任务

本课程以培养学生的实际应用能力为目标，遵循从简单到复杂、从低级到高级、从单一到综合、循序渐进的认识规律，其整体设计内容相对独立地形成一个有梯度、有层次、有阶段性的技能训练体系。

整个技能训练体系分为组网、管网、护网 3 部分，对接中职网络专业课程。每个部分中设置若干个项目，所有技能训练与理论知识学习都围绕这些项目展开，在每个项目下设计了具体的任务和子任务，所有项目链接起来形成了局域网使用、组建、管理与维护的完整的应用体系，其中每个项目也可自成一体，用于训练单方面的能力，读者可根据各自的实际情况及需要进行不同项目的组合，以达到不同的训练目标。

本课程所有项目均采用大家耳熟能详的真实生活案例，具体、形象、客观，让学生不仅能够熟悉局域网相关理论与操作，还能真正了解知识应用的环境和需掌握的技能，彻底解决学什么，怎么学，学到什么程度，学了有什么用，用了有什么效果的疑惑，激活学生的学习、创造能力，提高学习兴趣。

本课程的技能训练体系如表 6 所示。

表 6　技能训练体系列表

篇号	篇名	项目	任务和子任务		学时数
第 1 部分	课程分析	职业岗位需求分析与课程定位	职业岗位需求分析		2
			课程定位		
			课程设计思路		
			课程项目与任务		
第 2 部分	组建网络	项目 1：单台计算机接入网络	任务 1：计算机基本设置	任务 1-1：硬盘分区	4
				任务 1-2：安装操作系统	
				任务 1-3：安装驱动程序	
				任务 1-4：安装和配置 TCP/IP	
			任务 2：接入 Internet	任务 2-1：安装网络适配器	4
				任务 2-2：制作网线	
				任务 2-3：制作信息模块	
				任务 2-4：接入 Internet	
		项目 2：组建对等网络	任务 1：检查和配置单台计算机	任务 1-1：查看计算机的配置情况	2
				任务 1-2：查看网络服务安装情况	
			任务 2：组建最简单的对等网络	任务 2-1：连接两台计算机	2
				任务 2-2：配置网络	
				任务 2-3：共享文件和文件夹	
			任务 3：组建较复杂的对等网络	任务 3-1：共享资料	2
				任务 3-2：连接设备	
				任务 3-3：共享打印机	
			任务 4：组建无线对等网络	任务 4-1：选择无线网卡	4
				任务 4-2：选择无线网卡驱动程序	
				任务 4-3：配置无线网络属性	
				任务 4-4：测试对等网络	
		项目 3：组建家庭网络	任务 1：组建家庭网络需求分析与结构设计	任务 1-1：用户调查分析	2
				任务 1-2：需求分析	
				任务 1-3：网络结构设计	
			任务 2：连接与配置家庭网络	任务 2-1：管理共享文件夹	2
				任务 2-2：访问共享文件夹	
			任务 3：设置 Internet 共享	任务 3-1：认识 Internet 连接共享	2
				任务 3-2：配置 Internet 连接共享	

续表

篇号	篇名	项目	任务和子任务		学时数
第2部分	组建网络	项目4：组建办公网络	任务1：办公局域网需求分析与结构设计	任务1-1：用户调查分析	2
				任务1-2：需求分析	
				任务1-3：网络结构设计	
			任务2：连接与配置办公局域网	任务2-1：IP地址规划	8
				任务2-2：选购网络设备	
				任务2-3：组建与配置网络	
				任务2-4：实时交流软件安装与配置	
				任务2-5：服务器空间分配	
				任务2-6：测试网络	
		项目5：组建实训室局域网	任务1：组建实训室局域网需求分析与结构设计	任务1-1：用户调查分析	2
				任务1-2：需求分析	
				任务1-3：网络结构设计	
			任务2：连接与配置实训室局域网	任务2-1：选购并安装网络硬件设备及相应的软件	8
				任务2-2：设置Internet连接共享	
				任务2-3：配置DHCP服务器	
				任务2-4：快速恢复多机系统	
				任务2-5：远程管理服务器	
第3部分	管理网络	项目6：管理网络服务器	任务1：配置Web服务器	任务1-1：架设Web服务器	2
				任务1-2：配置和管理Web服务器	
			任务2：配置FTP服务器	任务2-1：安装准备	4
				任务2-2：架设FTP服务器	
				任务2-3：配置FTP服务器	
				任务2-4：用Serv-U创建和配置FTP服务器	
			任务3：配置DNS服务器	任务3-1：安装准备	2
				任务3-2：架设DNS服务器	
				任务3-3：配置和管理DNS服务器	
				任务3-4：设置客户端DNS	
				任务3-5：检测DNS设置	
		项目7：管理网络隔离与通信	任务：办公网络安全隔离与通信	任务1-1：划分VLAN	8
				任务1-2：配置VLAN间的路由	
第4部分	网络安全维护	项目8：基本网络安全维护	任务：基本网络安全维护	任务1-1：备份与还原系统	4
				任务1-2：数据备份与恢复	
共计					66

第2部分 组建网络

通过对“网络管理员”“网络工程师”职业所需知识、态度、技能的调研，对国家软件水平考试(网络管理员与网络工程师)考试大纲、考试真题的分析，对国家网络管理员职业标准的阅读与理解，编者团队认为，有扎实的基本功会更容易接受新技术和培养新技能，因此，本书强调单台计算机的硬件安装、分区、操作系统安装、网线制作等基础工作，并要求达到熟练操作的程度。

项目1 单台计算机接入网络

计算机网络是将地理位置不同、具有独立功能的多个计算机系统通过通信设备和线路连接起来，以功能完善的网络软件(包括网络协议、信息交换方式及网络操作系统等)来实现资源共享的系统。它是信息传输、接收、共享的虚拟平台，通过把点、面、体的信息联系到一起，实现资源共享。

网络由计算机系统、通信设备、线路和网络软件等各自独立的部件组成，组建网络前应确认各个部件是否已经准备好。"万丈高楼平地起"，要建好网络，首先要准备好基础条件，本项目主要训练网线制作、信息模块制作、单台计算机的基本配置等方面的技能。

学 习 目 标

知识目标	• 了解网线制作标准和常见的传输介质； • 了解网卡的作用和特点； • 掌握 TCP/IP 的内容和作用； • 熟悉操作系统的作用
技能目标	• 熟练掌握网线的制作； • 熟练掌握操作系统和驱动程序的安装； • 熟悉 TCP/IP 及网络配置，能满足上网要求； • 能完成系统备份，保证系统安全； • 学会测试网络的连通性； • 能辨别水晶头质量的好坏
相关知识点	• 常用传输介质的种类和质量； • 网线制作标准； • 基本测试工具安全操作规程和使用注意事项； • IP 地址规则
技能考核点	• 能制作直通网线和交叉网线，并正确应用网线连接网络设备； • 会使用网络连通性测试工具判别网线是否通畅； • 能够正确安装和配置 TCP/IP 属性，并能判断安装是否正确，协议是否配置正常； • 能够正确安装设备 • 网络测试正常

项 目 描 述

小明家原有的计算机多次出现故障，因此，小明的爸爸想重新购买一台计算机，一方面为了丰富自家的业余生活，提高生活质量，另一方面为了改善工作环境，提高工作效率，在家里也可以办公。该计算机除了能处理日常文档外，还能上网完成信息搜索和娱乐，并且需要保证上网安全，免受病毒等威胁，当出现问题的时候能迅速恢复到正常状态。

小明刚学完计算机组装与维护的相关课程，想抓住这个良好的练习机会，进一步熟悉计算机内部结构。他计划分两步走：第一步，购买和安装硬件，包括机箱、主板、电源、硬盘、显卡、声卡、网卡等；第二步，进行电脑软件配置、驱动安装、操作系统安装等操作。

项 目 分 解

本项目的主要任务如表 1-1 所示。

表 1-1　主 要 任 务

任务名称	操作环境描述	主要子任务
任务 1　计算机基本配置	小明购置了一台计算机：硬盘只在出厂的时候进行过低级格式化，为了方便存放数据，容易查找数据，需要将硬盘分为几个区，用于分类存放；没有装操作系统；硬件还需要驱动才能使用	(1) 硬盘分区； (2) 安装操作系统； (3) 安装驱动程序； (4) 安装和配置 TCP/IP
任务 2　接入 Internet	小明家原有电信上网账号，现在计划仍然使用该账号，把该计算机接入 Internet	(1) 安装网络适配器； (2) 制作网线； (3) 制作信息模块； (4) 接入 Internet

知 识 链 接

【链接 1】　网 络 适 配 器

1. 网络适配器的定义

网络适配器是计算机联网设备，又称网卡或网络接口卡(Network Interface Card，NIC)，其内核是链路层控制器，该控制器通常是实现了许多链路层服务(包括成帧、链路接入、流量控制、差错检测等)的单个特定目的的芯片。

网络适配器安装在计算机主板插槽中，负责将用户要传递的数据转换为网络上其余设备能识别的格式，通过网络介质进行传输。其主要技术参数为带宽、总线方式、电气接口方式等。一台计算机没有网卡就没有联网的硬件基础，就不能与其他计算机通信。

2. 网络适配器的主要功能

网络适配器的主要功能包括如下几个方面：

(1) 进行串行/并行转换。

(2) 对数据进行缓存。

(3) 进行帧的封装与组合。

(4) 实现以太网协议。

3. MAC 地址

1) MAC 地址的定义

在网络适配器上都有一个全球唯一的 ID 号，这就是 MAC(Media Access Control)地址，是介质访问控制子层上使用的地址，又称为物理地址。该地址是固化的，不能随便更改和擦除。

2) MAC 地址的表示方法

MAC 地址与网络无关，带有这个地址的硬件(如网卡)无论接入哪个网络， MAC 地址都不变。MAC 地址可采用 6 字节(48 比特)或 2 字节(16 比特)表示，但随着 LAN 规模增大，现在一般都采用 6 字节(12 个十六进制数)。每 2 个十六进制数之间用冒号隔开，为 1 个字节。MAC 地址表示如图 1-1 所示。

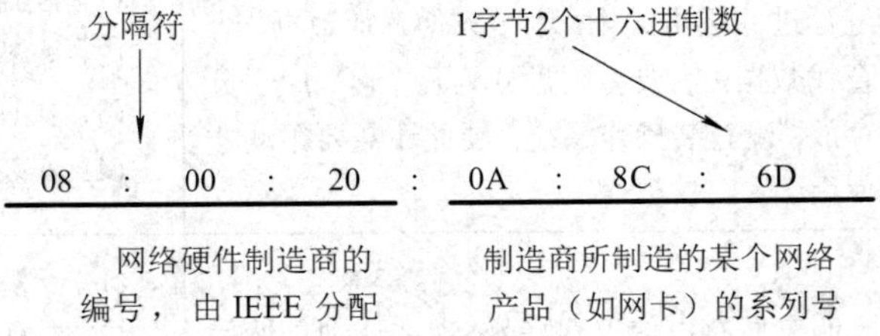

图 1-1　MAC 地址表示图

注意

每个网络制造商必须确保它所制造的每个以太网设备都具有相同的前 3 个字节以及不同的后 3 个字节。这样就可保证世界上每个以太网设备都具有唯一的 MAC 地址。

3) 查看 MAC 地址

单击“开始”→“运行”，打开“运行”对话框，在该对话框的文本框中输入“CMD”命令，单击<Enter>键，进入 DOS 提示符界面，在 DOS 提示符下输入“Ipconfig/all”命令，单击<Enter>键，出现如图 1-2 所示的界面，即可看到目前所使用的网络适配器的 MAC 地址。

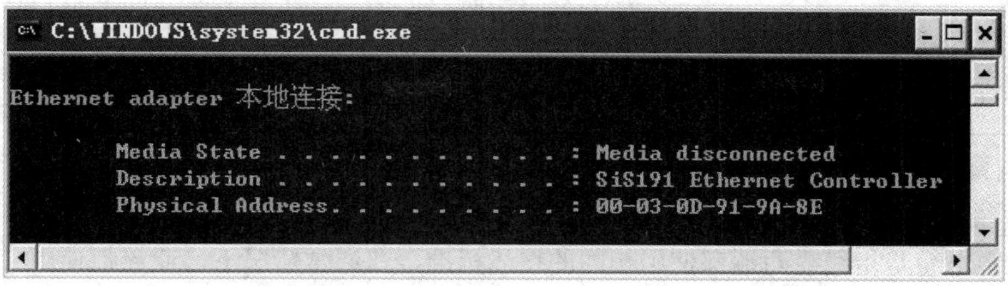

图 1-2　查看 MAC 地址图

4. 网络适配器的工作原理

发送数据时，网卡首先侦听介质上是否有载波(载波由电压指示)，如果有，则认为其他站点正在传送信息，继续侦听介质。一旦通信介质在一定时间段内(称为帧间缝隙 IFG，为 9.6 μs)是安静的，则认为没有被其他站点占用，就开始发送数据帧，同时继续侦听通信介质以检测冲突。

数据发送期间，如果检测到冲突，则立即停止该次发送，并向介质发送一个“阻塞”信号，告知其他站点已经发生冲突，从而丢弃那些可能一直在接收的受到损坏的帧数据，并等待一段随机时间(CSMA/CD 确定等待时间的算法是二进制指数退避算法)。在等待一段随机时间后，再进行新的发送。如果重传多次(大于 16 次)后仍发生冲突，就放弃发送。

接收时，网卡浏览介质上传输的每个帧，如果其长度小于 64 字节，则认为是冲突碎片。如果接收到的帧不是冲突碎片且目的地址是本地地址，则对帧进行完整性校验。如果帧长度大于 1518 字节(称为超长帧，可能由错误的 LAN 驱动程序或干扰造成)或未能通过 CRC 校验，则认为该帧发生了畸变。通过校验的帧被认为是有效的，网卡将它接收下来进行本地处理。

【链接 2】　EIA/TIA 568A 与 EIA/TIA 568B

1. 国际标准

网线的连接标准很多，最常用的有美国电子工业协会(EIA)和电信工业协会(TIA)1991 年公布的 EIA/TIA 568 规范，包括 EIA/TIA 568A 和 EIA/TIA 568B，这是超 5 类双绞线为达到性能指标和统一接线规范而制定的两种国际标准线序，如表 1-2 所示。

表 1-2　标 准 线 序

568 标准	线序							
	1	2	3	4	5	6	7	8
EIA/TIA 568A	白绿	绿	白橙	蓝	白蓝	橙	白棕	棕
EIA/TIA 568B	白橙	橙	白绿	蓝	白蓝	绿	白棕	棕

现在标准规定使用 4 根针脚(1、2、3 和 6)，1 和 2 用于发送，3 和 6 用于接收，针脚使用情况如表 1-3 所示。

表 1-3　针 脚 列 表

针脚	1	2	3	4	5	6	7	8
功用	发送	发送	接收	不使用	不使用	接收	不使用	不使用

2. 直通电缆与交叉电缆

1) 直通电缆

直通电缆是指线缆两端都使用相同的接线标准。在通常情况下，业界都使用 EIA/TIA 568B 标准，如图 1-3 所示。

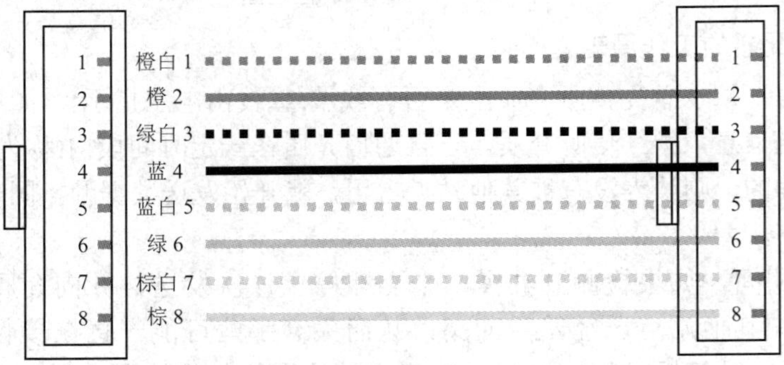

图 1-3　直通电缆示意图

2) 交叉电缆

交叉电缆的线缆一端使用 EIA/TIA 568A 线序，另一端则使用 EIA/TIA 568B 线序，如图 1-4 所示。

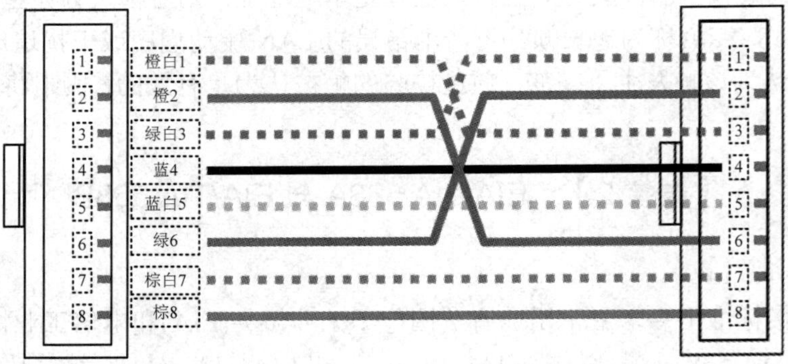

图 1-4　交叉电缆示意图

3) 直通电缆与交叉电缆的作用

直通电缆的作用是将不同设备连接在一起，如计算机连接交换机；交叉电缆的作用是将同种设备连接在一起，如计算机连接计算机，交换机连接交换机。

注意

为了让交换机与交换机之间也能用直通电缆连接，很多交换机上有一个 UP-LINK 专用口，将一台交换机的 UP-LINK 专用口接到另一台交换机的普通端口时，可以用直通电缆。现在很多高档一点的交换机的端口对线序都是自适应的，很少用到交叉线。

【链接 3】　TCP/IP 通信协议

1. TCP

TCP(Transmission Control Protocol)是传输层一种面向连接的通信协议，提供可靠的数据传送。为了保证可靠的数据传输，TCP 还要完成流量控制和差错检验，适用于大批量的数据传输。

2. IP

IP(Internet Protocol)是网络层一种面向无连接的通信协议。为使主机统一编址，网络协议定义了一个与底层物理地址无关的编址方案，该方案产生的地址称为 IP 地址，用该地址可以定位主机在网络中的具体位置。IP 是 TCP/IP 协议簇网络层中最核心的协议。

无连接是指主机之间不建立用于可靠通信的端到端的连接，源主机只是简单地将 IP 数据包发送出去，而数据包可能会丢失、重复、延迟时间长或者出现乱序，是“尽力”传输。

注意

与 MAC 地址(物理地址)对应，IP 地址是逻辑地址，使用的标准有 IPv4 和 IPv6 两个版本。如今应用的主要是 IPv4 版本，就是给每个连接在因特网上的主机(或路由器)分配一个在全世界范围内唯一的 32 bit 标识符，但就目前的情况来看，IPv4 地址已快用尽。

3. IP 地址

1) IP 地址的表示方法

目前编址方案采用的是 IPv4 版本，用 4 个字节共 32 位二进制数表示。常用的表示方法有两种，如表 1-4 所示。

表 1-4　IP 地址表示方法

表示方法	含　义	示　例
点分十进制法	将每个字节的二进制数转化为 0～255 的十进制数，各字节之间采用“.”分隔	192.168.1.28
后缀标记法	在 IP 地址后加“/”，其后的数字表示网络号位数	192.168.1.28/24，24 表示网络号位数是 24

2) IP 地址的组成

Internet 包括了多个网络，每个网络又拥有多台主机，IP 地址由网络号和主机号两部分组成，如图 1-5 所示。

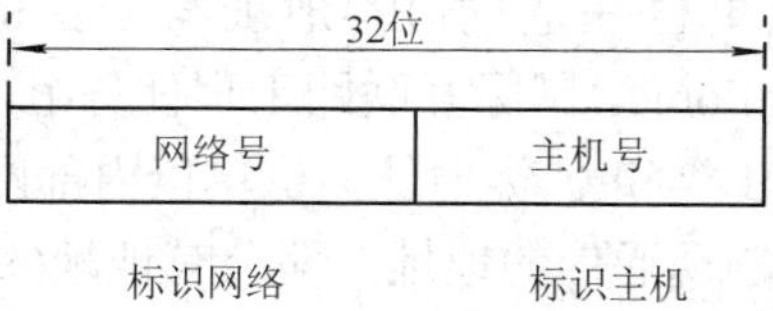

图 1-5　IP 地址组成示意图

3) IP 地址的分类

为适应不同大小的网络，Internet 定义了 5 种类型的 IP 地址，即 A、B、C、D、E 类，广泛应用的是 A、B、C 类，D 类用于多播，E 类用于保留将来使用的地址。各类地址构成如图 1-6 所示。

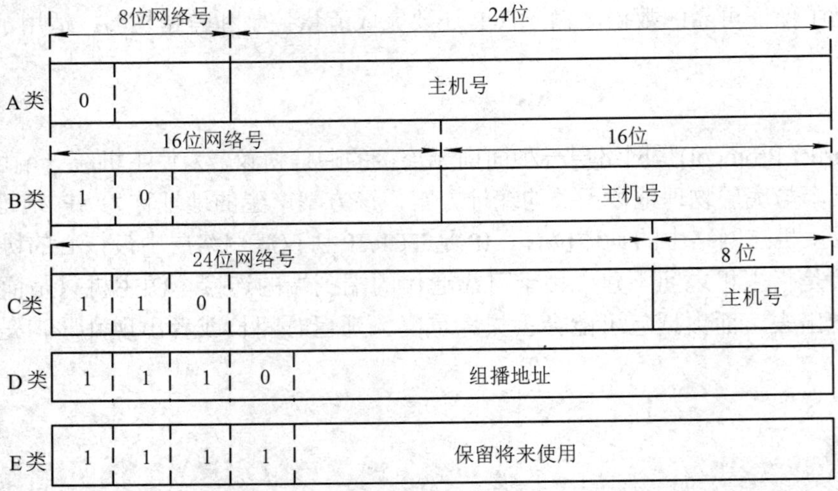

图 1-6　IP 地址的分类

在判断地址类别时，首先将十进制表示的地址转换为二进制数，然后根据图 1-6 中的前几位进行判别。

4) 特殊的 IP 地址

IP 地址除了可以表示主机的一个物理连接外，还有几种特殊的表现形式，如表 1-5 所示。

表 1-5　特殊的 IP 地址

地　址	含　义	实　例
网络地址(全 0 地址)	主机地址全为 0	192.168.1.0 表示 C 类网络的所有主机
直接广播地址(全 1 地址)	主机地址全为 1，向指定网络广播	192.168.1.255 表示向 C 类网络所有主机发送广播
有限广播地址	32 位 IP 地址均为 1，表示向本网络进行广播	255.255.255.255
回送地址	用于网络软件测试以及本地计算机间通信的地址	127.0.0.1

5) 私有地址(内部网络地址)

私有地址是指为了避免单位任选的 IP 地址与合法的 Internet 地址发生冲突，IETF(Internet Engineering Task Force，国际互联网工程任务组，是一个公开性质的大型民间国际团体)分配具体的 A 类、B 类和 C 类地址，供单位内部网使用。与之相对应的就是符合分类原则，能在 Internet 上实现通信的地址，即公有地址(外网地址或合法地址)。

IETF 规定的私有地址如表 1-6 所示。

表 1-6 私有地址范围

私有地址	范 围
A类	10.0.0.0~10.255.255.255
B类	172.16.0.0~172.31.255.255
C类	192.168.0.0~192.168.255.255

注意

内部私有地址可在不同的内部网络中重复使用，这样可节省 IP 地址，同时可以隐藏内部网络的结构。

6) IP 地址的分配方法

IP 地址分配有静态分配和动态分配两种方法。静态分配法是采用指定 IP 地址的方法，使每台上网的计算机都拥有一个固定不变的 IP 地址。动态分配法是采用自动获取 IP 地址的方法，在打开计算机时，由动态主机配置协议(Dynamic Host Configuration Protocol，DHCP) 临时分配一个 IP 地址，当用户关机时，地址被释放。动态分配时，计算机所获得的 IP 地址是不固定的。在“Internet 协议(TCP/IP)属性”对话框中，静态分配和动态分配如图 1-7 所示。

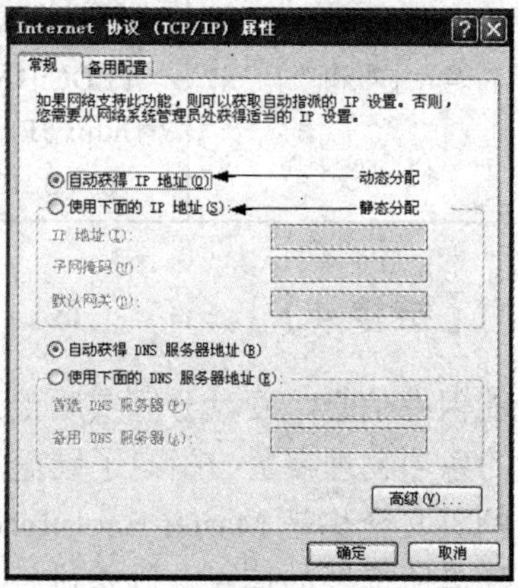

图 1-7 “Internet 协议(TCP/IP)属性”对话框

注意

动态分配时，计算机获得的 IP 地址不是随意的，也只是在 DHCP 服务器设置的 IP 地址范围内变动。这会在后面章节中详细介绍。

7) IPv6 编址技术

IPv6 是 Internet Protocol Version 6 的缩写，也被称作下一代互联网协议，由 IETF 设计，是用来替代 IPv4 协议的一种新的 IP 协议。

IPv6 是为了解决 IPv4 地址匮乏等问题而提出的，并在路由、自动配置等方面提出了改进。与 IPv4 相比，IPv6 具备简化的报头和灵活的扩展、层次化的地址结构、网络层的认证与加密、服务质量的满足、对移动通信更好的支持等特点。

IPv6 地址的标准表示方法是将 128 位地址以 16 位作为一个分组，每个 16 位分组写成 4 个十六进制数，中间用冒号分隔，称为冒号分十六进制格式。例如，21DA:00D3:0000:2F3B:02AA:00FF:FE28:9C5A 是一个完整的 IPv6 地址。

IPv6 的地址表示有一些特殊情形，如表 1-7 所示。

表 1-7 IPv6 地址的特殊表示法

特殊情形	处理办法	实　例
分组中前导位为 0	去除 0，但每个分组必须至少保留一位数字	21DA:D3:0:2F3B:2AA:FF:FE28:9C5A
较长的零序列	将相邻连续零位合并，用双冒号“::”表示，但“::”符号在一个地址中只能出现 1 次	• 1080:0:0:0:8:800:200C:417A 可表示为 1080::8:800:200C:417A。 • 0:0:0:0:0:0:0:1 可表示为::1。 • 0:0:0:0:0:0:0:0 可表示为::
与 IPv4 混合	x:x:x:x:x:x:d.d.d.d。其中，x 是地址中 6 个高阶 16 位分组的十六进制值，d 是地址中 4 个低阶 8 位分组的十进制值(用标准 IPv4 表示)	• 0:0:0:0:0:0:13.1.68.3 表示为::13.1.68.3。 • 0:0:0:0:0:FFFF:129.144.52.38 表示为::FFFF.129.144.52.38
在一个 URL 中使用文本 IPv6 地址	文本地址应用符号“[”和“]”来封闭	十六进制地址为 FEDC:BA98:7654:3210:FEDC:BA98:7654:3210，URL 的访问形式为 http://[FEDC:BA98:7654:3210:FEDC:BA98:7654:3210]:80/index.html

【链接 4】 分　　区

硬盘只有经过格式化后才能保存信息，硬盘分区实质上是对硬盘的一种格式化。创建分区时，就已经设置好了硬盘的各项物理参数，指定了硬盘主引导记录和引导记录备份的存放位置。其中，主引导记录的英文全称是 Master Boot Record，简称为 MBR。而对于文件系统以及其他操作系统管理硬盘所需要的信息，则是进行高级格式化，即用 Format 命令来实现。主分区与扩展分区、逻辑分区的关系如图 1-8 所示。

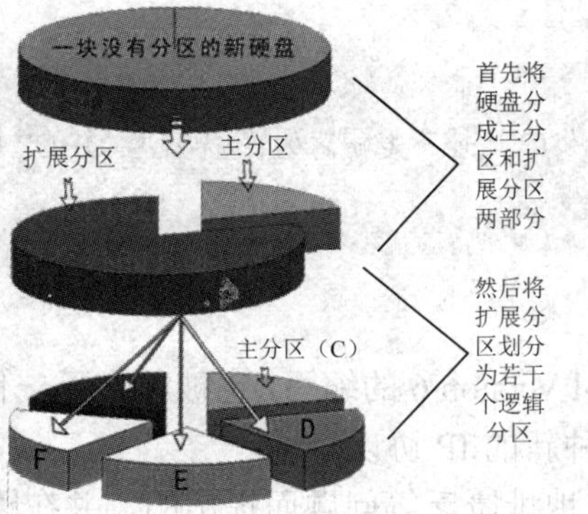

图 1-8 主分区、扩展分区和逻辑分区关系图

【链接5】　信 息 模 块

信息模块有两种类型，一种是传统的手工打线模块，制作比较麻烦，本项目中以此为例进行详细介绍；另一种是如图 1-9 所示的免打线信息模块，不需要手工打线，只需把双绞线按照色标标识嵌入相应卡槽，用手轻轻一按就行，制作简单，这里不进行详细介绍。

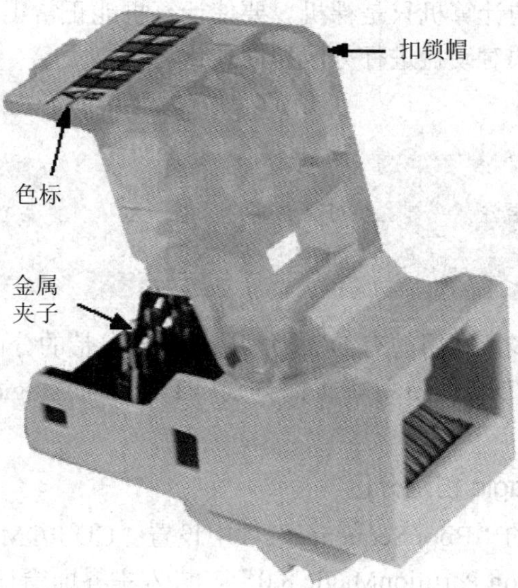

图 1-9　免打线信息模块图

任 务 实 施

任务实施流程如表 1-8 所示。

表 1-8　任务实施流程

任务实施流程
1. 阅读【知识链接】中的知识介绍，如果还存在疑问，请查找参考资料或其他工具书。 2. 将需完成的任务进行规划，确定好先后顺序(准备硬件→组装硬件→单台计算机基本设置→将计算机接入网络)。 3. 填写材料和工具清单，准备实验工具与材料。 4. 根据【任务实施】中任务的先后顺序与步骤完成具体安装或配置任务，在完成每个小任务后测试任务完成情况，保证任务 100%完成。 5. 待所有任务完成后，测试整体任务，确认最终能否完成单台计算机上网。 6. 上交实施结果与实施报告。 7. 归还工具，整理工具箱。 8. 清理工作台，打扫卫生，将桌椅摆放整齐，关闭电源等。

任务 1 计算机基本设置

任务 1-1 硬盘分区

没有经过任何配置的计算机只是裸机。要使计算机能正常工作，需要安装操作系统。要安装操作系统，就必须对硬盘进行分区和格式化。

注意

对硬盘进行分区一定要注意先建立主分区，再建立扩展分区，然后在扩展分区中划分逻辑分区(各分区容量的大小依据用户的需要而定)最后设置活动分区。

硬盘分区的工具很多，常用的有 DOS 和 Windows 自带的分区软件 FDISK、硬盘分区魔法师(PartitionMagic)、DiskMan 等。下面分别以 Partition Magic 工具和 Windows 自带的工具为例进行介绍。

1. 使用 Partition Magic 创建分区

步骤 1： 在 CMOS 的“Boot Sequence”项中设置“CD ROM”为第一启动设备。

步骤 2： 启动“Norton PartitionMagic 8.0”，进入主界面窗口，如图 1-10 所示。

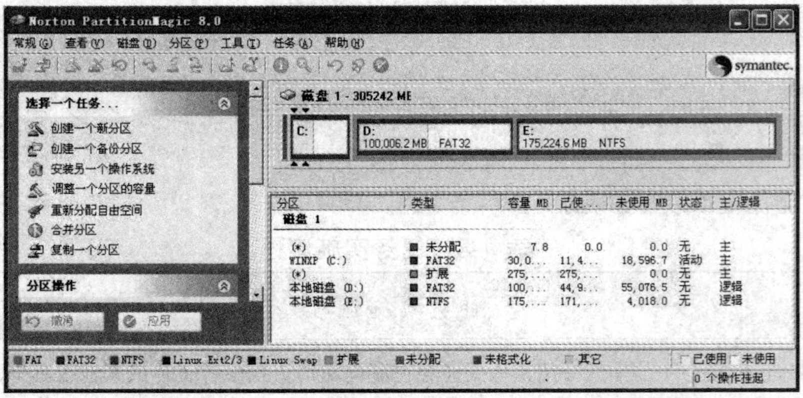

图 1-10 “Norton PartitionMagic 8.0”主界面窗口图

工具栏中各项功能如图 1-11 所示。

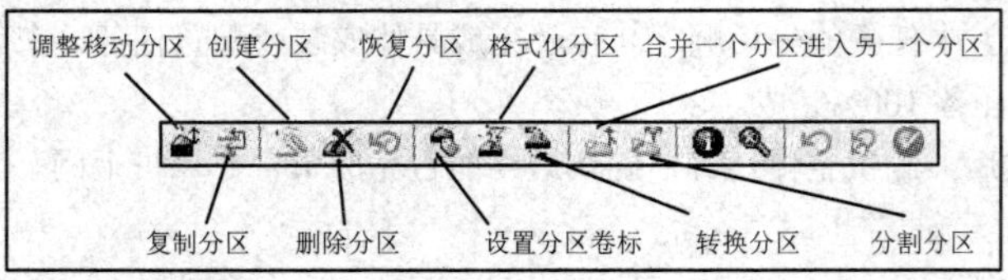

图 1-11 工具栏各项功能图

步骤 3： 创建主分区。单击“分区”图标，在左侧窗格中选择“创建一个新分区”按钮，如图 1-11 所示，弹出创建分区对话框。在对话框的“创建为”中选择“主分区”，在分区类型中选择分区的文件格式，如 FAT32 或 NTFS，然后选择卷标，这样就可以创建主分区了。

步骤 4：创建扩展分区和逻辑分区。按照创建向导操作即可。

2. 使用 Windows 自带的工具创建分区

步骤 1：选择“开始”菜单，依次单击“设置”→“控制面板”→“管理工具”→“计算机管理”→“磁盘管理”，如图 1-12 所示。

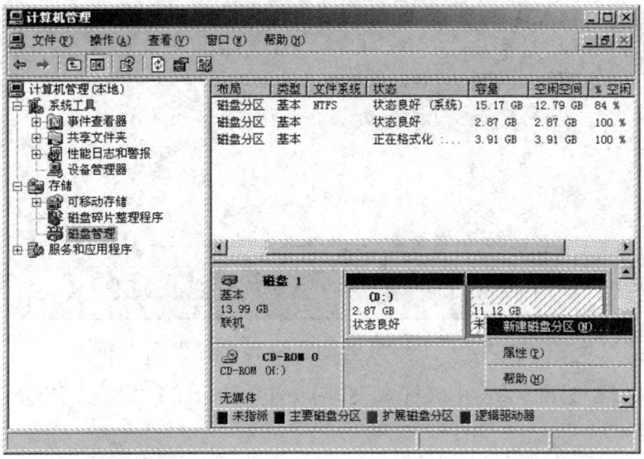

图 1-12　“计算机管理”对话框的“磁盘管理”界面图

> **注意**
>
> 图 1-12 中，“(D:)”所在的区域代表主要磁盘分区；“11.12GB”所在的区域为未指定分区，可在此区域新建分区。

步骤 2：在未分配的磁盘空间上单击鼠标右键，在弹出的菜单中选择“新建磁盘分区”命令，打开如图 1-13 所示的新建磁盘分区向导，选择“主磁盘分区”单选项。

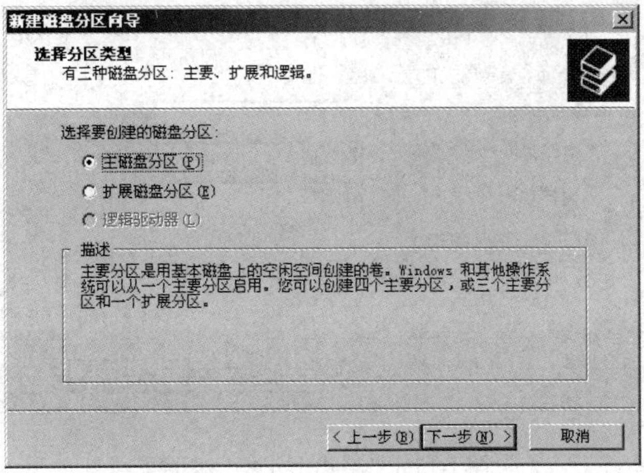

图 1-13　“选择分区类型”对话框

步骤 3： 单击“下一步”按钮，打开如图 1-14 所示的“指派驱动器号和路径”对话框。

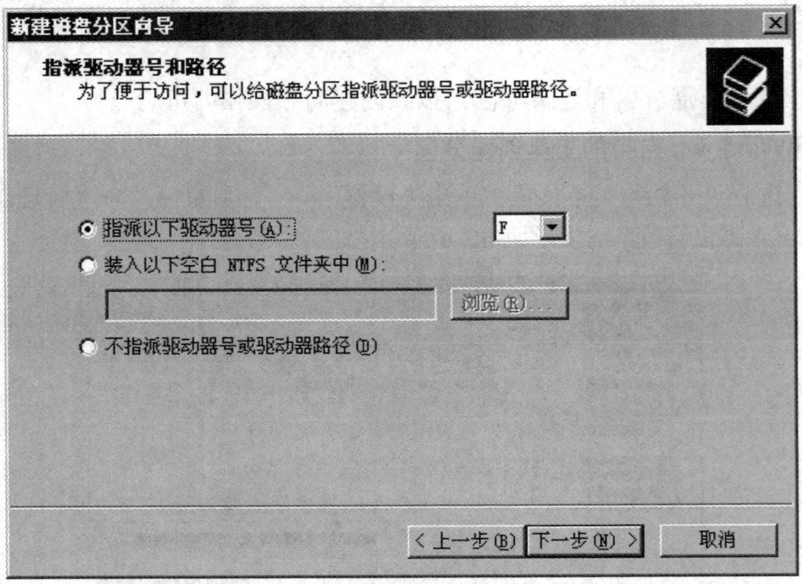

图 1-14　“指派驱动器号和路径”对话框

步骤 4： 单击“下一步”按钮，打开如图 1-15 所示的“格式化分区”对话框，完成主分区的创建。

步骤 5： 创建扩展分区。

步骤 6： 创建逻辑分区。选中一个未分配的磁盘分区，右键单击如图 1-16 所示的“新建逻辑驱动器”，根据创建向导完成即可。

步骤 7： 设置活动分区。

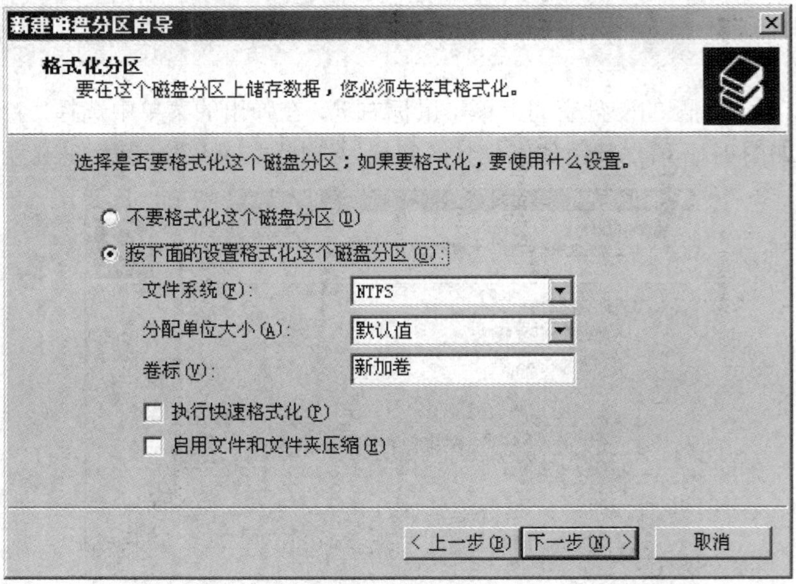

图 1-15　“格式化分区”对话框

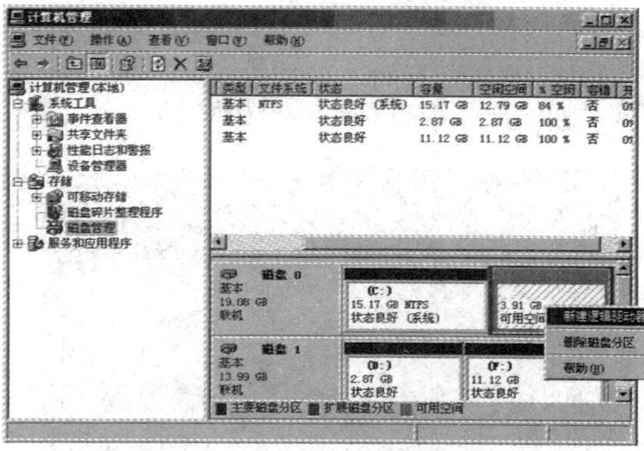

图 1-16　“新建逻辑驱动器”选项

任务 1-2　安装操作系统

1. 安装环境准备

(1) CPU 至少 1 GHz(x86 处理器)，建议 2 GHz 或以上；

(2) 内存至少 512 MB，建议 2 GB 或以上；

(3) 硬盘容量至少 10 GB，建议 40 GB 或以上；

(4) Windows Server 2008 系统安装盘一张。

2. 安装 Windows Server 2008 操作系统

步骤 1：重新启动系统并把光驱设为第一启动盘，保存设置并重启。将 Windows Server 2008 系统安装盘放入光驱，重新启动计算机，系统首先读取必需的启动文件。当系统通过 Windows Server 2008 DVD 光盘引导后，会显示如图 1-17 所示的 Windows 系统安装的加载界面。

图 1-17　文件加载界面

步骤 2：光盘启动后会出现 Windows Server 2008 的安装界面，如图 1-18 所示。由于使用的光盘是 Windows Server 2008 中文版，所以在“要安装的语言”处选定“中文(简体)”，其他两项“时间和货币格式”以及“键盘和输入方法”也都选择中文即可。

图 1-18　“系统读取启动文件”界面

步骤 3：单击“下一步”按钮，打开如图 1-19 所示的“安装 Windows”界面。

步骤 4：单击如图 1-19 所示界面上的“现在安装”，打开如图 1-20 所示的“选择要安装的操作系统”界面。

图 1-19　“安装 Windows”界面

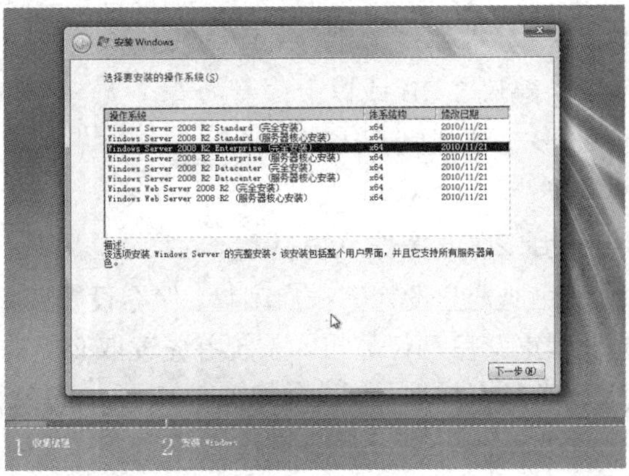

图 1-20　“选择要安装的操作系统”界面

步骤 5：在该界面上选择所需要的操作系统版本。首先选择要安装的 Windows Server 2008 版本。众所周知，Windows Server 2008 有多个版本，每个版本内置的组件都不相同。本项目中选择 Windows Server 2008 R2 Enterprise(完全安装)，因为其通用性比较好。

步骤 6：单击“下一步”按钮，打开如图 1-21 所示的“请阅读许可条款”界面。

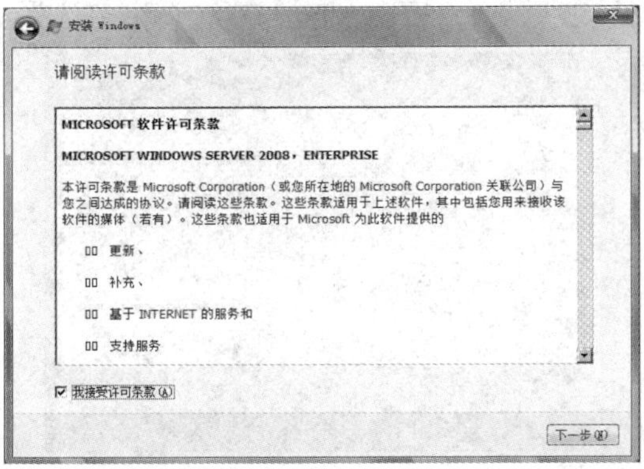

图 1-21　“请阅读许可条款”界面

注意

Windows Server 2008 除了有 32 位和 64 位的区别外，还提供了标准版、企业版、数据中心版、Web 服务器版等多个版本。一般中小企业选择 Windows Server 2008 Enterprise 企业版即可。

在“Windows 授权协议”界面，虽然有可选项，但只能选择接受协议才能进行安装，否则不能安装。

步骤 7：在图 1-21 所示界面中，勾选“我接受许可条款”复选框，单击“下一步”按钮，打开如图 1-22 所示的“您想进行何种类型的安装？”界面。

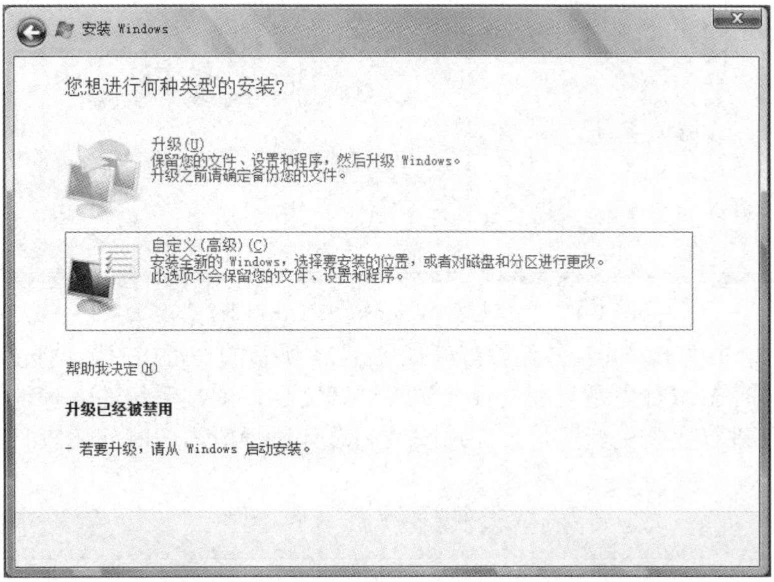

图 1-22　“您想进行何种类型的安装？”界面

共有两种安装方式供选择：一种是升级安装，以前如果安装有 Windows Server 2003 操作系统，则可以在不破坏以前的各种设置和已经安装的各种应用程序的前提下对系统进行升级，大大地减少了重新配置系统的工作量，同时可保证系统过渡的连续性；另一种是自定义安装。本项目中选择“自定义(高级)”进行安装。另外，在安装 Windows Server 2008 的过程中，用户将会发现一种“Server Core”的新安装模式，即服务器核心安装模式，其最大特点就是安装完成后没有图形化界面，登录后桌面上没有“开始”菜单，也没有任务栏等常见的桌面图标和工具，只在屏幕中间开了一个命令行窗口。该模式提供了一个最小化的环境，降低了对系统的需求，同时提高了执行效率，并且更加稳定和安全。但是在这种模式下系统仅支持部分服务器的功能，如活动目录服务(Active Directory Domain Services)、DHCP 服务、DNS 服务、文件打印服务、流媒体服务等功能。

步骤 8：选择安装类型后，选择安装驱动盘，选中一个硬盘分区后，单击“下一步”按钮，打开如图 1-23 所示的安装界面，开始安装。Windows Server 2008 的推荐安装空间为 10GB。在选择分区时注意 Windows Server 2008 只能安装在 NTFS 文件系统的分区中。

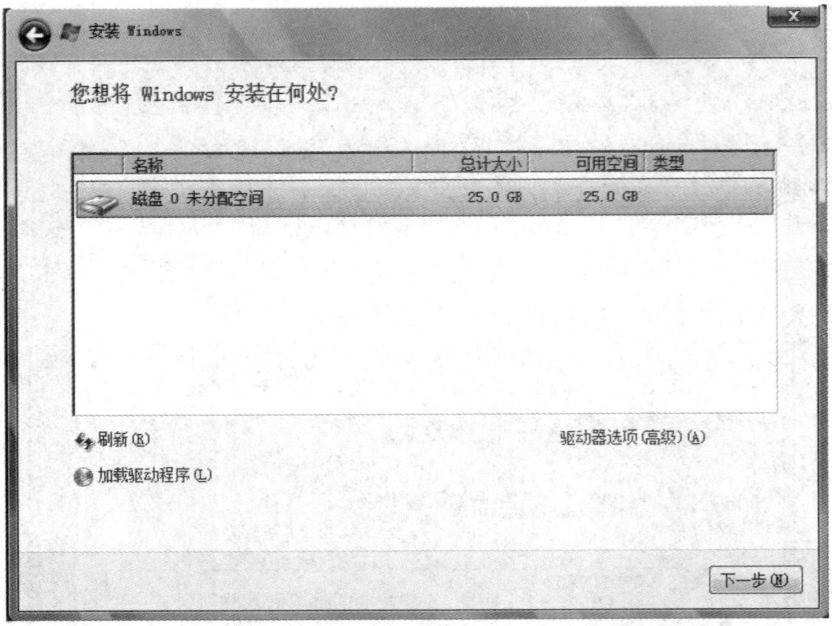

图 1-23　“您想将 Windows 安装在何处？”界面

步骤 9：单击“下一步”按钮，打开如图 1-24 所示的“正在安装 Windows…”界面，正式进入安装环节。首先是复制文件；然后展开文件，安装系统的各种功能；之后针对补丁和安全性进行安装更新；最后完成安装。总体过程所需的时间比较长，需要耐心等待。

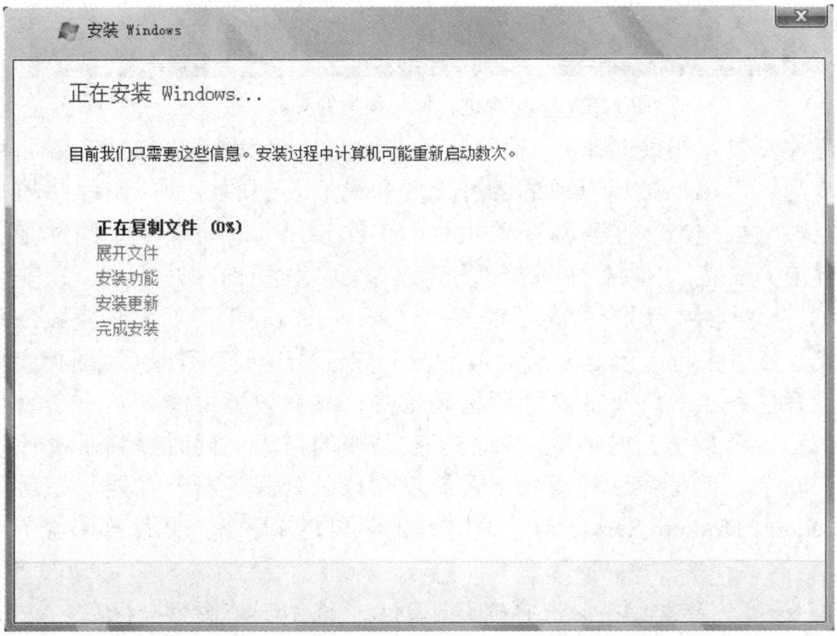

图 1-24　“正在安装 Windows...”界面

步骤 10：全部安装完毕后，会看到如图 1-25 所示的图形化登录界面。由于 Windows Server 2008 自身的安全策略因素，用户必须在首次登录之前修改密码。

图 1-25　图形化登录界面

步骤 11： 单击“确定”按钮，打开如图 1-26 所示的界面，在此需要设置用户 Administrator 的新密码，并进行确认。

图 1-26　更改用户密码界面

注意

Windows Server 2008 设置密码的条件很苛刻，要求数字和字母组合设置，而且不能有乱字符，要满足密码设置的复杂性规则。

步骤 12： 分别在密码输入框中输入两次完全一样的密码，然后单击“→”按钮，打开如图 1-27 所示的密码更改成功界面，表示用户密码已经设置成功，单击“确定”按钮。

步骤 13： 开始登录 Windows Server 2008 系统。在第一次进入系统之前，系统还会进行诸如准备桌面之类的最后配置，如图 1-28 所示，稍等片刻即可进入系统。

图 1-27　密码更改成功界面

图 1-28　准备界面

步骤 14： 首次登录系统会开启如图 1-29 所示的“初始配置任务”向导。在图 1-29 所示页面，针对系统的基本信息进行配置，包括“时区”等参数。

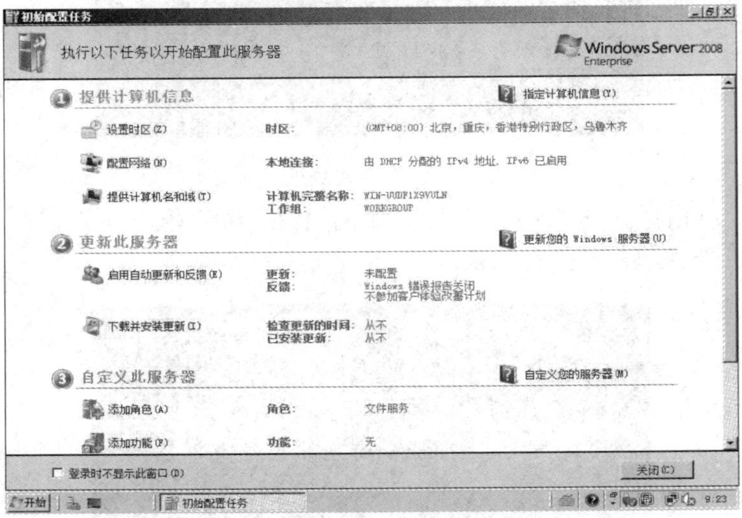

图 1-29　“执行以下任务以开始配置此服务器”界面

步骤 15： “初始化配置”完成后，会出现如图 1-30 所示的“服务器管理器”对话框。此对话框关闭后将显示 Windows Server 2008 的桌面。

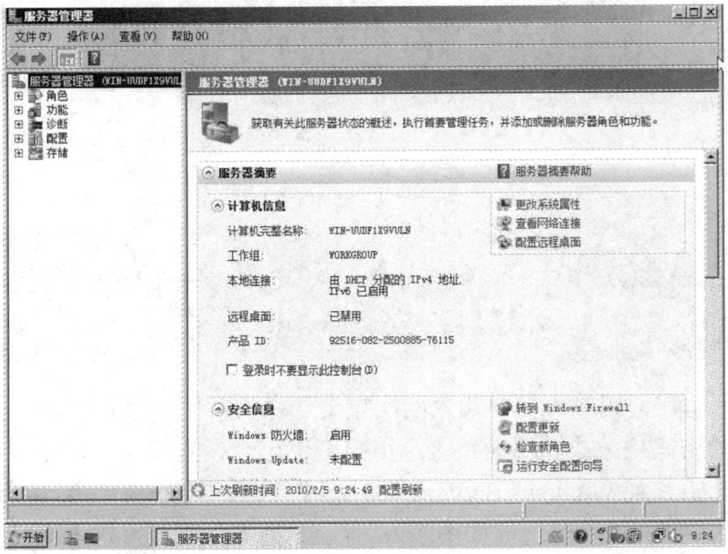

图 1-30　“服务器管理器”窗口

Windows Server 2008 的安装没有太多设置，对于大部分硬件的驱动程序，Windows Server 2008 都可以自动安装，从而大大简化了安装驱动的步骤。

步骤 16： 激活 Windows Server 2008。Windows Server 2008 安装完成后，为了保证能长期正常使用，必须和其他版本的 Windows 操作系统一样进行激活，否则只能试用 60 天。激活的方式有两种：密钥联网激活和电话激活。前者是让用户输入正确的密钥，并且连接到 Internet 校验激活；后者则是在不方便接入 Internet 的时候通过客服电话获取代码来激活 Windows Server 2008。

右键单击桌面上的“计算机图标”，在弹出的菜单中选择“属性”命令，打开如图 1-31 所示的“系统”界面，单击“立即激活 Windows”链接。打开如图 1-32 所示的“Windows 激活”对话框，在此对话框中可看到 Windows Server 2008 激活前还剩余的使用天数。如果在安装时没有输入产品密钥，可以在图 1-31 中单击“更改产品密钥”，然后输入产品密钥并激活 Windows Server 2008。如果无法上网的话，可拨打客服电话，通过安装 ID 号来获得激活 ID。

激活后就可以设置计算机名称、工作组、IP 地址等。

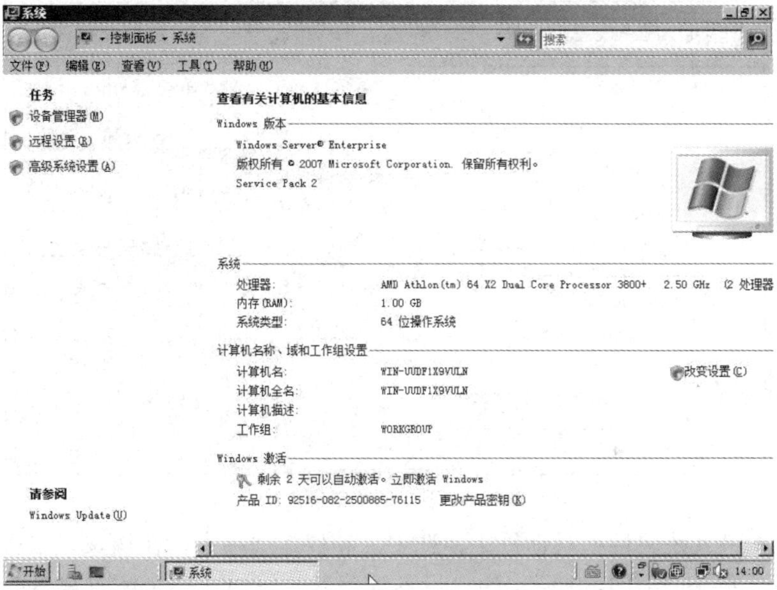

图 1-31　“系统”对话框

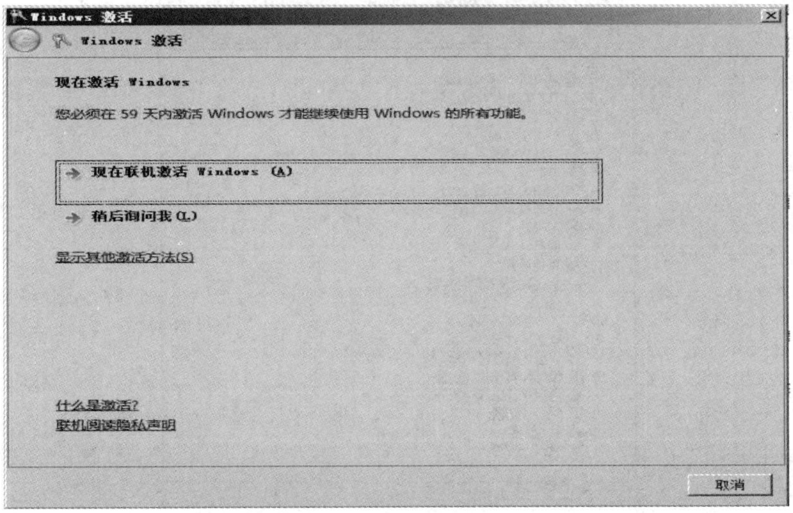

图 1-32　“Windows 激活”对话框

任务 1-3　安装驱动程序

网络适配器硬件安装完成后，在设备管理器中还是找不到。广义上的网卡由网卡驱动程序和网卡硬件组成。驱动程序使网卡和计算机操作系统兼容。没有安装驱动程序的网卡是不能与其他计算机通信的。

步骤 1：检查网络线路连接和网卡是否良好。

步骤 2：单击位于“初始配置任务”窗口中“提供计算机信息”区域中的“提供计算机名和域”链接，打开“系统属性”对话框，如图 1-33 所示。

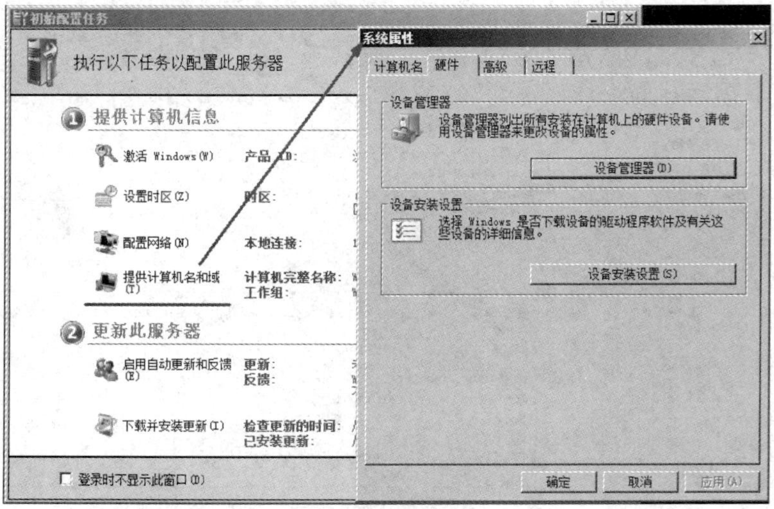

图 1-33　打开“系统属性”对话框

步骤 3：在“系统属性”对话框中，选中“硬件”选项卡，在该选项卡中单击 “设备管理器”按钮，弹出如图 1-34 所示的“设备管理器”窗口，显示所有设备的列表。

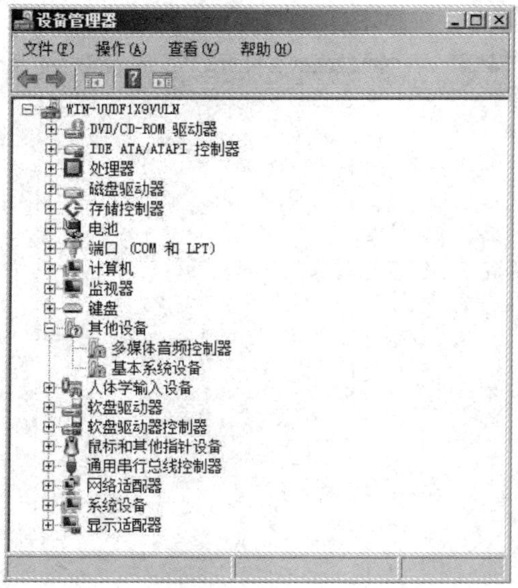

图 1-34　“设备管理器”窗口

注意

如果有黄色的问号，说明没有安装网卡驱动；如果有“！”号，说明该驱动已经安装，但不能正常使用，应将其卸载。

步骤 4：右键单击展开“网络适配器”下的网卡，从展开的菜单中选择“更新驱动程序软件”，打开“网卡名称”对话框，选择“自动搜索更新的驱动程序软件”并单击，系统会自动寻找合适的驱动程序，直到安装完成。

步骤 5：如果不能自动安装，则可选用如下办法完成。

- 光盘安装。

右键单击展开“网络适配器”，右击网卡，选择“更新驱动程序”，打开“硬件更新向导”，依次选择“是，仅这一次”→“下一步” →“自动安装软件”→“下一步”，系统即自动搜索并安装光盘中的网卡驱动程序，直到安装完成。

- 下载驱动软件安装。

如果没有驱动安装光盘，则可到驱动之家等网站下载驱动软件后安装。

注意

下载的驱动软件一定要与网卡的品牌和型号一致。另外，还要查看当前安装的操作系统是哪种类型的，选择与操作系统相兼容的驱动软件。

步骤 6：查看安装情况。

驱动程序安装完成后，检查网络适配器是否安装成功。如果在如图 1-34 所示的网络适配器旁边找不到任何符号，网卡正常显示，表明网卡安装成功。

步骤 7：更新驱动程序设置。

单击图 1-33 所示对话框中的“设备安装设置”按钮，打开如图 1-35 所示的对话框，选中“是，自动执行该操作(推荐)”单选按钮，再单击“保存更改”按钮就完成了设置。如果对设备安装非常熟悉，则可选中单选项“否，让我选择要执行的操作”。在 Windows Server 2008 中，驱动程序可以具有 Microsoft 的数字签名，证明驱动程序已经被测试并达到 Microsoft 定义的兼容性标准。

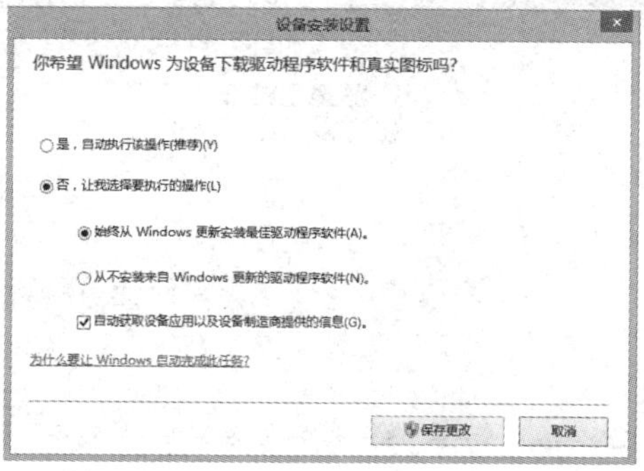

图 1-35 “设备安装设置”对话框

注意

驱动程序最好先解压到本地磁盘非系统磁盘中，然后安装。也可以直接插入装有驱动程序的光盘进行安装，但在安装过程中会重启。

任务 1-4　安装和配置 TCP/IP

1. 安装 TCP/IP 协议

TCP/IP 协议是广泛应用的通信协议，没有安装或者安装不正确都不能实现正常通信，因此，首先需要确定是否正确安装该协议。

步骤 1：单击位于“初始配置任务”窗口的“提供计算机信息”区域中的“配置网络”链接，将打开“控制面板”下如图 1-36 所示的“网络连接”窗口。

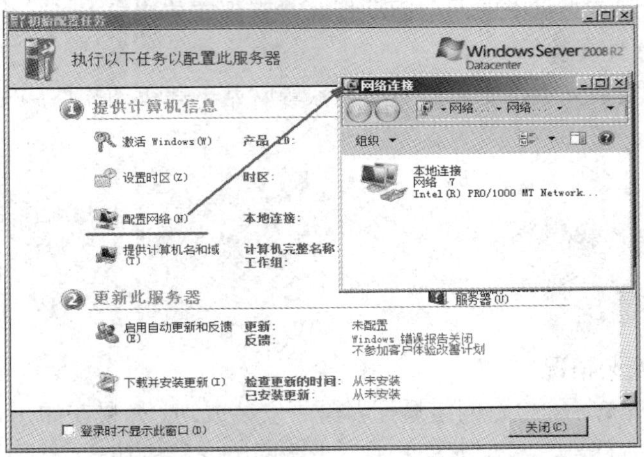

图 1-36　打开“网络连接”窗口

步骤 2：右键单击“本地连接”选项，在弹出的快捷菜单中选中“属性”命令，弹出如图 1-37 所示的“本地连接 属性”对话框。

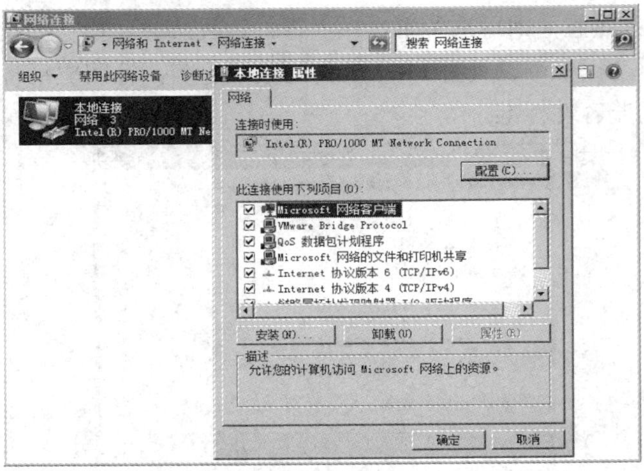

图 1-37　“本地连接 属性”对话框

步骤 3：在“本地连接 属性”对话框的“此连接使用下列项目”中查看是否有“Internet 协议版本 4(TCP/IPv4)”组件，有则说明已经安装；如果没有说明需要安装。单击“此连接使用下列项目”下方的“安装”按钮，根据对话框逐步完成。

2. 配置 TCP/IP 协议

1) 手工配置

在图 1-37 所示的对话框中，选中“Internet 协议版本 4(TCP/IPv4)”组件，单击“属性”按钮，弹出如图 1-38 所示的“Internet 协议版本 4(TCP/IPv4)属性”对话框，可以根据需要更改 IP 地址。各项具体说明如下：

(1) IP 地址：可以输入“192.168.11.27”之类的 IP 地址，此时需要注意 IP 地址和网络中的路由器或者其他计算机保持在同一个区域，且地址在同一区域内不能相同，否则会引起地址冲突。

(2) 子网掩码：局域网同一网段中所有计算机以及路由器的子网掩码都要保持一致，如 C 类网络一般设置为“255.255.255.0”即可。

(3) 默认网关：一般默认网关设置为网络中路由器或者服务器的 IP 地址，例如在此设置为“192.168.11.1”。

(4) 首选 DNS 服务器：设置 DNS 服务器的时候需要请网络管理员或者当地网络服务商进行相应的配置，否则会导致无法正常使用浏览网页之类的网络应用。

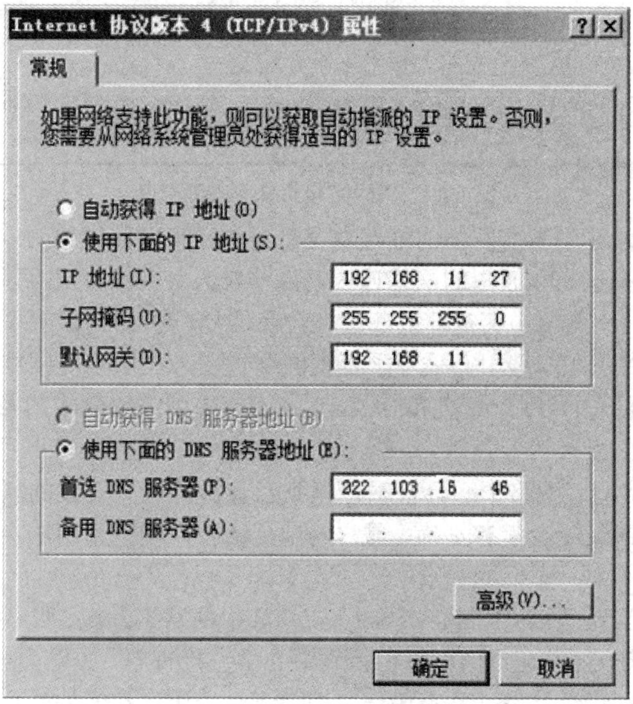

图 1-38 “Internet 协议版本 4(TCP/IPv4)属性”对话框

2) “网络和共享中心”配置

使用网络和共享中心也可以配置 Windows Server 2008 网络，它是系统新增的一个单元组件。通过选择“控制面板”→“网络和共享中心”命令，可以打开如图 1-39 所示的“网络和共享中心”窗口。

注意

在图 1-39 所示的“网络和共享中心”窗口中发现系统已经识别出安装的网卡，而且已经识别网络并接入了 Internet。

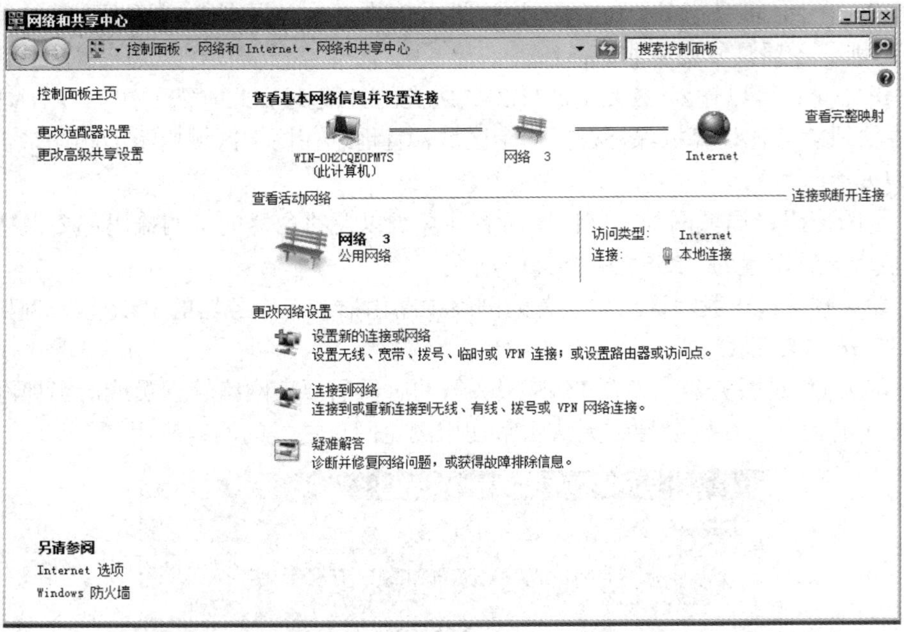

图 1-39　“网络和共享中心”窗口

在该窗口中可以看到当前网络的连接状况、当前计算机使用的网卡以及各种资源的共享情况。Windows Server 2008 中的网络连接功能非常人性化，不仅可以迅速完成网络连接操作，还能够便捷地对网络中存在的故障进行自我修复，为用户使用网络提供了诸多便捷。

(1) 看网络状态。在网络中心采用了直观的结构图来显示当前网络的连接状况。如果能够顺利连接到 Internet，则计算机和 Internet 之间会采用细绿色线条表示；如果网络连接存在故障，会用红色“×”号表示。

(2) 本地网卡状态。网络中心会自动检测到当前计算机中安装的所有网卡，但是如果网卡驱动程序安装错误或者没有正确配置 IP 地址参数，则网络中心会将其显示为“未识别的网络”。

(3) 共享资源信息。针对 Windows Server 2008 中的网络发现、文件共享、公用文件夹共享、打印机共享等共享资源，也可以在网络中心中直接查看。如果某项共享资源处于“关闭”状态，那么它肯定没有进行共享操作，而对于“启用”状态的共享资源，则可以激活下拉列表进行查看。

(4) 网络相关操作。如果需要通过网络中心对网络进行设置，则可以直接单击“设置新的连接或网络”“连接到网络”“疑难解答”等命令进行相关操作。

单击图 1-39 所示窗口中的“本地连接”链接，打开如图 1-40 所示的“本地连接 状态”

对话框，显示网卡状态，可以查看网卡连接的速度、持续时间、已发送和已接收的数据包等信息。

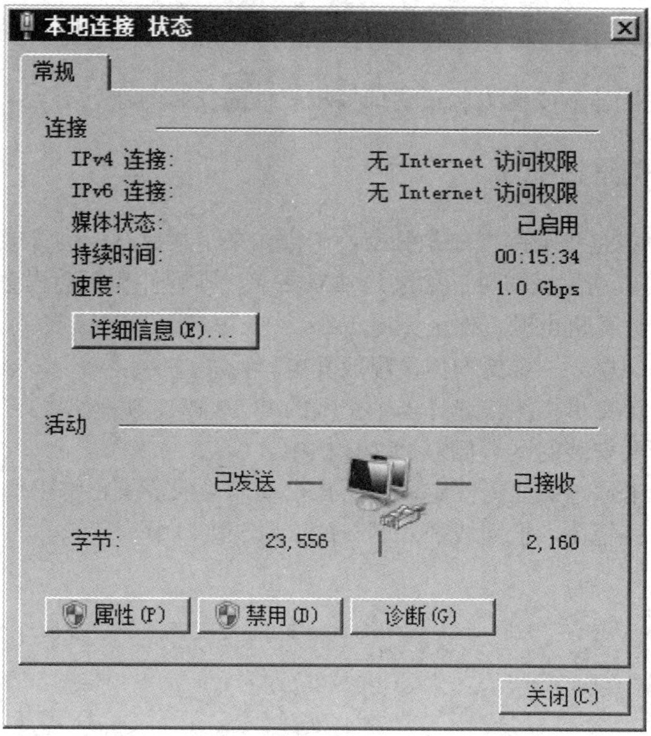

图 1-40　“本地连接 状态”对话框

单击图 1-40 所示对话框下方的“诊断”按钮，启用 Windows Server 2008 的网络诊断功能。弹出如图 1-41 所示的“Windows 网络诊断”对话框。系统提供了“浏览其他选项”与“关闭疑难解答”两个选项，可以点击“查看详细信息”进行查看。

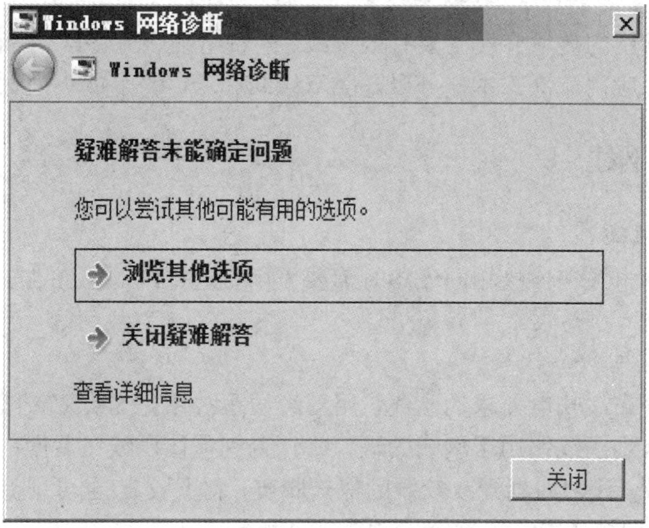

图 1-41　“Windows 网络诊断”对话框

任务 2　接入 Internet

下面以网络适配器的安装为例说明计算机硬件的安装与注意事项。

任务 2-1　安装网络适配器

首先查看计算机是集成网卡还是独立网卡。如果是集成网卡则集成在主板上，不需安装硬件，只需安装驱动程序即可；如果是独立网卡，则硬件和驱动程序都需要安装。

步骤 1：切断计算机电源，保证无电工作。

步骤 2：用手触摸一下金属物体，释放静电。

步骤 3：打开计算机机箱，选择一个空闲的 PCI 插槽，并卸掉相应的挡板。

步骤 4：将所要安装的网卡插入 PCI 插槽中。

步骤 5：将网卡通过螺丝钉固定紧，防止松动，以保证其正常工作。

步骤 6：盖好机箱盖，把网线插入网卡的 RJ-45 接口中。

注意

- PCI 插槽应尽量选择位置与周边硬件距离比较远的，以保持良好的散热性能，同时也方便安装。
- 安装网卡的过程中，不要触及主机内部其他连线头、板卡或电缆，以防松动，造成开机故障。
- 扩展槽的总线类型要与网卡一致。比如，PCI 总线插槽(一般为白色)只能插入 PCI 总线网卡，ISA 总线插槽(一般为黑色)只能插入 ISA 总线网卡。目前大多数使用 PCI 总线网卡。
- 网卡插入计算机插槽时，应保证网卡的金手指与插槽紧密结合，不能出现偏离和松动，否则会损伤网卡。

组建网络时常用的传输介质主要有双绞线、同轴电缆、光缆等。在满足功能的前提下，双绞线价格便宜，应用广泛。本任务以 5 类双绞线和 RJ-45 水晶头为例说明网线的制作。

任务 2-2　制作网线

1. 制作直通电缆

双绞线制作的电缆在连接相同设备时需要采用直通电缆，如图 1-3 所示，具体步骤如下所述。

步骤 1：剥线。

准备一段符合布线长度要求的网线，用双绞线压线钳把 5 类双绞线的一端剪齐，然后把剪齐的一端插入到压线钳用于剥线的缺口中，直到顶住压线钳后面的挡位，稍微握紧压线钳慢慢旋转一圈，让刀口划开双绞线的保护胶皮，剥下胶皮(也可用专门的剥线工具来剥下胶皮)。剥线的长度为 12～15 mm，如图 1-42 所示。

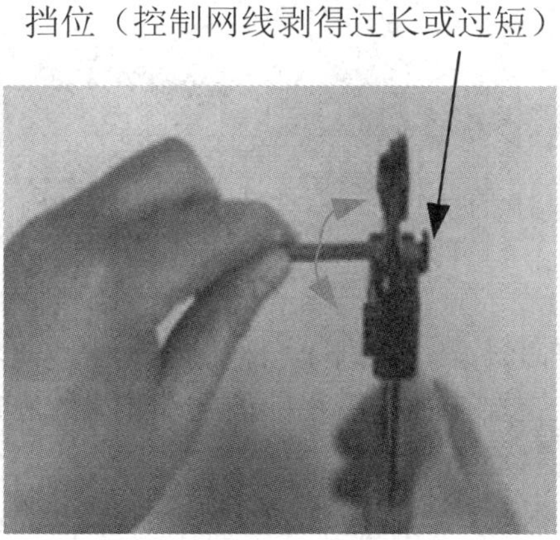

图 1-42　用压线钳剥线示意图

注意

压线钳挡位至剥线刀口的长度通常恰好为水晶头长度，能有效避免剥线过长或过短。如果剥线过长，一方面不美观，另一方面网线不能被水晶头卡住，容易松动；如果剥线过短，因有胶皮存在，且胶皮太厚，不能完全插到水晶头的底部，致使水晶头插针不能与网线芯线完好接触，网线就会制作失败，网络连接会显示为未连接状态。

步骤 2：理线。

先把 4 对芯线一字并排排列，然后把每对芯线分开(此时注意不跨线排列，也就是说每对芯线都相邻排列)，并按统一的排列顺序(如左边统一为主颜色芯线，右边统一为相应颜色的花白芯线)排列线序图标。

注意

每条芯线都要拉直，并且要相互分，开并列排列，不能重叠。

步骤 3：剪线。

首先把双绞线内的 4 对芯线捋直，按顺序排列好，压紧，不要松动，使用压线钳的剪线口剪掉多余的部分，如图 1-43 所示。

图 1-43　“剪线”图

注意

压线钳的剪线刀口应保持与芯线垂直，一定要剪齐，否则会使有的线与水晶头的金属片接触不到，导致信号不通。

步骤 4： 插线。

用手水平握住水晶头(有弹片一侧向下)，然后把排列好的 8 条芯线对准水晶头开口并排插入水晶头中。注意，一定要使各条芯线都插到水晶头的底部，不能弯曲，保证芯线内金属端口与水晶头的金属片接触良好。

步骤 5： 压线。

确认所有芯线都插到水晶头底部后，即可将插入网线的水晶头直接放入压线钳夹槽中。水晶头放好后，使劲压下压线钳手柄，使水晶头的插针都能插入到网线芯线中，与之接触良好。再用手轻轻拉一下网线与水晶头，判断是否压紧，最好多压一次。压线钳如图 1-44 所示。

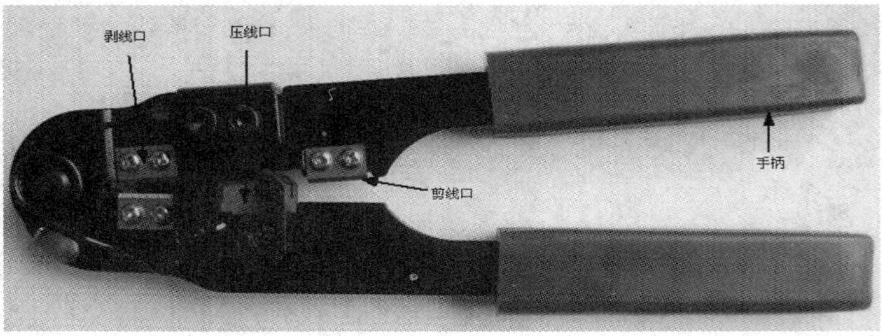

图 1-44　压线钳

这样，网线的一端就已经制作完毕了。另一端的制作方法与之相同，此处不再赘述。

步骤 6： 检测双绞线。

把网线两端的 RJ-45 接口插入电缆测试仪后，打开测试仪，可以看到测试仪上两组指示灯按同样的顺序闪动。如一端的灯亮，而另一端没有任何灯亮起，则可能是导线中间断了，或是两端至少有一个金属片未接触该条芯线。

2. 制作交叉电缆

连接不同设备一般采用交叉电缆。交叉电缆的一端其制作方法与直通线相同，另一端的线序排列方式更改为：1、2 的线序交换，3、6 的线序交换。

使用电缆测试仪进行检测时，其中一端按 1、2、3、4、5、6、7、8 的顺序闪动绿灯，而另一端则会按 3、6、1、4、5、2、7、8 的顺序闪动绿灯，这表示网线制作成功，可以进行数据的发送和接收了。

如果出现红灯或黄灯，说明存在接触不良等现象，此时最好先用压线钳压制两端水晶头一次，然后再测。如果故障依旧存在，就检查芯线的排列顺序是否正确。如仍显示红色灯或黄色灯，则表明其中肯定存在对应芯线接触不好的情况，此时就需要重做了。

任务 2-3　制作信息模块

本项目中，小明家的信息接口出现了问题，因此在网线制作完成后，还需要制作信息模块。

1. 准备工具和材料

制作信息模块需要信息面板、底盒、网线模块等，另外还需要打线工具。

信息模块安装在墙面、地板或桌面上，还需要一些配套用的组件，如单口和双口面板等。下面详细介绍信息模块的结构。

1) 网线模块

网线模块的正面、反面、引脚口分别如图 1-45、图 1-46、图 1-47 所示。

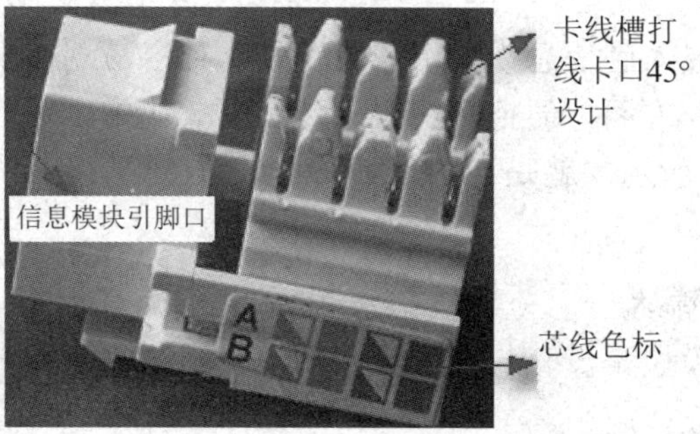

图 1-45　网线模块正面(标识信息)

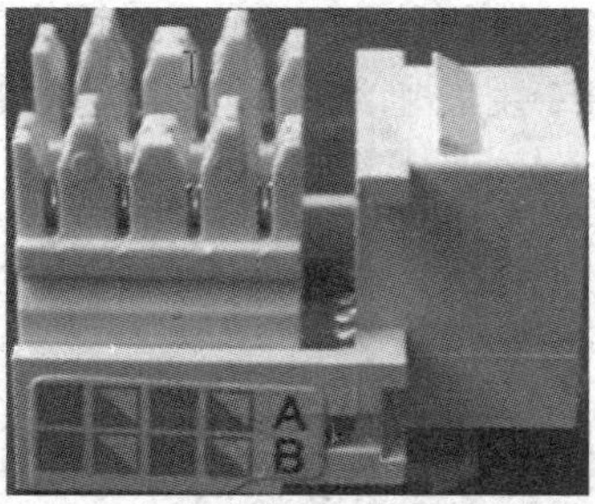

图 1-46　网线模块反面

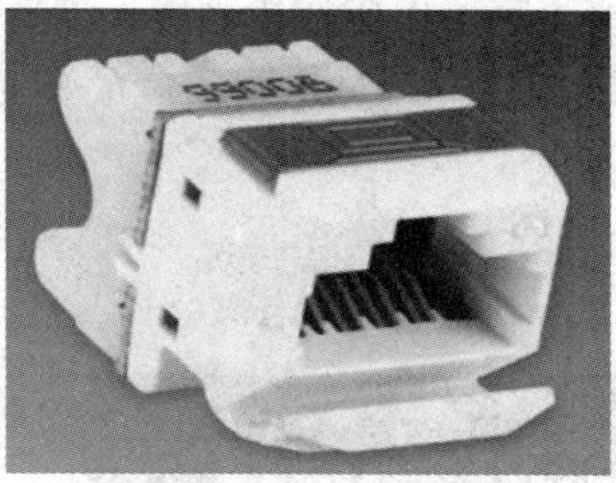

图 1-47　网线模块引脚口

2) 信息面板

信息面板由遮罩板(如图 1-48 所示)和面板两部分组成。遮罩板主要是为了美观，用来遮住固定用的螺钉位置。面板背面如图 1-49 所示。

3) 底盒

信息模块底盒如图 1-50 所示。

图 1-48　面板的遮罩板

图 1-49　面板背面

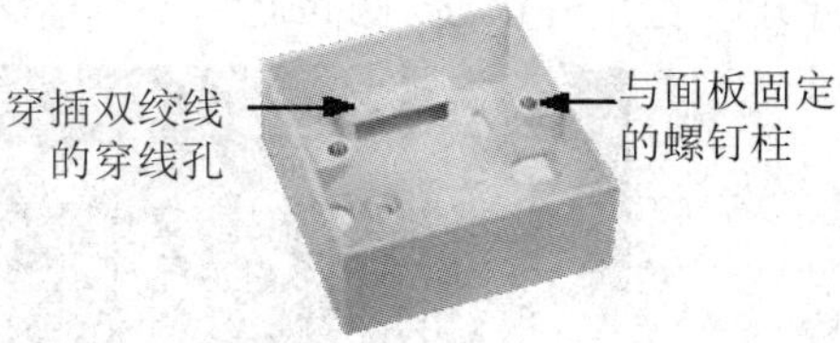

图 1-50　信息模块底盒

4) 打线工具

网线要连接到信息模块上，需用一种专用的卡线工具，这种工具被称为打线刀。打线刀分单线打线刀和多对打线刀。多对打线刀通常用于配线架网线芯线的安装。

单线打线刀、多对打线刀分别如图 1-51、图 1-52 所示。

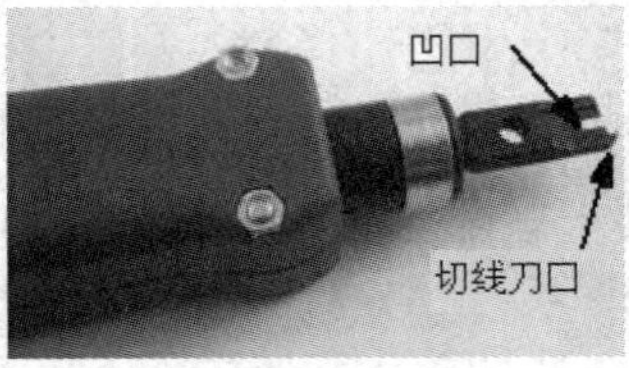

图 1-51　单线打线刀

图 1-52　多对打线刀

5) 打线保护装置

把网线的 4 对芯线嵌入到信息模块中比较费劲，且容易划伤手，于是有公司专门开发了一种打线保护装置，一方面方便把网线嵌入到信息模块中，另一方面可起到隔离手掌、保护手的作用。图 1-53 所示的就是一种掌上防护装置(注意：上面嵌套的是信息模块，下面的部分才是保护装置)。

2. 制作和安装信息模块

从商店购买的信息模块是没有与网线连接的，小明家的电脑需要上网，就必须使用网线将电脑和电信的线路连接起来。

步骤 1：剥线。

这里一般不再采用压线钳剥线，因为压线钳剥线口有一个挡位，只适用于剥除制作水晶头长度的双绞线，超过这个长度的都必须使用专用的剥线工具。常用的剥线工具如图 1-54 所示。

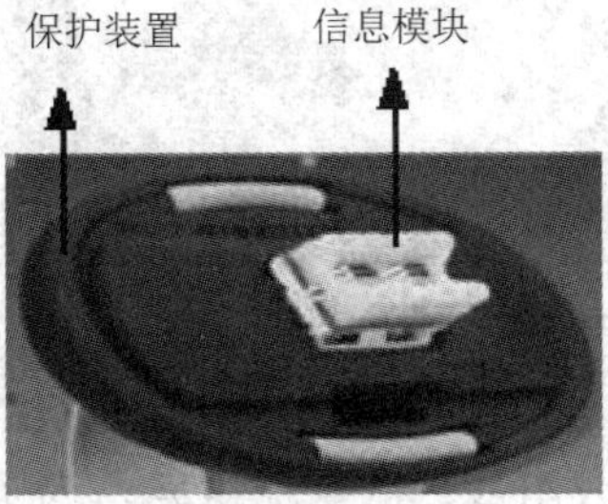

图 1-53　打线保护装置

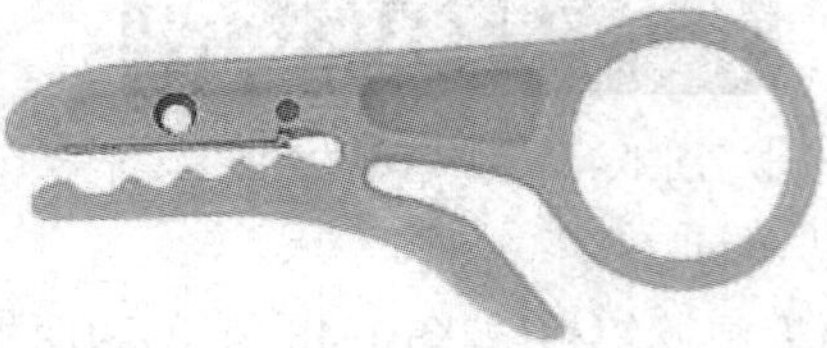

图 1-54　专用的剥线工具

用剥线钳剥除双绞线外包皮，如图 1-55 所示。将双绞线从头部开始将外部套层去掉 20 mm 左右，并将剥了外皮的双绞线按线对分开，如图 1-56 所示，但先不要把所有线对都拆开，防止弄错线对的颜色。

图 1-55　剥线

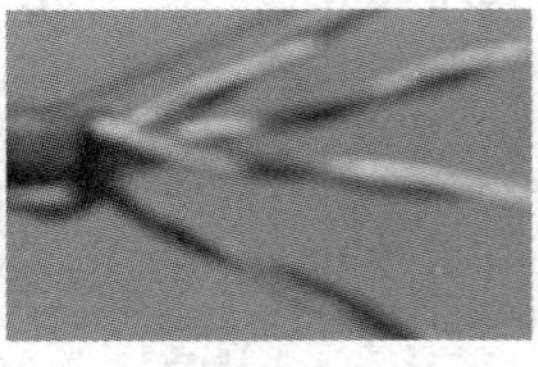

图 1-56　双绞线线对

步骤 2：制作网线模块。

查看网线模块外面和里面的芯线色标。把剥去了外包皮的双绞线放入网线模块中间的空位，将剥皮处与模块后端面平行，两手稍稍旋开绞线对。对照芯线色标的标识，将双绞线嵌入到卡线槽内。全部线对都压入各卡线槽内后，使用 110 打线工具将一根根线缆压入线槽中。

110 打线工具的使用方法：切线刀口一直朝向模块的外侧，打线工具与模块的摆放位置如图 1-57 所示，打线刀与模块垂直，垂直用力冲击，听到“咔嗒”一声，说明工具的凹槽已经将芯线卡压到位，已经嵌入金属夹子里，金属夹子咬合铜芯线，形成通路。

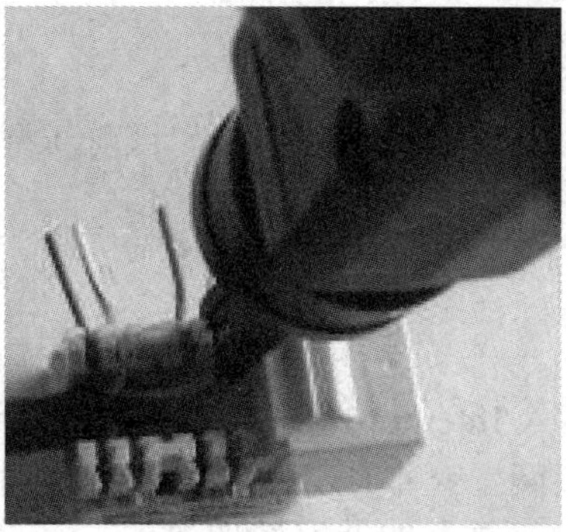

图 1-57　打线工具与网线模块的摆放位置

注意

刀口向外——若忘记变成向内，压入的同时也切断了本来应该连接的铜线。垂直插入——如果刀口与接口不垂直则会导致金属夹子的口撑开，再无咬合能力，难以修复，这个模块就报废了。

(1) 压线完成后，检查一下所压芯线颜色是否与色标的标识相符，是否已全部嵌入到底。

(2) 检测无误后，用切线刀口切除网线模块卡线槽两侧多余的芯线。

(3) 将网线模块卡入信息模块面板的模块卡位中。用一根已制作完成的网线，插入信息模块面板的 RJ-45 口，看看是否能插入，能合适插入即为正确。

(4) 测试连接图如图 1-58 所示。观察测线仪指示灯的闪烁情况，通则表明正确。

制作好的信息模块如图 1-59 所示。

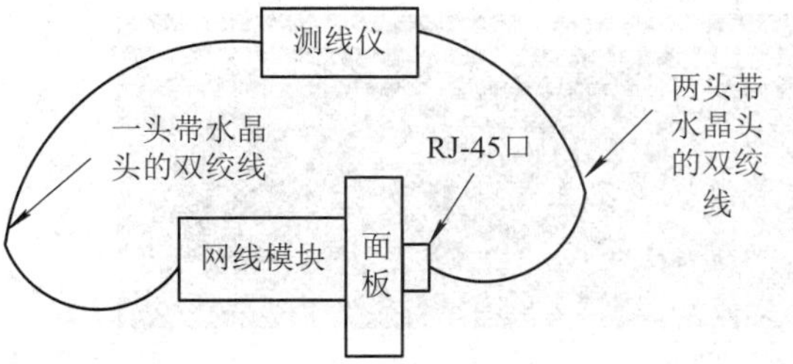

图 1-58　测试连接示意图

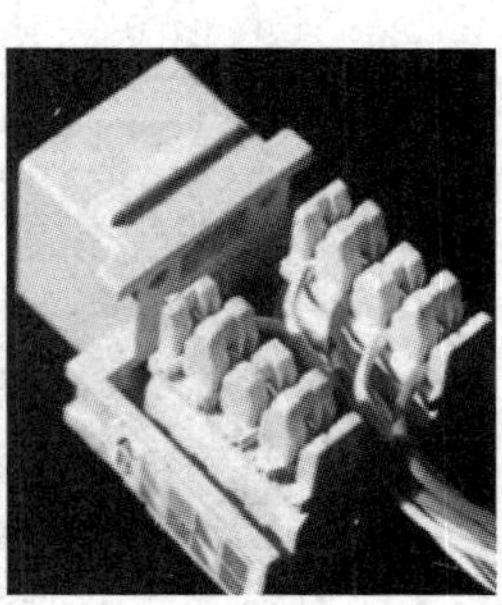

图 1-59　制作好的信息模块

注意

在双绞线压接处不能拧、撕，防止有断线的伤痕；使用压线工具压接时，要压实，不能有松动。在一个布线系统中最好采用同一种线序模式，避免出现线序错误造成网络不通，增加故障排除难度。

步骤 3：面板与底盒固定。

将两头带水晶头的双绞线从底盒的穿线孔中穿过，把面板的遮罩板取下来，把面板与底盒的孔位对齐，用螺钉把底盒与面板紧固好，再盖上遮罩板。

步骤 4：安装。

把信息模块安装在墙上或桌面上。

整个信息模块制作完毕，就可以投入使用了。目前新型的信息模块不需要手工压线，比较简单，这里就不再赘述。

任务 2-4　接入 Internet

在前面设置的基础上，接入 Internet 只需要连接到 Internet 接口就行。目前大部分用户是通过电信服务商连接到互联网上，本任务主要说明如何通过电信 ADSL 接入网络。

在该任务中需要一个关键设备，即调制解调器(Modem)，也就是通常所说的“猫”。Modem 外观与接口如图 1-60 和图 1-61 所示。与 Modem 一起的还有一根电话线和语音分离器，以及一根成品网线(如果没有，则要制作)。

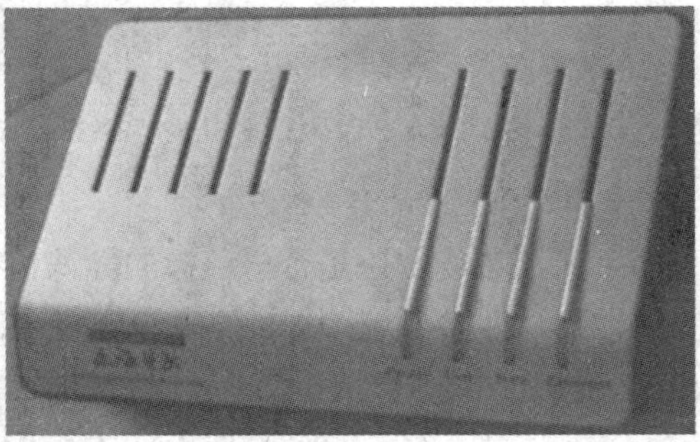

图 1-60　Modem 的外观

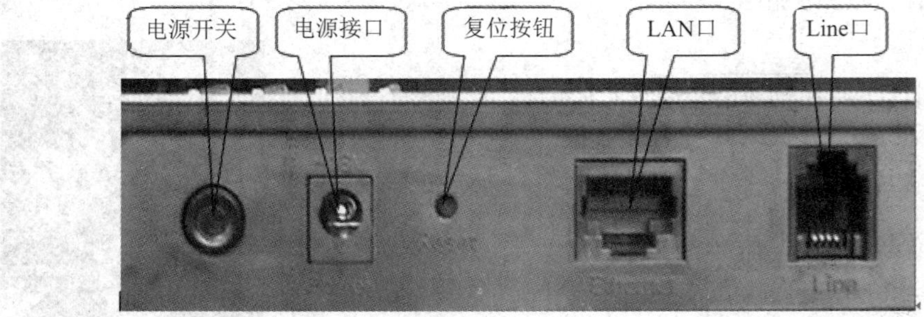

图 1-61　Modem 接口

具体连接步骤如下所述。

步骤 1：硬件连接。

硬件连接结构如图 1-62 所示。

使用成品网线(或制作的网线)把计算机网卡与调制解调器的“Ethernet”口连接起来，用调制解调器自带的线把自身的“line”口和宿舍内的电信接口进行连接，启动电源开关。

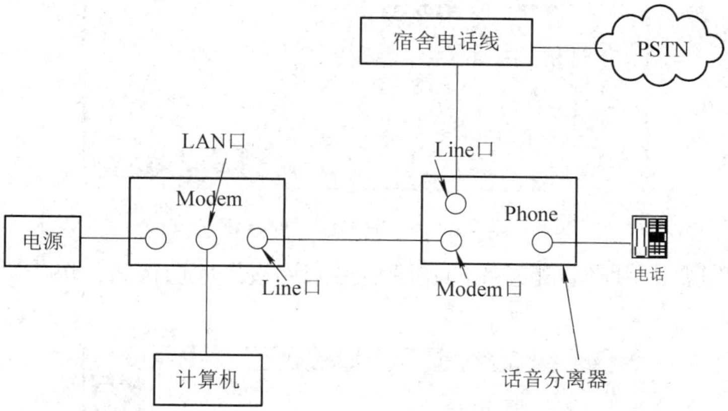

图 1-62　“硬件连接”结构

步骤 2：安装拨号软件。

操作系统一般自带相应的拨号功能，因此可利用自身携带的拨号功能，也可以下载拨号软件。

(1) 右键单击“网上邻居”图标，单击左侧任务栏内的“创建一个新的连接”，打开“新建连接向导”对话框，单击“下一步”按钮。

(2) 选中“连接到 Internet”单选按钮，单击“下一步”按钮，如图 1-63 所示。

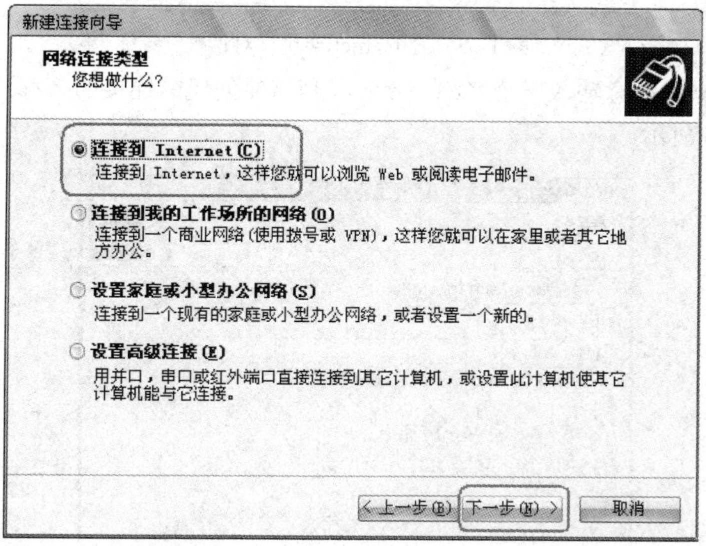

图 1-63　“网络连接类型”对话框

(3) 选中“手动设置我的连接”单选按钮，单击“下一步”按钮，如图 1-64 所示。

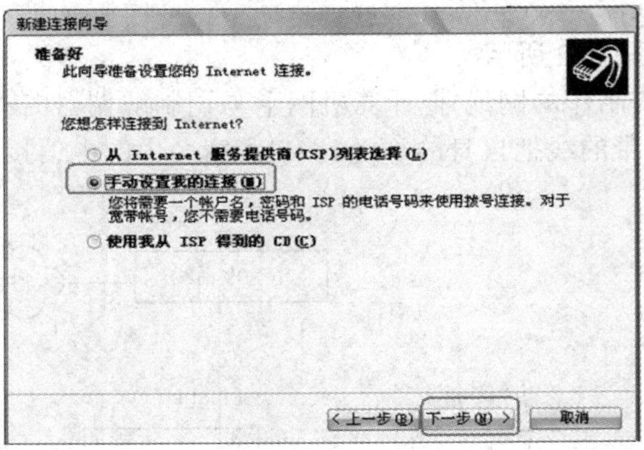

图 1-64　“准备好”对话框

(4) 选中“用要求用户名和密码的宽带连接来连接”单选按钮，单击“下一步”按钮，如图 1-65 所示。

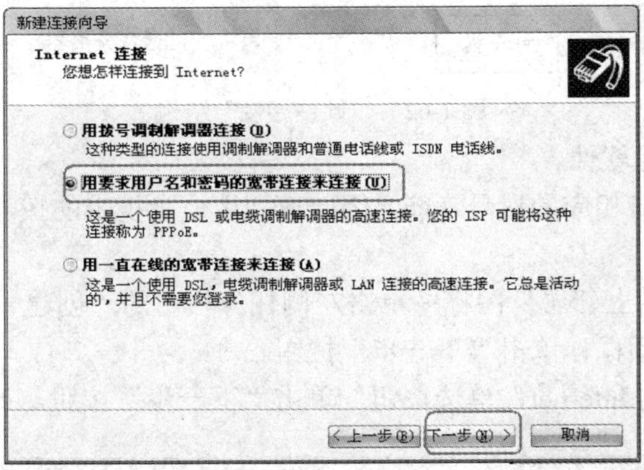

图 1-65　“Internet 连接”对话框

(5) 在文本框中任意输入一个名称，该名称是需要创建的连接的名称，单击“下一步”按钮，如图 1-66 所示。

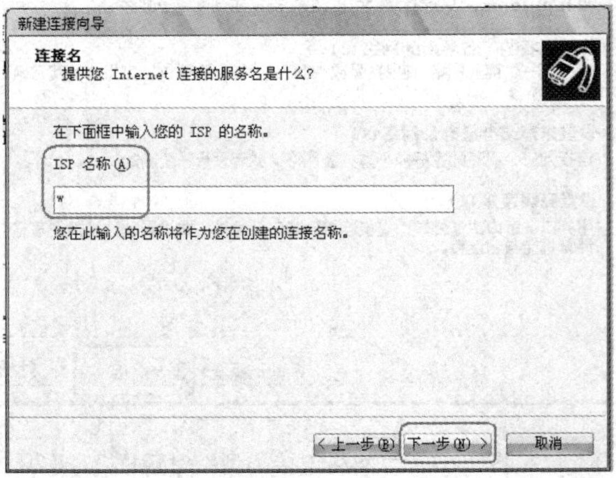

图 1-66　“连接名”对话框

(6) 在文本框中输入在电信申请宽带时所获得的真实的用户名和密码，下面复选框可根据具体情况来选择，如图 1-67 所示。单击“下一步”按钮，则出现连接创建汇总的对话框，连接成功建立。

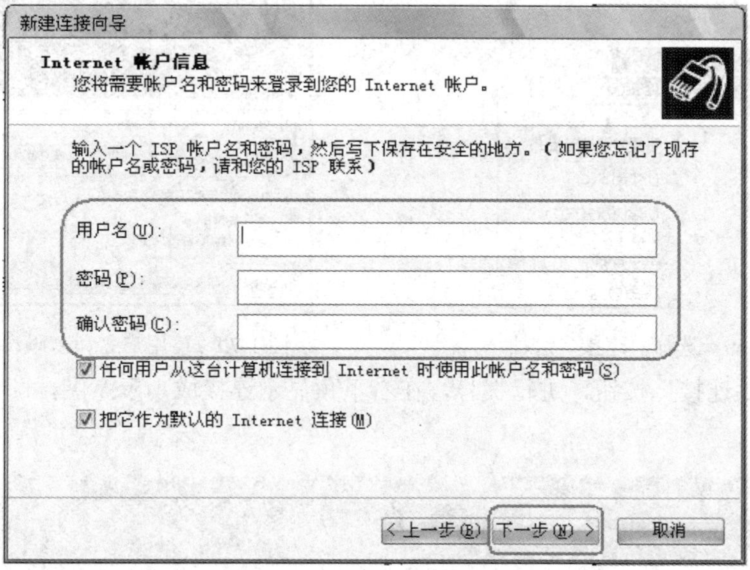

图 1-67　“Internet 账户信息”对话框

步骤 3：查看连接。

连接建立成功后，检查连接情况，本次任务的连接情况可在“网络连接”窗口中查看，如图 1-68 所示。

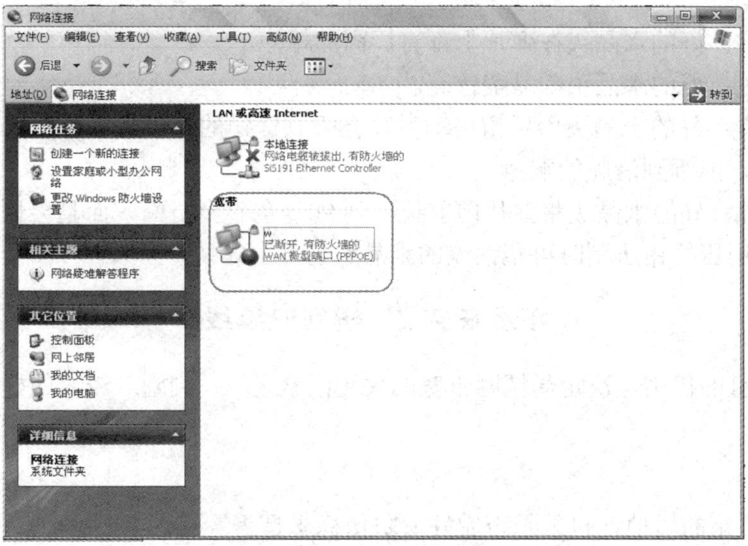

图 1-68　“网络连接”窗口

步骤 4：连接网络。

(1) 选中所创建的宽带连接，右键单击，选择如图 1-69 所示的“连接”选项。

(2) 在打开的“连接 w”对话框中，分别在“用户名”和“密码”文本框中输入在电信申请宽带时所获得的用户名和密码，如图 1-70 所示。

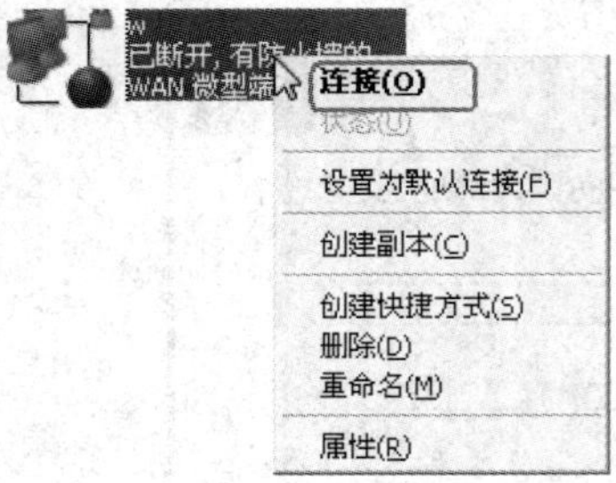

图 1-69　选择“连接”选项

图 1-70　“用户名和密码设置”

(3) 单击“连接”按钮，进行拨号，在右下角显示连接成功示意图，即可上网。

任务拓展

拓展任务 1　辨别水晶头

水晶头非常普通却非常重要，质量不好则会引起网络故障，判别水晶头的好坏可从以下几方面着手。

(1) 查标注：好的水晶头在弹片上都有厂商的标注。

(2) 看成色：好的水晶头都晶莹透亮。

(3) 听声音：好的水晶头用手指拨动弹片会听到铮铮的声音。另外，将做好的水晶头插入网卡中时，能听到清脆的响声。

(4) 辨弹性：好的水晶头将弹片向前拨动到 90° 也不会折断，而且会恢复原状并且弹性不会改变；用压线钳压制时可塑性差的水晶头会发生碎裂。

拓展任务 2　辨别双绞线

双绞线质量的优劣是决定局域网带宽的关键因素之一。判别双绞线的好坏可以从如下几个方面着手。

1. 看

(1) 看包装箱的质地，包装是否完好，防伪标志是否齐整。

(2) 看双绞线外皮的颜色与标识，颜色是否清晰，标识是否清楚，标识是否包括厂商产地、执行标准、线长、产品类别等。

(3) 看双绞线的绞合密度，电缆中所有线对的扭绞密度是否相同，扭绞的方向是否一致，如不相同或不一致则非正品。

(4) 看导线的颜色，剥开双绞线外皮，查看导线颜色是否清晰，如果颜色模糊不清则非正品。

(5) 看阻燃情况，用火烧一下双绞线，如果不具有阻燃性，则非正品。

(6) 看质保，是否能提供完善的质量保证及相应的技术参数。

2. 闻

首先凑近双绞线闻闻是否有异味，没有异味则为正品；然后用火烤下双绞线，闻闻是否有刺鼻的味道，没有则为正品。

3. 摸

用手摸一摸双绞线，如果感觉光滑，手感舒服，则为正品；将双绞线随意弯曲，如果不是非常困难完成，则可以认为是正品。

练 习 思 考

一、选择题

1. 双绞线绞合的目的是______。

A. 增大抗拉强度　　B. 提高传送速度　　C. 减少干扰　　D. 增大传输距离

2. 哪类双绞线最适合高速网络通信？______。

A. 7 类　　B. 3 类　　C. 4 类　　D. 5 类

3. 下列地址正确的是______，采用的是______表示法。

A. 192.315.2.64/26　　B. 192.15.256.128/26

C. 192.15.2.96/32　　D. 192.15.2.192/26

E. 后缀标记法　　F. 十六进制表示法

4. EIA/TIA 568B 标准的 RJ45 接口线序如图 1-71 所示，3、4、5、6 四个引脚的颜色分别为______。

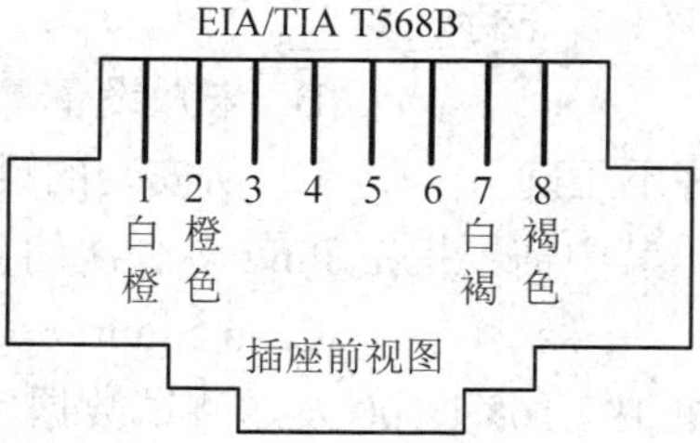

图 1-71　接口线序图

A. 白绿、蓝色、白蓝、绿色　　B. 蓝色、白蓝、绿色、白绿

C. 白蓝、白绿、蓝色、绿色　　D. 蓝色、绿色、白蓝、白绿

5. 将计算机连接到网络的基本过程是______。

(1) 用 RJ-45 插头的双绞线和网络集线器把计算机连接起来

(2) 确定使用的网络硬件设备

(3) 设置网络参数

(4) 安装网络通信协议

A. (2)(1)(4)(3)　　B. (1)(2)(4)(3)　　C. (2)(1)(3)(4)　　D. (1)(3((2)(4)

6. 下列关于各种无屏蔽双绞线(UTP)的描述中，正确的是______。

A. 3 类双绞线中包含 3 对导线

B. 5 类双绞线的特性阻抗为 500 Ω

C. 超 5 类双绞线的带宽可以达到 100 MHz

D. 6 类双绞线与 RJ45 接头不兼容

7. 在 TCP/IP 协议簇中，______协议属于网络层的无连接协议。

A. IP　　B. SMTP　　C. SNMP　　D. TCP

8．目前家庭中计算机采用拨号方式接入 Internet，硬件上除需电话线外还需要有______。

A. Internet Explorer　　B. Modem

C. Outlook Express　　D. WWW

9. 网络中计算机之间的通信是通过 ______实现的，它们是通信双方必须遵守的约定。

A. 网卡　　B. 通信协议　　C. 磁盘　　D. 电话交换设备

10．一台计算机的基本配置包括______。

A. 硬件系统与软件系统　　B. 计算机与外部设置

C. 系统软件和应用软件　　D. 主机、键盘和显示器

11. ______是由按规定螺旋结构排列的 2、4 或 8 根绝缘体铜线组成的传输介质。

A. 光缆　　B. 同轴电缆　　C. 双绞线　　D. 无线信道

12. 如果要用非屏蔽双绞线组建以太网，需要购买带______接口的以太网卡。

A. RJ-45　　B. BNC　　C. F/O　　D. AUI

13. 双绞线可以用来作为______的传输介质。

A. 模拟信号和基带信号　　B. 数字信号与模拟信号

C. 只是数字信号　　D. 只是模拟信号

14. 在设备管理器中出现“！”表示______。

A. 设备有冲突　　B. 未知设备，通常是设备没有正确安装

C. 所安装的设备驱动程序不正确　　D. 所安装的设备没有经过数字签名

15. ping 命令有很多参数，其中需要指定 Ping 多少次的参数是______。

A. -t　　B. -a　　C. -n count　　D. -l size

16. ______可以连接向主机 192.168.1.100 发送测试数据包，直接按下 CTRL+C 中断。

A. ping 192.168.1.100 –a　　B. ping 192.168.1.100 -n

C. ping 192.168.1.100 –t　　D. ping 192.168.1.100 -w

17. 关于双绞线，下面的描述中正确的是______。

A. 1 类双绞线可以使用在局域网中　　B. 5 类双绞线电缆由 4 对导线组成

C. 6 类双绞线与 RJ-45 接插件不兼容　　D. 7 类双绞线与 RJ-45 接插件兼容

18．在下面应用层协议中，利用 UDP 实现无连接传输的是___(1)___，利用 TCP 实现面向连接传输的是___(2)___。

(1) A. SMTP　　B. FTP　　C. TELNET　　D. SNMP

(2) A. TFTP　　B. FTP　　C. RPC　　D. SNMP

19．IPv6 地址为______位。

A. 128　　B. 64　　C. 48　　D. 32

20．IPv6 地址 12CD:0000:0000:FF30:0000:0000:0000:0000/60 可以表示成各种简写形式，下面选项中，正确的写法是______。

A. 12CD:0:0:FF30::/60　　B. 12CD:0:0:FF3/60

C. 12CD:: FF30/60　　D. 12CD:: FF30::/60

二、思考题

上网时，没有碰触到网线，偶尔也会出现“网络电缆未准备好”的提示，这种情况是什么原因导致的？

三、操作题

小王在使用计算机时，不小心动了下计算机，结果出现提示，请写个小建议帮助小王解决这个问题，保障网络畅通。

项目 2　组建对等网络

对等网络提供了一种操作简单、价格低廉的组网方式，不需要服务器等昂贵的设备和复杂的配置，所有计算机均处于平等地位。

本项目主要从硬件和软件两方面进行了分析：硬件方面需要准备计算机、集线器或交换机、网卡、网线、打印机、操作系统安装盘等设备；软件方面需要完成网卡驱动程序、网络通信协议的安装和配置及其他相关设置，如计算机标识、工作组、网络服务和共享资源等，完成上述设置后，用户之间才能完成通信和资源共享。

学 习 目 标

知识目标	• 了解对等网络的结构和特点； • 掌握资源共享的含义、作用和方法； • 掌握对等网络的配置方法； • 掌握对等网络的使用方法； • 熟悉对等网络的组建过程
技能目标	• 学会通过对等网络实现资源共享； • 能完成两台计算机之间对等网络的组建； • 熟练设置共享文件夹； • 熟练配置对等无线网络
相关知识点	• 对等网络的概念、特点； • 传输介质的种类、作用和性能； • 文件夹的安全性； • 网络打印机的概念和特点，以及与本地打印机的区别
技能考核点	• 能熟练完成计算机名称的更改、工作组的设置； • 能正确设置 TCP/IP 通信协议的各参数，并能正确解释各参数的作用和含义； • 成功完成对等网络的连通性测试，并能分析测试结果，得出恰当的结论； • 会设置打印机共享，并能共享打印机打印资料； • 会设置共享文件夹及其安全权限，实现资源共享

项 目 描 述

为改善教师的办公条件，学院新购置了一批计算机，原有计算机要求在规定的时间内上交给学院资产处。

教师们的计算机中都存有大量资料需要迅速复制到新计算机中，但 U 盘容量太小，也不是所有人都有存储容量足够大的移动硬盘，怎么办？

项 目 分 解

本项目主要任务如表 2-1 所示。

表 2-1　项目 2 主要任务

任务名称	操作环境描述	主要子任务
任务 1 检查和配置单台计算机	经过多年的积累，教师原有的计算机上有用的资料非常多，在短时间内要把有用的资源复制到新买的计算机上，需要做合适的准备以便能快速高效地完成文件备份，如查看新买计算机的操作系统、服务情况，然后选择合适的方式	(1) 查看计算机能否正常启动，是否已经安装操作系统； (2) 查看网卡是否已安装，网卡是否能正常使用； (3) 查看网络通信协议(TCP/IP)是否已经正确安装，如果没有安装则首先要安装上，如果已经安装则要进行参数配置； (4) 查看网络服务是否已经正确安装，如果没有安装则要安装网络服务
任务 2 组建最简单的对等网络	王老师的当务之急是需要将旧计算机的资料快速存入另外的计算机中，如果能将计算机中的资料直接复制到另一台计算机，则解决了当前的问题。通过检查发现，每台计算机的操作系统、网卡、驱动程序、协议、服务、客户端都已经安装好，并且能正常使用。那么首先需要将两台计算机连接起来，一台计算机名称为“W”，另一台计算机名称为“G”，“G”计算机如何快速共享“W”计算机 D:\share 文件夹中的文件呢？并且怎么控制“Everyone”组的用户对文件夹中的文件只有“读”权限，而“student”用户对文件夹中的文件有“完全控制”权限	(1) 连接计算机； (2) 标识计算机，设置文件夹共享和共享权限； (3) 网络通信协议设置和连通性测试
任务 3 组建较复杂的对等网络	两台计算机组成的对等网络比较简单，但计算机超过两台时就会出现介入计算机越多，共享的难度越大的情况，那么该网络已经不能够实现目标，需要一台连接设备，将所有计算机及打印机连接起来，一次性解决问题	(1) 设置共享资源； (2) 连接计算机与互联设备； (3) 连接打印机并设置打印机共享
任务 4 组建无线对等网络	李老师和张老师去往同一地点出差，距离非常近，且该范围内有无线信号，在没有第三方设备支持的情况下要实现资源共享，他们都带有笔记本(有无线网卡)，可采用无线对等网络的方式来实现资源共享	(1) 首先查看无线网卡是否正确安装，如果没有，则更新其驱动程序； (2) 配置无线网络通信协议； (3) 测试对等网的连通性，检验网络是否组建成功

知识链接

【链接 1】 对等网络

1. 对等网络的概念

对等网络的概念可从网络中每台计算机间的关系、资源分布、作业集中程度等多个方面来理解。

1) 网络中计算机的从属关系

对等网络中每台计算机地位平等，没有主从之分，即每台计算机在网络中既是客户机，又是服务器；而其他不同类型的局域网中，一般都有一台或者几台计算机作为服务器，其他计算机作为客户机。

2) 资源分布情况

对等网络中的资源分布在每台计算机中；其他类型的网络中，资源一般分布在服务器上，客户机主要是使用资源，而不是提供资源。

3) 作业的集中程度

对等网络中的每台计算机都是客户机，所以它要完成自身的作业，同时又是服务器，就需要满足其他计算机的作业要求。从整体角度来看，对等网络中的作业也是平均分布的，没有一个作业相对集中的节点。

综上所述，对等网络就是网络中每台计算机之间的关系对等，没有主从划分，资源和作业都相对平均分布的局域网类型。

2. 对等网络的特点

对等网络的特点如表 2-2 所示。

表 2-2　对等网络的特点

优　点	缺　点
(1) 容易建立和维护； (2) 建立和维护成本比较低； (3) 可实现多种服务应用	(1) 管理性差； (2) 对等网络中资源查找困难； (3) 同步使用的计算机性能下降

3. 对等网络的使用范围

对等网络主要用于建立小型网络及在大型网络中作为一个小的子网络，用在有限信息技术预算和有限信息共享需求的地方，如学生宿舍内、住宅区、邻居之间等，目的是实现简单的网络资源共享和信息传输及联网娱乐等。

4. 对等网络的组建条件

并不是任何条件都适合于组建对等网络，其组建条件如下：

(1) 用户数不超过 10 个。

(2) 所有用户在地理位置上都相距较近，之前他们各自管理自己的资源，而这些资源可以共享，或至少部分可以共享。

(3) 进入对等网络的用户均有共享资源(如文件、打印机、光驱等)的要求。

(4) 用户们的数据安全性要求不高。

(5) 使用方便性的需求优先于自定义需求。

无线对等网络与有线对等网络类似，即“无线网卡+无线网卡”组成的局域网，不需要安装无线 AP 或无线路由器等无线设备，即点对点(Point to Point)网络，也称为 Ad-Hoc 模式。

无线对等网络主要的优、缺点如表 2-3 所示。

表 2-3　无线对等网的优缺点

优　　点	缺　　点
(1) 每台计算机负责自己的资源，不需要服务器，对计算机性能要求低，节约了成本； (2) 每台计算机都自己负责资源和安全的管理，出现问题只是某一台机器的问题，不会影响整个网络，管理和维护较容易； (3) 每台计算机只需要安装支持对等网络的操作系统，不需要网络操作系统的支持	(1) 如果网络用户较多，共享资源频繁，就会引起计算机性能下降，无法进行正常的数据处理工作； (2) 由于对等网采用络的是资源分散管理，当网络规模较大时，网络整体安全性无法得到保障； (3) 由于网络中的资源采用的是分散管理办法，如果要备份数据则需从每台计算机上进行备份，增加了难度

【链接 2】　共享打印与网络打印的区别

共享打印机是在一个局域网内有一台打印机，大家都可以使用，但是如果共享打印机的这台计算机没有开机，则大家都无法使用这台打印机。

网络打印机是基于 Internet 的网络打印，拥有 IP 地址，相当于一台计算机，而不再是一台外设设备，是网络上的一个节点。网络打印机通过 EIO 插槽直接连接网络适配卡，能以网速实现打印输出。只要网络通畅，则大家都可以使用。

网络打印中，管理软件与打印服务器为两个核心部件。用户可以远程浏览到打印机各种信息、打印机设置、硒鼓使用情况、各个纸盒纸张状况等。网络打印可靠性高，很少产生故障，即使发生故障也极易排除，这是共享打印所不具备的。

因此，网络打印与共享打印最大的区别是网络打印具有管理性强、易用性和可靠性高的特点。

【链接 3】　无 线 网 卡

1. 无线网卡的作用

无线网卡的作用类似于以太网中的网卡，作为无线网络的接口，实现与无线网络的连接。

2. 无线网卡的类型

无线网卡根据接口类型的不同，主要分为 3 种：PCMCIA 无线网卡、PCI 无线网卡和 USB 无线网卡。

笔记本电脑可使用的无线网卡类型如表 2-4 所示。

表 2-4　无线网卡类型

类　型	产 品 说 明	图　　示
Mini-PCI 无线网卡(内置)	Mini-PCI 接口是在台式机 PCI 接口基础上扩展出的适用于笔记本电脑的接口标准。该网卡本身并不集成天线，靠预置在笔记本电脑机身中的天线来获取信号，所以笔记本电脑上只要有 Mini-PCI 插槽和预置天线或预置天线的位置就可升级。主流的 Intel PRO/Wireless 2100 network connection、Intel 2200BG 11M/54M 双频无线网卡、Intel PRO/Wireless 2915ABG 三频无线网卡等迅驰笔记本电脑内置的无线网卡都是 Mini-PCI 接口	
PCI-Express 无线网卡(内置)	基于 PCI-Express x1 接口的无线网卡最大的好处是可以为笔记本电脑节约空间，其尺寸只有 Mini-PCI 的一半大小，符合笔记本电脑机体尺寸向更便携的方向发展的趋势	
PCMCIA 无线网卡(外置)	PCMCIA 是一种使用在笔记本电脑上的信用卡状通用转接卡的规范。PCMCIA 定义了 3 种卡，它们的长宽都是 85.6 mm × 54 mm，只是在厚度方面有所不同。分别为：①厚 3.3 mm，主要用于 RAM 和 ROM；②将厚度增至 5.5 mm，适用于大多数的 modem 和 faxmodem、LAN 适配器等；③厚度增大到 10.5 mm，主要用于旋转式的存储设备(例如硬盘)	
USB(Universal Serial Bus)(外置)	USB 的中文含义是“通用串行总线”。主流的 USB 2.0 将设备之间的数据传输速度增加到了 480 Mbit/s，比 USB 1.1 标准快 40 倍左右，完全能满足目前无线网络的需求。目前采用 USB 接口的无线网卡设备也完全具备 USB 的主要特点：可以热插拔；体积小巧，携带方便；标准统一，USB 接口的无线网卡设备的通用性很强	

3. 无线网卡的应用

若有两台笔记本电脑，可以选购两块 802.11 b 协议的无线网卡直接相互连接，通过 Ad-Hoc 模式进行连接，具有加密功能，防止别人盗用无线网络，比有线网络更方便。若有 3 台或者更多的笔记本电脑，则可以配合无线 AP 组成无线局域网。

4. 无线网卡的选择

在给笔记本电脑选择无线网卡时，首先要清楚是安装在计算机内还是计算机外，即选择内置网卡还是外置网卡。内置网卡不占用额外空间，与笔记本电脑紧密结合在一起，可做到随身移动随时使用。如 PCMCIA 无线网卡，是笔记本电脑的传统接口，通常是内置的；而 USB 接口无线网卡具备即插即用、安装方便、高速传输等特点，由于其是外置的，不适宜经常移动。然后要考虑无线网卡的性能，在性能接近或相同的情况下，再考虑需要投入的成本，即无线网卡的价格，在性能接近的情况下价格越低越好。

【链接 4】 无线网络相关技术名词

- WLAN：Wireless Local Area Network，无线局域网。
- SSID：Service Set IDentifier，服务集标识符，用来区分不同的网络，最多可以有 32 个字符。无线网卡设置不同的 SSID 就可以进入不同网络。SSID 通常由 AP 广播出来，通过操作系统自带的扫描功能可以查看当前区域内的 SSID。出于安全考虑可以不广播 SSID，此时用户就要手工设置 SSID 才能进入相应的网络。即 SSID 就是一个局域网的名称，只有设置为名称相同 SSID 的值的计算机才能互相通信。
- BSSID：Basic Service Set IDentifier，基本服务集标识符，用于对等网络(Ad-Hoc)中标识允许互连的无线设备。
- Ad-Hoc：对等网络，由一组拥有无线适配器的计算机组成的独立的无线网络。该模式下，无线适配器使用 BSSID 标识允许接入的无线设备，数据传输不经过 AP 转发，所有需要接入的无线设备使用相同的 BSSID 和信号通道(Channel)建立起一个点对点的网络用于数据传输。

任 务 实 施

本任务的实施流程如表 2-5 所示。

表 2-5 本任务实施流程

实 施 流 程
1. 阅读“知识链接”中的知识介绍，如果不够，则查找资料学习相关知识； 2. 规划需完成的任务(检查和配置单台计算机→组建简单对等网络→组建复杂对等网络→组建无线对等网络)，明确任务目标； 3. 分析任务要求与完成途径； 4. 选择恰当的工具，准备实验工具与材料，填写工具和材料清单； 5. 根据任务的先后顺序与步骤，完成具体安装或配置任务，在完成每个小任务后，测试任务完成情况，保证任务 100%完成； 6. 待所有任务完成后，测试整体任务，检验最终能否完成对等网络组建、文件共享

任务 1 检查和配置单台计算机

任务 1-1 查看计算机的配置情况

从项目描述中发现，首先要确认新购置计算机的情况，如是否能正常启动，是否已经安装操作系统。如果已经安装，就要查询安装的是哪种类型的操作系统，是否已经安装网卡，网卡是否能正常使用，网络通信协议是否已安装等。

任务 1-2　查看网络服务安装情况

本项目中，配置过程中以 Windows 7 操作系统为例进行详细介绍。

步骤 1： 打开“控制面板”，依次单击“网络和 Internet”→“网络和共享中心”→“查看网络状态和任务”→“更改适配器设置”→“本地连接”，单击鼠标右键，选择“属性”按钮，打开如图 2-1 所示的“本地连接 属性”对话框。

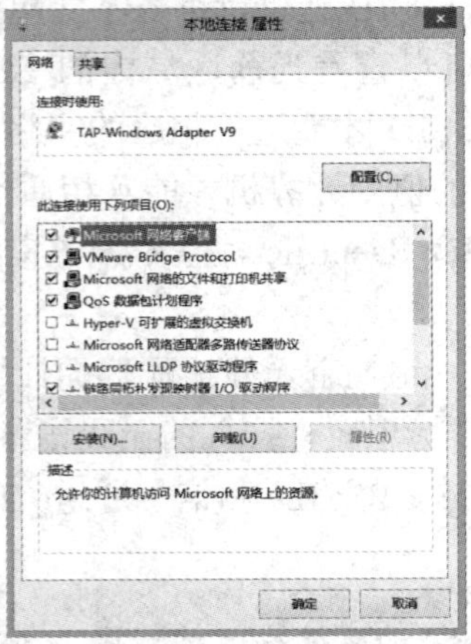

图 2-1　“本地连接 属性”对话框

“Microsoft”网络客户端：允许您的计算机访问 Microsoft 网络上的资源。

“Microsoft 网络的文件和打印机共享”：允许其他计算机用 Microsoft 网络访问您的计算机上的资源。

如果图 2-1 中能查看到这两项内容，说明网络服务已经安装好，如果没有查到，则需要安装，否则不能实现资源共享。

注意

这些选项一般在安装操作系统时同时安装。

步骤 2： 安装网络客户端。选中“Microsoft 此连接使用下列项目”下的“网络客户端”，单击“安装”按钮，打开如图 2-2 所示的“选择网络功能类型”对话框。

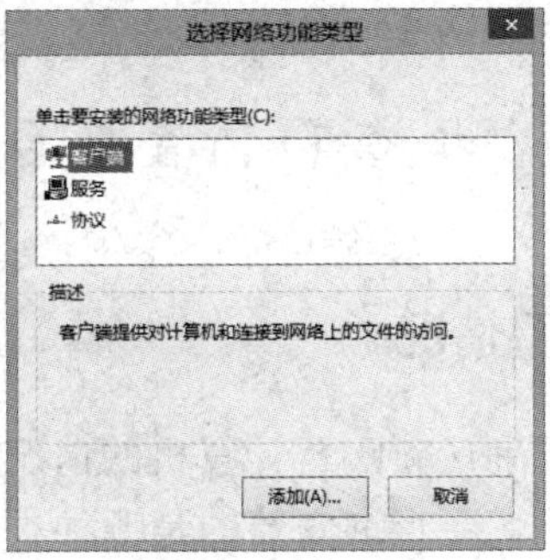

图 2-2　“选择网络功能类型”对话框

步骤 3：选择“客户端”，单击“添加”按钮，打开如图 2-3 所示的“选择网络客户端”对话框。

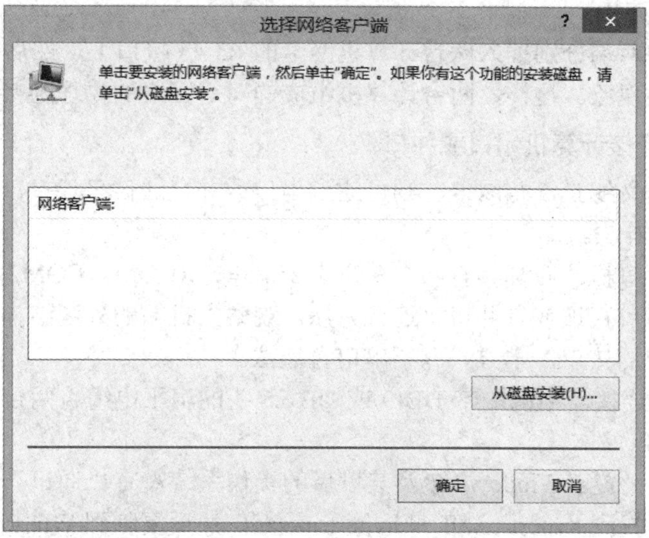

图 2-3　“选择网络客户端”对话框

步骤 4：选中要安装的网络客户端，单击“确定”按钮。如果有该组件的安装磁盘，则单击“从磁盘安装”按钮来完成安装。

注意

“Microsoft 网络的文件和打印机共享”与网络客户端的安装过程相同。

任务 2　组建最简单的对等网络

任务 2-1　连接两台计算机

最简单的对等网络，就是由两台计算机组成的网络。在实际应用中，连接两台计算机的方式有很多，常使用交叉线连接计算机网卡，也可以通过串口或并口通信来连接，或采用同轴电缆连接。

1. 方式一：用交叉线连接网网卡

步骤 1：观察主机外观。查看主机外观结构，检查是否安装有网卡，如果没有安装则需要将网卡安装到合适的插槽中。

步骤 2：测试网卡是否工作正常。在两台计算机上分别完成如下操作：

(1) 单击“开始”→“运行”命令，打开“运行”对话框，在“打开”文本框中输入“cmd”命令，单击“确定”按钮，进入 DOS 提示符状态。

(2) 在 DOS 提示符下输入“ping 本机 IP 地址”，回车，如果能够 ping 通，说明网卡工作正常。如果不通，则说明网卡工作有问题，需要修复或更换网卡。

步骤 3：物理连接。

把交叉电缆的两端分别插入两台计算机网卡的 RJ-45 接口上，然后卡紧，确保接口连接紧密而没有松动现象。这样，两台计算机组成的对等网络的物理连接就完成了。

2. 方式二：连接计算机串口或并口

如果既没有交叉线又没有网卡，则可通过串口或并口通信来连接。

步骤 1：确定方法。

标准配置的计算机一般都具有两个 9 芯或 25 芯串口(COM1,COM2)和一个 25 芯并口，这样就可以选择串口直连或者并口直连等方法。观察主机箱的外观结构，确定当前的工作计算机是什么类型的接口。本方式介绍串口直连法。

步骤 2：硬件连接。用两端带 DB-9 或 DB-25 头的扁平电缆将两台计算机的串口连接起来，拧紧连接口。

步骤 3：软件设置。Windows 7 及其以后的操作系统没有“通讯”项，具体的方法是在 Windows XP 下找到 hypertrm.dll 和 hypertrm.exe，然后复制到 Windows 7 的 C:/program files(x86)/ hyperterminal 中(新建的文件夹)，直接运行 hypertrm.exe 就可以了。其他设置与 Windows XP 相同。

(1) 在系统桌面打开“这台电脑”(我的电脑)，单击“查看”，勾选“隐藏的项目”复选框。

Windows 7 或 Windows 8 等操作系统的计算机需要打开系统盘，依次双击打开“ProgramData”→“Microsoft”→“Windows”→“「开始」菜单”→“程序”→“Windows 附件”，就能找到常用的小附件，如没有“通讯”项，则依照前面的提示操作。双击“通讯”→打开“新建连接向导”→单击“下一步”按钮→“设置高级连接”，打开如图 2-4 所示的“网络连接类型”对话框，选中“设置高级连接”单选按钮。

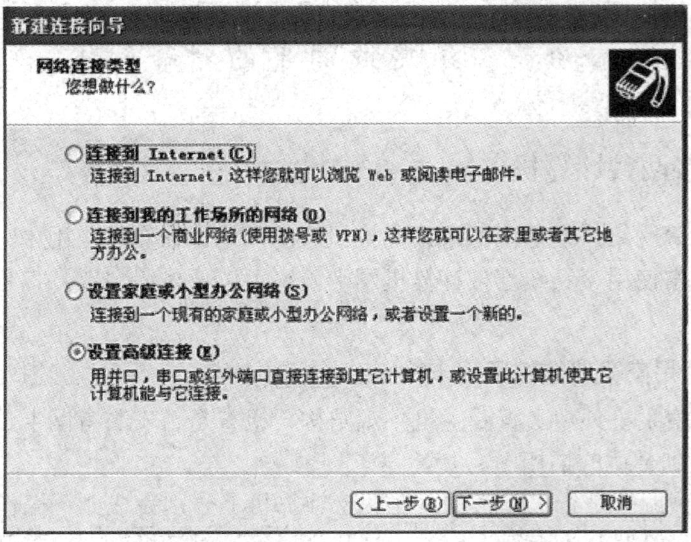

图 2-4　“网络连接类型”对话框

(2) 单击“下一步”按钮，打开如图 2-5 所示的“高级连接选项”对话框，选中“直接连接到其他计算机(C)”单选项。

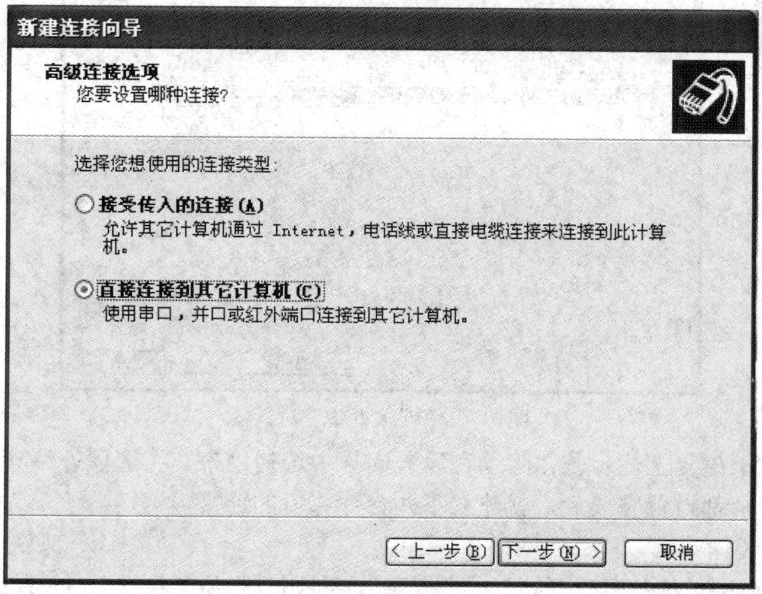

图 2-5　“高级连接选项”对话框

(3) 单击“下一步”按钮，打开“主机或来宾？”对话框，在“选择您想让此计算机担任的角色”选项中选中如图 2-6 所示的“主机”单选按钮。

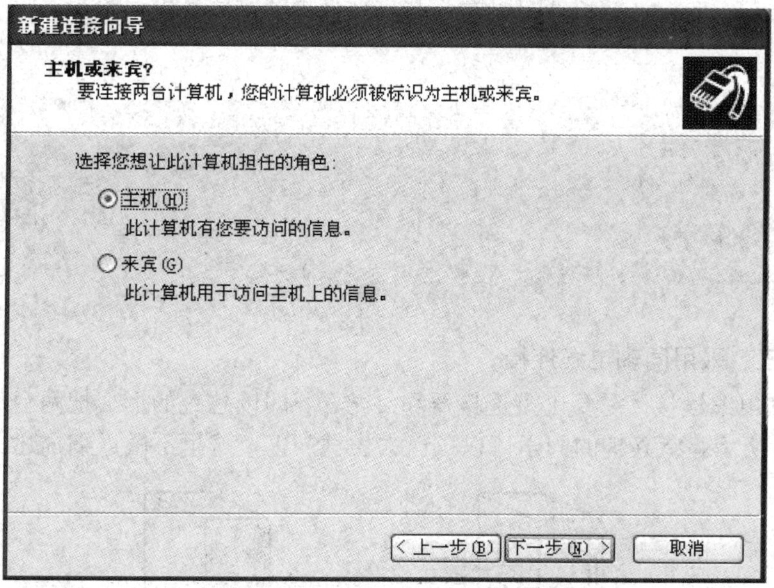

图 2-6　“主机或来宾？”对话框

(4) 单击“下一步”按钮，打开如图 2-7 所示的“连接设备”对话框，计算机将会自动检测可用的并口和串口，选择所需要的串口(COM1 或 COM2)，然后单击“下一步”按钮，根据提示完成操作。

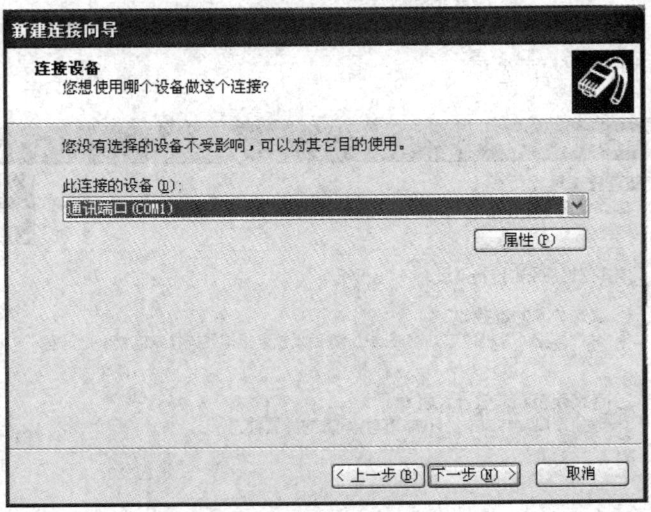

图 2-7　“连接设备”对话框

在客户机上重复上述步骤，除了在设置向导中选择“来宾”选项外，其余步骤与上述步骤完全相同，都设置完成后，就建立了两台计算机的连接。

步骤 4： 传输数据。

(1) 在主机中依次打开“开始”→“程序”→“附件”→“通讯”→“直接电缆连接”，单击“侦听”。

(2) 在客户机中依次打开 “开始”→“程序”→“附件”→“通讯”→“直接电缆连接”，单击“连接”。

连接建立后，两台计算机便可以访问共享文件夹并完成数据传输了。

注意

(1) 如果需要改变主机与来宾的关系，就需要重新进行设置。

(2) 这是一种单向关系，主机资源可以被客户机共享，但反过来则不行。如果主机本身连在网络上，那么客户机也能访问网络。

(3) 数据传输速率较慢，仅适合于双机交换数据或简单连机游戏。

3. 方式三：采用同轴电缆连接

采用同轴电缆连接，需要 T 型连接器和终结器，即以总线的形式把两台计算机连接起来，如图 2-8 所示。有兴趣的同学可以自己去尝试一下，这里不做详细描述。

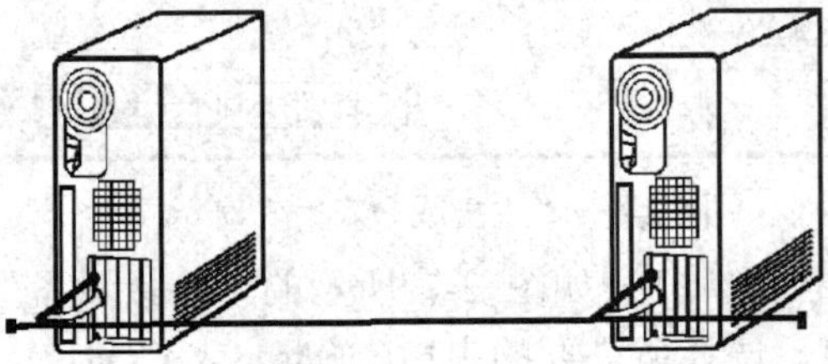

图 2-8　用同轴电缆连接示意图

任务 2-2 配置网络

对等网络上的每一台计算机，都应配置相同的组件类型、网络标识和访问控制才能实现网络上的资源共享，保证网络的连通性。

1. 更改计算机名称

为了方便计算机在网络中能相互访问，网络中的每一台计算机需要配置一个唯一的名称。本项目中以“W”计算机名称的修改为例进行介绍。

步骤 1：右键单击“我的电脑”，选择“属性”，打开如图 2-9 所示的“系统属性”对话框。

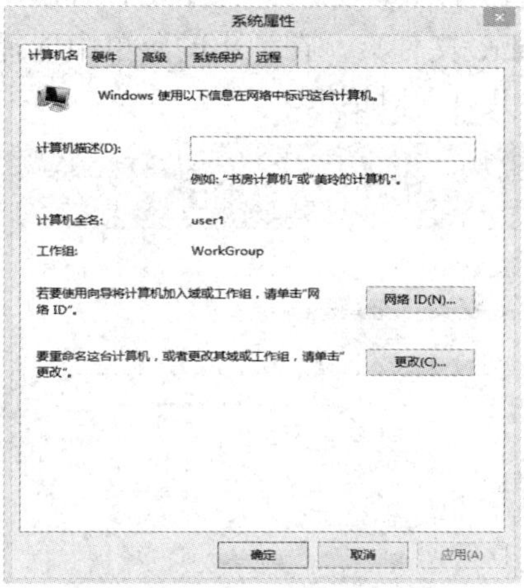

图 2-9 “系统属性”对话框

步骤 2：选中“计算机名”选项卡，单击“更改”按钮，打开如图 2-10 所示的“计算机名/域更改”对话框。在“计算机名”文本框中输入计算机名称，在“隶属于”项中选中“工作组”或“域”的单选按钮，设置好后单击“确定”按钮，计算机名称和所属工作组就更改成功了。

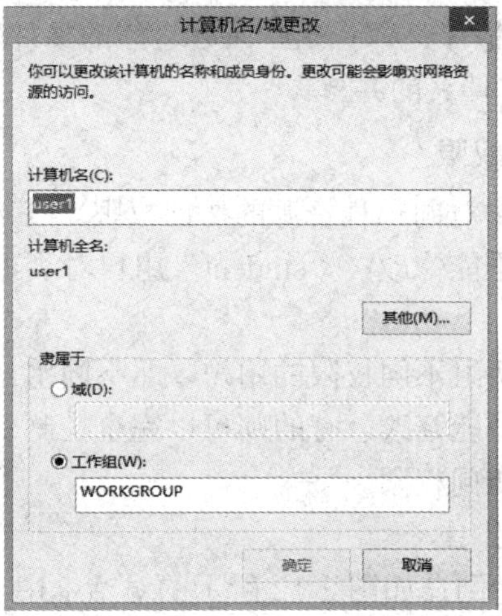

图 2-10 “计算机名/域更改”对话框

注意

同一工作组中，计算机名称的设置要唯一。需要通信的计算机，必须配置成相同的工作组，或者说通信的计算机必须处于同一工作组中。

2. 文件夹共享设置

局域网中，通常通过共享文件或文件夹的形式来交换数据。文件夹共享是怎样进行配置的呢？下面以 D:\share 文件夹的共享设置为例进行介绍。

步骤 1：选择需要共享的文件夹，如新建文件夹 D:\share。

步骤 2：右键单击 D:\share 文件夹，在弹出的菜单中选择“共享”→“特定用户”，打开如图 2-11 所示的“文件共享”对话框。

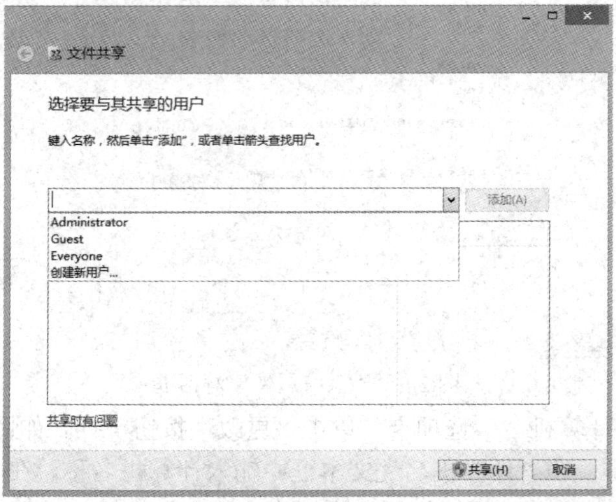

图 2-11　“文件共享”对话框

步骤 3：选择共享该文件夹的用户，单击右侧的“添加”按钮，在下方会显示添加成功的用户名，然后单击下方的“共享”按钮，显示“你的文件夹已共享”的提示，单击“完成”按钮，则完成了 share 文件夹的共享。

3. 设置共享文件夹访问权限

本实例中要设置不同用户对同一种资源的访问权限。“Everyone”组的用户对“share”文件夹下的文件只能读取，不能修改；“student”用户对“share”文件夹下的文件则可以完全控制。如何设置呢？

从任务中可以看出，有两组不同权限的用户，即不同用户对于同一种资源拥有不同的访问权限，有的只能读取，不能修改，有的则可以完全控制资源。因此，在设置资源共享时，需要指派许可用户及其访问权限。

步骤 1：设置“读取”权限。

如果要给用户设定权限，则在如图 2-12 所示的对话框中，选中共享的用户或组，单击右侧的下三角形，在弹出的菜单中选中相应的权限。

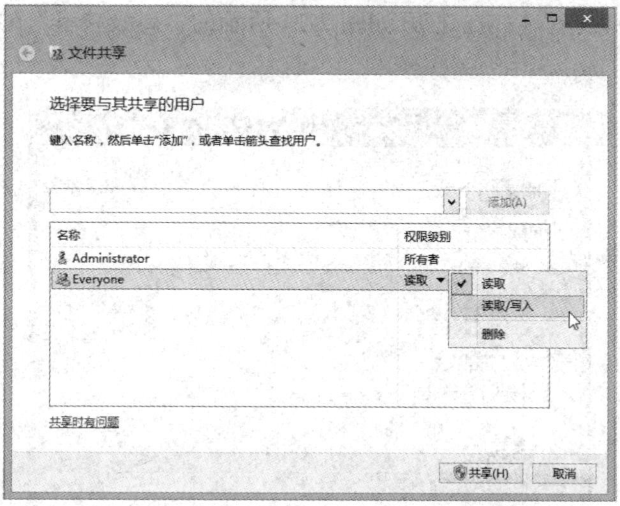

图 2-12 “文件共享”对话框的“权限”项

从图 2-12 中可发现，“Everyone”组只拥有“读取”权限，如果要拥有“读取/写入”权限，则选中“读取/写入”项，那么该组的成员就可以对 share 文件夹下的文件进行读取和写入操作。

如果不让“Everyone”组访问“share”文件夹，则在“组和用户名称”列表框中选择“Everyone”组，单击“删除”按钮，将该组删除，这样就实现了不让“Everyone”组访问“share”文件夹。

步骤 2：添加用户并设置“完全控制”权限。

(1) 选中设置权限文件夹，右键单击，选择“属性”命令，打开如图 2-13 所示的“share 属性”对话框。

图 2-13 “share 属性”对话框

(2) 单击“高级共享”按钮，打开如图 2-14 所示的“高级共享”对话框，单击“权限”按钮。

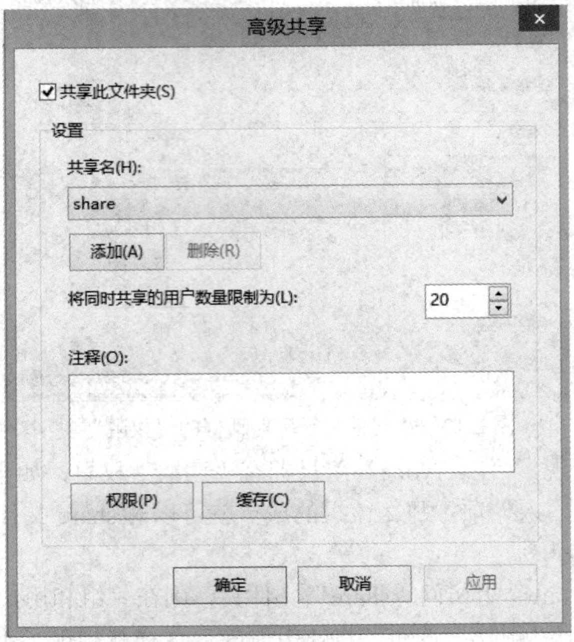

图 2-14　“高级共享”对话框

(3) 打开如图 2-15 所示“share 的权限”对话框。

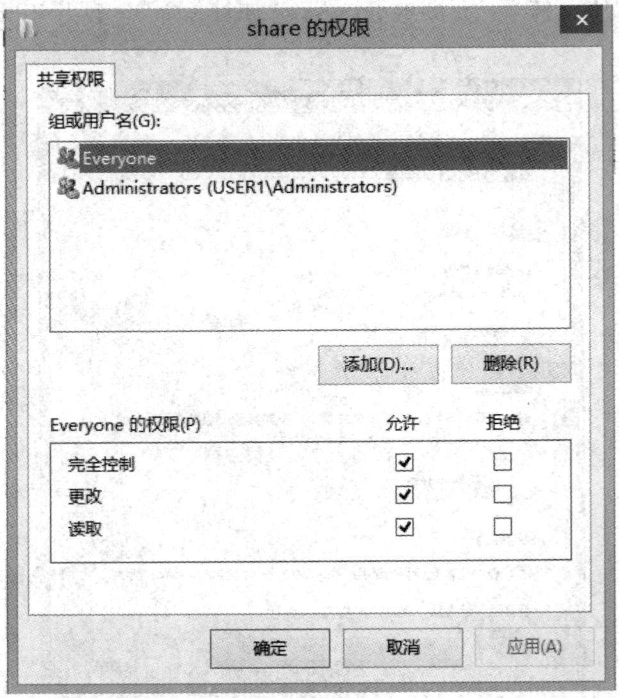

图 2-15　“share 的权限”对话框

(4) 在图 2-15 中，选中“完全控制”权限“允许”列的复选框，然后单击下方的“确定”按钮，则是将 Everyone 组中的成员设置了“完全控制”权限。还可添加需要设置权限的用户，单击“添加”按钮，打开如图 2-16 所示的“选择用户或组”对话框。

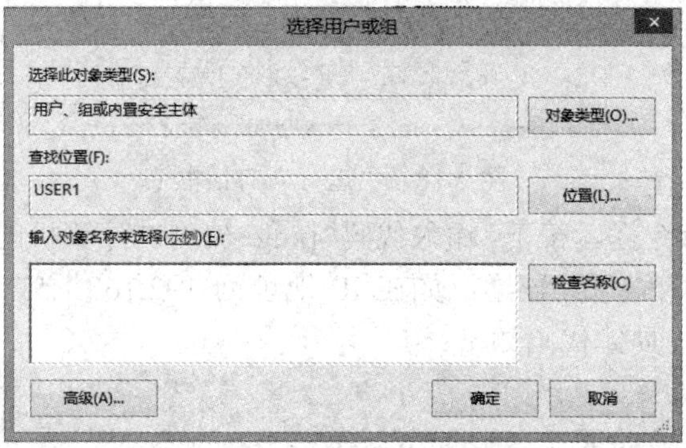

图 2-16　“选择用户或组”对话框

(5) 单击“高级”按钮→“立即查找”按钮，选择需要设置权限的用户，添加到图 2-15 所示的“组或用户名”框中。

4. 配置 Internet 协议(TCP/IP)属性

在“本地连接属性”中，选中“Internet 协议(TCP/IP)”，单击“属性”按钮，打开“Internet 协议(TCP/IP)属性”对话框，在 IP 地址栏中设置 IP 地址，一台计算机设置为 192.168.1.56，子网掩码 255.255.255.0；另一台计算机设置为 192.168.1.57，子网掩码 255.255.255.0。

5. 连通性测试

方式一：搜索被测试的计算机。

步骤 1：直接打开资源管理器，选择最下方的“网络”命令，打开如图 2-17 所示的“网络”界面。

图 2-17　“网络”界面图

步骤 2：双击计算机，如“USER1”，如能打开并能找到相应的信息，说明网络连接通畅。

方式二：采用 ping 命令。

步骤 1：单击“开始”→“运行”命令，在如图 2-18 所示的“运行”对话框的“打开”文本框中输入“cmd”命令，单击“确定”按钮，进入 DOS 提示符窗口。

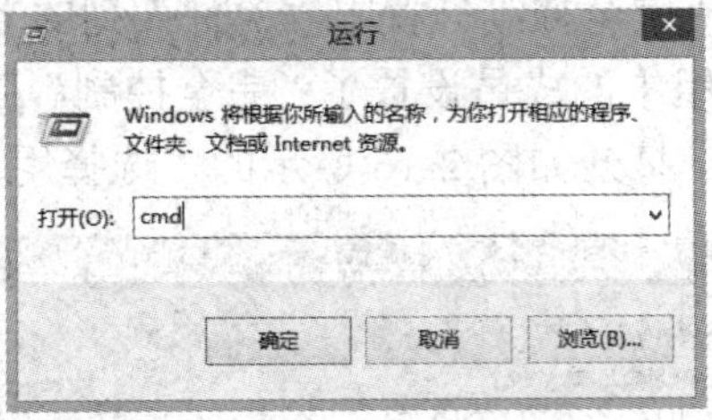

图 2-18　“运行”对话框

步骤 2：在 DOS 命令提示符下，输入代码“ping 被测试计算机的 IP 地址或计算机名”。如能 ping 通，则表示网络已经连通。如在 IP 地址为 192.168.1.57 的计算机上执行“Ping 192.168.1.56”的命令，具体代码如下：

```
C:\>ping 192.168.1.56
```

单击回车键后，会在屏幕上返回如下结果。

```
Pinging lanzujian.wangluo.com [192.168.1.56] with 32 bytes of data:
Reply from 192.168.1.56: bytes=32 time <10ms TTL=253
Reply from 192.168.1.56: bytes=32 time <10ms TTL=253
Reply from 192.168.1.56: bytes=32 time <10ms TTL=253
Reply from 192.168.1.56: bytes=32 time <10ms TTL=253
Ping statistics for 192.168.1.56:
Packets: Sent = 3， Received = 3， Lost = 0 (0% loss)，Approximate round trip times in milli-seconds:
Minimum = 0ms， Maximum = 0ms， Average = 0ms
```

从结果中发现，IP 地址为 192.168.1.56 的计算机与 IP 地址为 192.168.1.57 的计算机之间的连接是通畅的。

也可以直接在“运行”对话框中输入“ping 被测试计算机的 IP 地址或计算机名”，单击“确定”按钮后，会出现与上面相同的结果。

6. 启用 Guest 用户

步骤 1：依次单击“开始”→“控制面板”→“管理工具”→“计算机管理”，打开如图 2-19 所示“计算机管理”窗口，展开“本地用户和组”下的用户选项。从图 2-19 中可发现，“Guest”用户图标上有个向下的箭头，说明被禁用了。

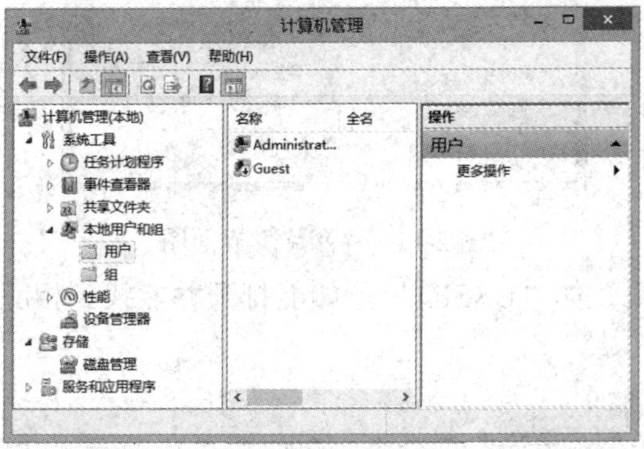

图 2-19　“计算机管理”窗口

步骤 2：选中“Guest”用户，单击右键，在弹出的菜单中单击“属性”命令，打开如图 2-20 所示的“Guest 属性”对话框，取消勾选“账户已禁用”复选框。

图 2-20　“Guest 属性”对话框

勾选“用户不能更改密码”和“密码永不过期”复选框，这些复选框的选择要根据设置的实际需要来确定。

步骤 3：单击“确定”按钮，打开如图 2-21 所示的窗口，发现“Guest”用户上的箭头已经去掉了，说明“Guest”用户已经启用。

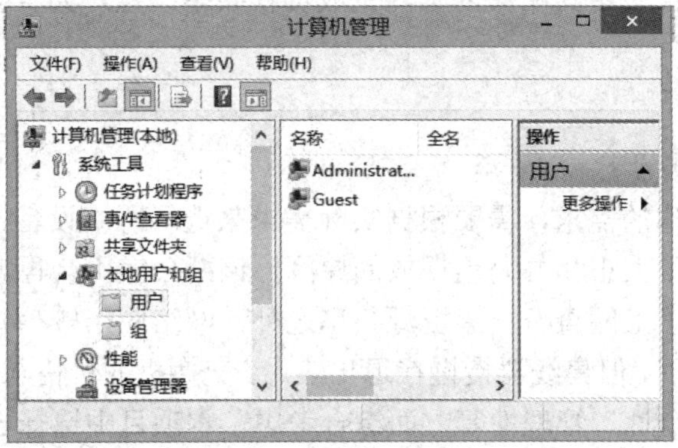

图 2-21　启用 Guest 用户

任务 2-3　共享文件和文件夹

共享文件和文件夹，一种方法是在图 2-18 所示的“运行”对话框中输入“\\计算机的 IP 地址或计算机名”，则可找到共享的文件夹，将该文件夹拖入到你的计算机中就可以了，只要等待文件复制完成即可。

另一种方法是在一台计算机上，双击“网上邻居”图标，选择“邻近的计算机”，找到另外一台计算机的名称，然后双击，在弹出的对话框中输入合法用户名及对应密码，则可以看到文件夹 D:\share，打开 share 文件夹，将文件夹中的文件复制到另一台计算机中。

任务 3　组建较复杂的对等网络

从任务分析发现，王老师所在教研室中有 10 台计算机，数量不是很多，也不是很复杂，只需要共享资料和打印机，因此可使用对等网络解决，其拓扑结构如图 2-22 所示。

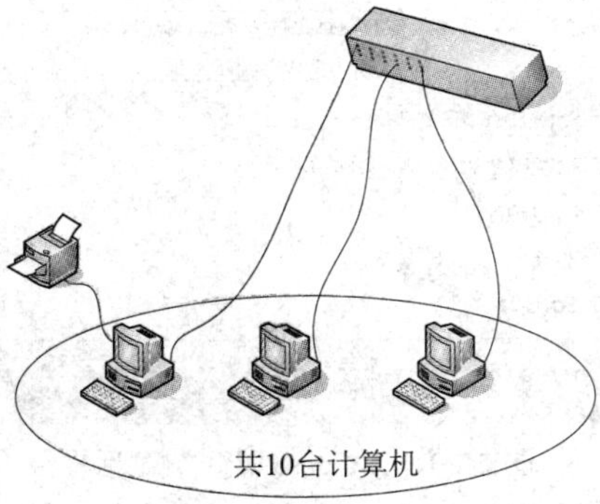

图 2-22　较复杂的对等网络结构图

任务 3-1　共享资料

参照项目 1 和项目 2 中的相关内容，完成资料共享设置，如“教材与教案”文件夹。

任务 3-2　连接设备

步骤 1：选择连接设备。

为了满足网络构建的需求，需要根据实际需求来选择网络设备：办公室有 10 台计算机需要连接，因为房子大小和办公桌摆放的原因，该办公室不会再增加人员，因此可不考虑扩展性的问题；除了上网查资料、资源共享之外，网络应用较少，网速要求不太高，交换机和集线器都能实现，但集线器慢慢在退出应用，交换机的价格与集线器也差不了多少，因此，从智能化、安全性、管理性等方面综合考虑，本项目中选择 5 口的交换机作为连接设备。

步骤 2：连接计算机与交换机。

在不带电的情况下，把直通线的一端连接到交换机的 Ethernet 口，另一端连接到计算机网卡的 RJ-45 口，连接情况如图 2-23 所示，保证两端连接紧密。

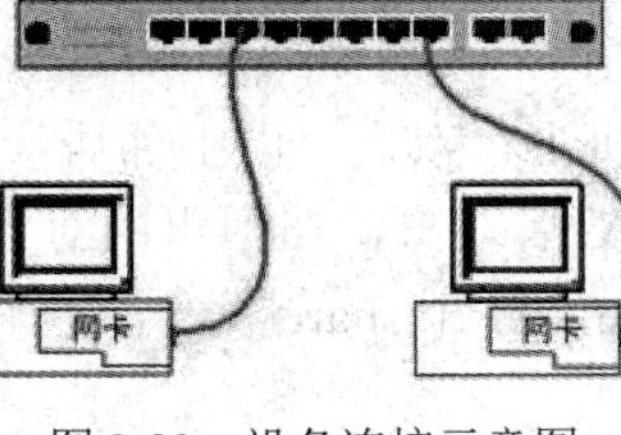

图 2-23　设备连接示意图

步骤 3：启动交换机。

连接计算机的各端口指示灯会闪烁，呈绿色。

后面的共享设置各步骤与任务 2 完全相同，在此不再重复。

任务 3-3　共享打印机

在办公室里任选一台计算机(选择名为“W”的计算机)与打印机连接在一起，打印机的名称设置为“printer”，其余各台计算机需要打印时都共享“W”计算机上连接的打印机，禁止用 U 盘复制文件到“W”计算机上来打印，并且为了节约，所有文件的打印稿都应为最终稿，严禁浪费。

步骤 1：安装本地打印机。

本地打印机就是连接在用户使用的计算机上的打印机。打印机的安装包括硬件安装和驱动程序安装两个部分。硬件打印机的安装很简单，用信号线将打印机连接到计算机上，再将打印机连上电源就算安装完毕。因此，通常所说的打印机安装是指打印机驱动程序的安装。

在未通电的情况下，把打印机的信号线连接到“W”计算机上，保证接口紧密结合，然后开启电源。其安装步骤如下所述。

(1) 单击“开始”→“控制面板”→“查看设备和打印机”。单击如图 2-24 所示的“查看设备和打印机”，打开如图 2-25 所示的“设备和打印机”窗口。

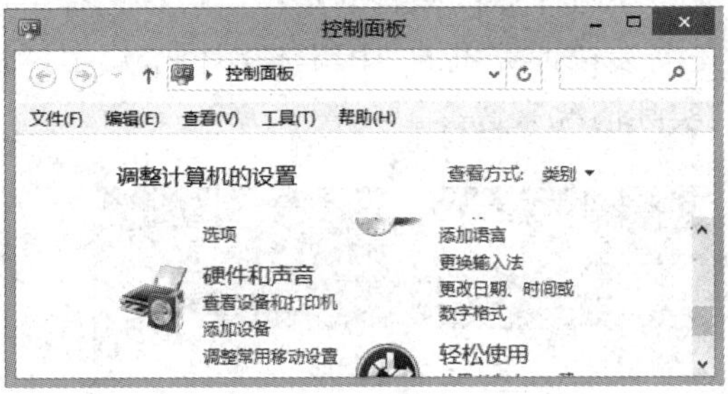

图 2-24　控制面板界面

图 2-25　“设备和打印机”窗口

利用“打印机”文件夹可以管理和配置现有打印机，也可以添加新的打印机。

(2) 双击“添加打印机”图标，启动如图 2-26 所示的“添加打印机”向导。在“添加打印机”向导的提示和帮助下，用户一般都能正确地安装打印机。启动“添加打印机”向导后，系统会打开“添加打印机”向导的第一个对话框，提示用户开始安装打印机。

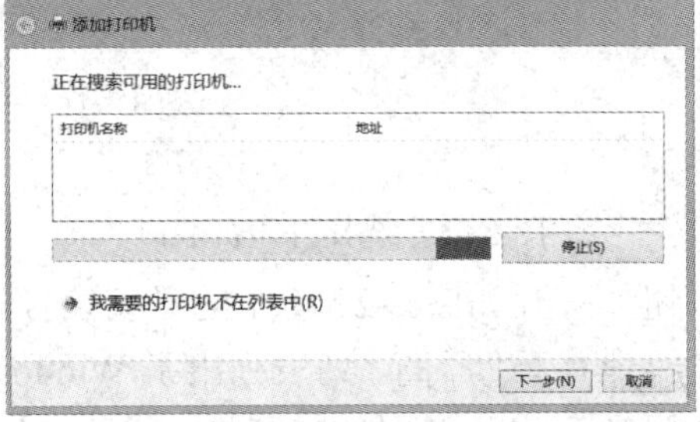

图 2-26　“添加打印机”向导欢迎界面

(3) 单击图 2-26 中“我需要的打印机不在列表中”，打开“按其他选项查找打印机”对话框。在此对话框中，用户可选择“通过手动设置添加本地打印机或网络打印机”，如图 2-27 所示。

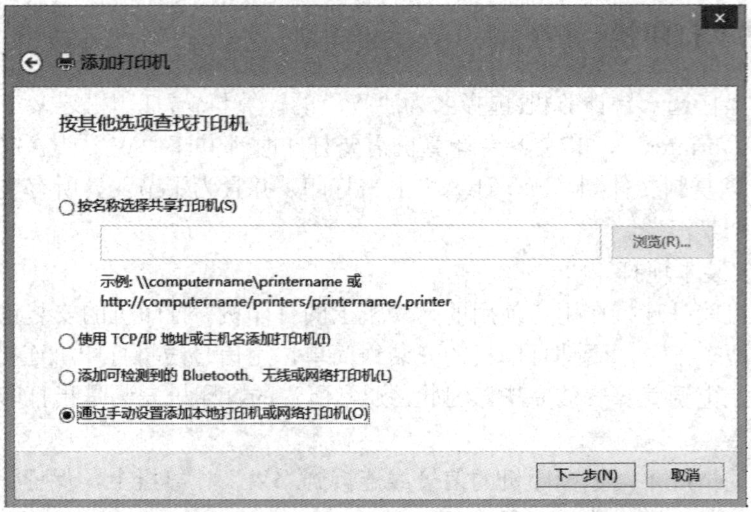

图 2-27　“按其他选项查找打印机”对话框

(4) 单击“下一步”按钮，打开如图 2-28 所示的“选择打印机端口”对话框。在对话框里选择要添加打印机所在的端口。如果要使用计算机原有的端口，可以选择“使用现有的端口”单选按钮。用户的打印机一般是安装在计算机的 LPT1 打印机端口上，也有的是使用 USB 接口，因此，要根据打印机的实际情况来选择。

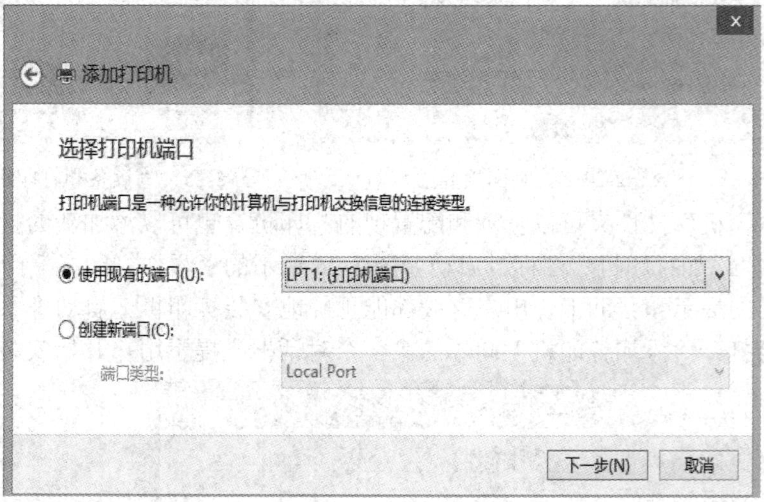

图 2-28　选择打印机端口

(5) 单击“下一步”按钮，打开如图 2-29 所示的“安装打印机驱动程序”对话框，选择打印机的生产厂商和型号。其中，“厂商”列表列出了 Windows 支持的打印机的制造商。如果在“打印机”列表框中没有列出所使用的打印机，说明 Windows 不支持该型号的打印机。一般情况下，打印机都附带有支持 Windows 的打印驱动程序。因此，用户可以单击“从磁盘安装”按钮，安装打印驱动程序即可。

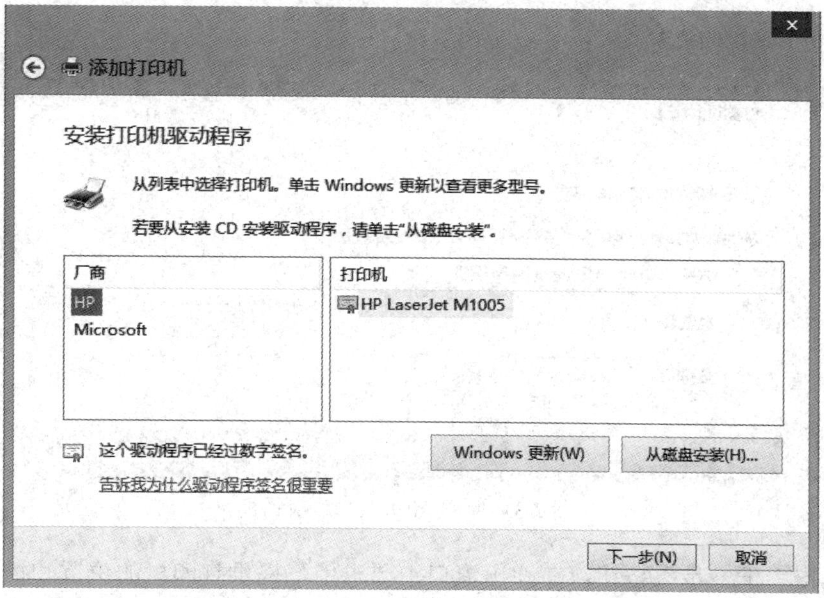

图 2-29　“安装打印机驱动程序”对话框

(6) 单击“下一步”按钮，打开如图 2-30 所示的“键入打印机名称”对话框。在该对话框中的“打印机名称”文本框中输入打印机的名字。

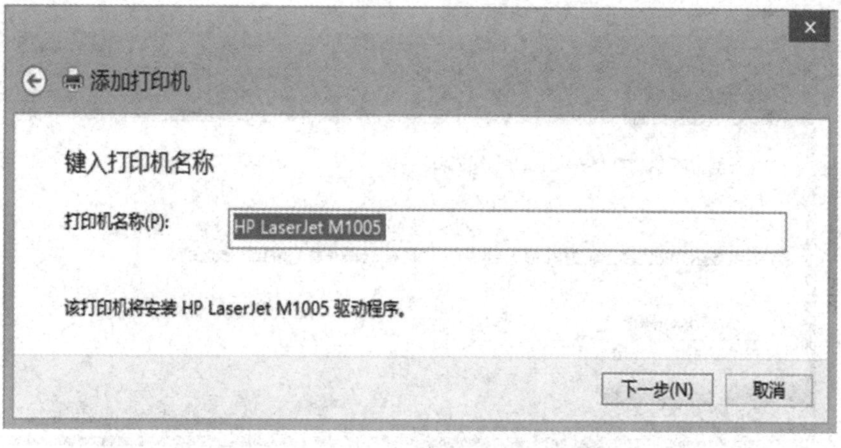

图 2-30　“键入打印机名称”对话框

(7) 单击“下一步”按钮，打开如图 2-31 所示的“打印机共享”对话框，在此设置是否允许其他计算机共享该打印机的选项。如果选择“不共享这台打印机”单选按钮，那么用户安装的打印机只能被本机使用，局域网上的其他用户不能使用该打印机。如果允许其他用户使用该打印机，则可以择中“共享此打印机以便网络中的其他用户可以找到并使用它”单选按钮，并在后面的文本框中输入共享时该打印机的名称。这样，该打印机就可以作为网络打印机使用了。

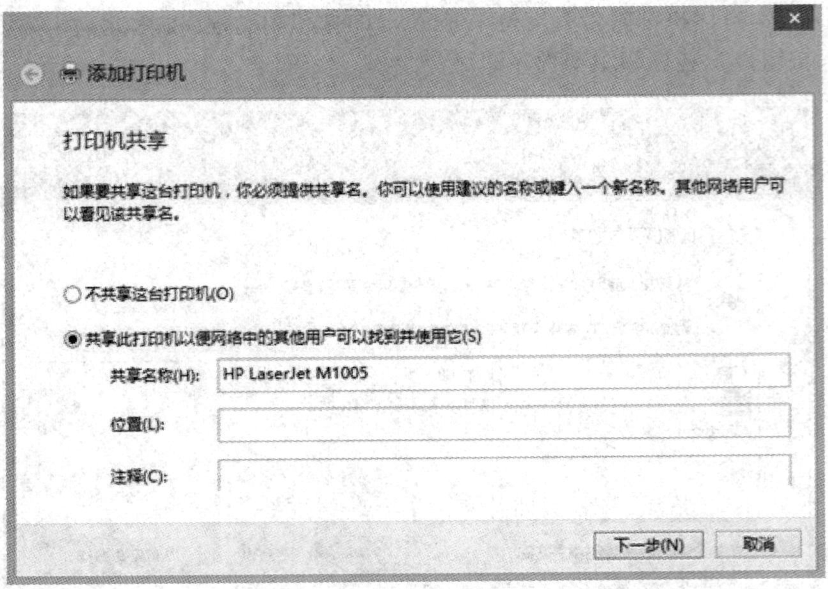

图 2-31　“打印机共享”对话框

(8) 单击“下一步”按钮，在弹出窗口中要求用户提供打印机的位置和描述信息。可以在“位置”文本框中输入打印机所在的位置，方便其他用户查看。

(9) 单击“下一步”按钮，打开如图 2-32 所示的对话框，用户可以选择是否对打印机进行测试，以便证实打印机是否已经正确安装。如果安装成功，则会成功打印测试页。

(10) 单击“完成”按钮，安装完毕。

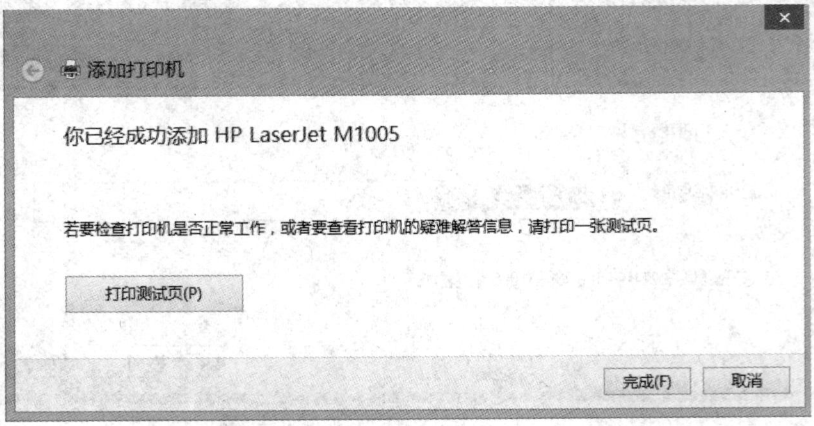

图 2-32　打印测试页

步骤 2：设置本地打印机共享。

(1) 单击“开始”→“控制面板”→“查看设备和打印机”，选择需要设置的打印机，鼠标右击，打开如图 2-33 所示的菜单。

(2) 单击“打印机属性”菜单命令，打开如图 2-34 所示的“HP LaserJet M1005 属性”对话框，勾选“共享这台打印机”复选框，在“共享名”文本框中输入“printer”，单击“确定”按钮。

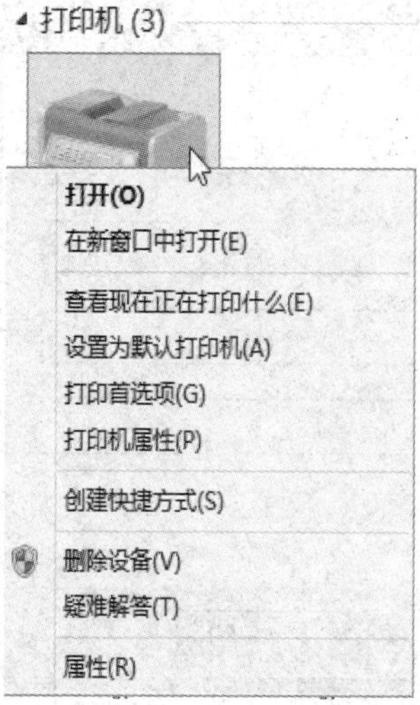

图 2-33　打印机右键菜单

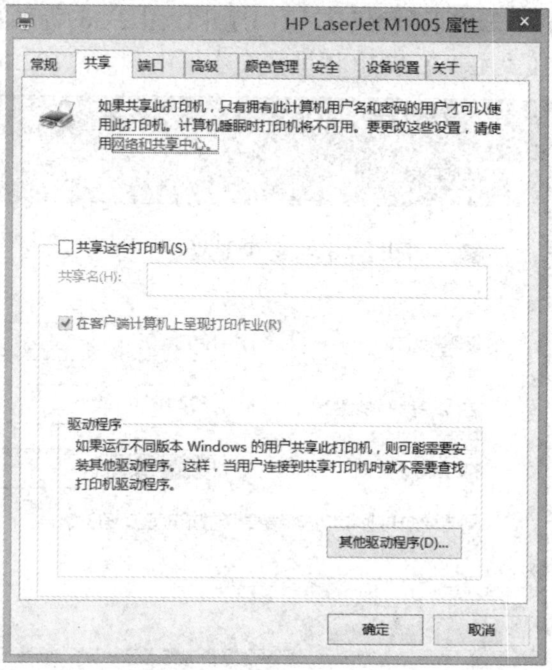

图 2-34　“HP LaserJet M1005 属性”对话框

在局域网中已经设置了共享打印机，用户可以利用它进行网络打印，但必须添加网络打印机。

步骤 3：添加网络打印机。

(1) 单击“开始”→“控制面板”→“查看设备和打印机”，进入打印机的安装向导。

(2) 单击“下一步”按钮，打开如图 2-35 所示的“按其他选项查找打印机”对话框，选择“使用 TCP/IP 地址或主机名添加打印机”单选按钮。

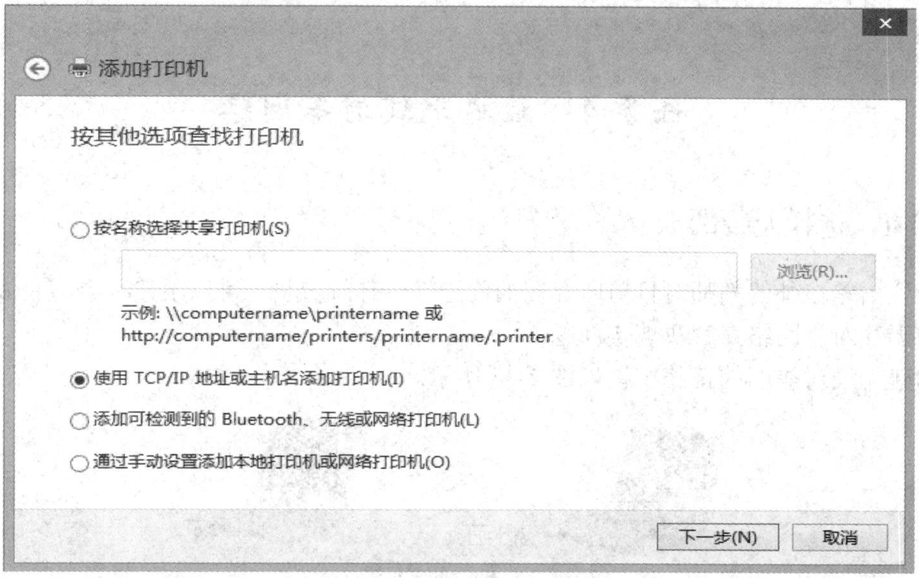

图 2-35　“按其他选项查找打印机”对话框

(3) 单击“下一步”按钮，打开如图 2-36 所示的“键入打印机主机名或 IP 地址”对话框，在“主机名或 IP 地址”文本框中输入“192.168.0.120”(分配给打印机的 IP 地址)。

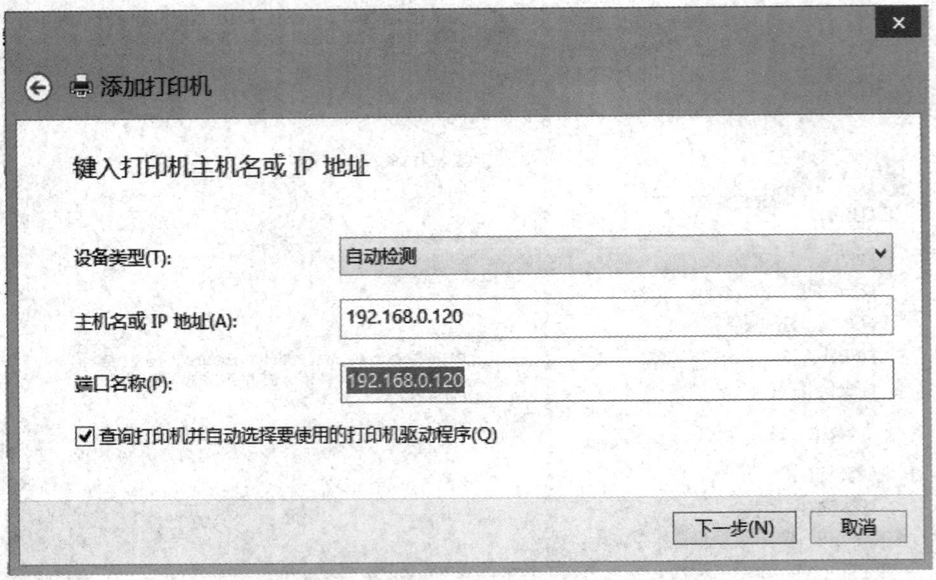

图 2-36　“键入打印机主机名或 IP 地址”对话框

(4) 单击“下一步”按钮，会自动检测 TCP/IP 端口，获取驱动程序等信息。最后单击“完成”，完成网络打印机的安装。

注意

计算机上都要安装打印机驱动程序。

任务 4　组建无线对等网络

任务 4-1　选择无线网卡

两位出差在外的教师对目前所存在的问题做了仔细分析，可以组建一个与有线对等网相似的无线对等网络来解决现实问题。

构建无线对等网的拓扑结构如图 2-37 所示。

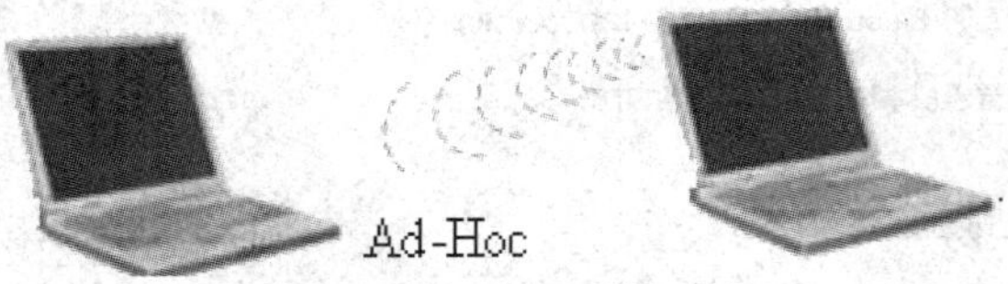

图 2-37　无线对等网拓扑结构

首先查看笔记本电脑无线网卡是否安装正常，鼠标右键单击“这台电脑”，选择“设备管理器”选项，打开如图 2-38 所示的“设备管理器”窗口。如果在对话框中可以查看到笔记本电脑的无线网卡安装正常，则不需要重新安装。

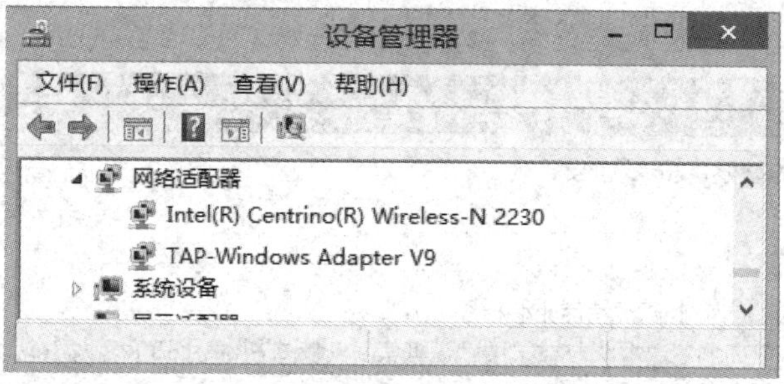

图 2-38　“设备管理器”窗口

任务 4-2　安装无线网卡驱动程序

如果发现网络适配器旁边有黄色标记或有感叹号，说明无线网卡有问题，那么需要检查是否安装了无线网卡的驱动程序。

注意

在安装好网卡，打开计算机电源后，下一步就开始安装网卡驱动程序。对于大多数通用网卡而言，系统会从 C:\Windows\Wystem32\drivers 目录中找到相应的网卡驱动程序，然后自动安装。这时你可以跳过安装网卡驱动程序这一步。如果系统在 C:\Windows\System32\drivers 目录下找不到该网卡的驱动程序，系统会提示你进行网卡驱动程序的安装。

以 Windows7 操作系统下无线网卡驱动程序的安装为例，具体安装步骤如下：

步骤 1：无线网卡安装完成后，打开计算机电源，系统会自动发现网卡硬件，报告“发现新硬件”。

步骤 2：自动进入如图 2-39 所示的“欢迎使用找到新硬件向导”界面，选择“从列表或指定位置安装(高级)”。

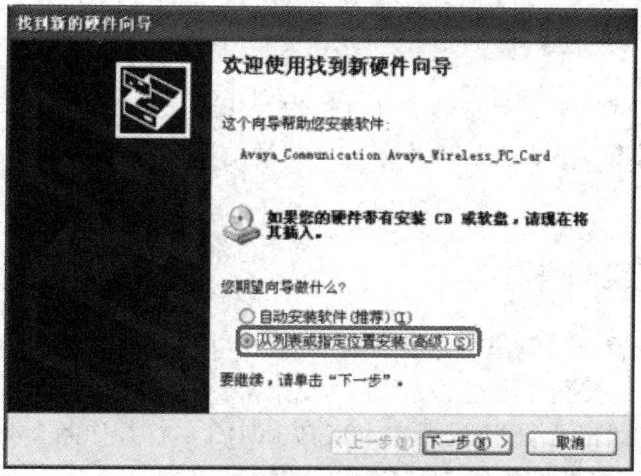

图 2-39　“欢迎使用找到新硬件向导”对话框

步骤 3：单击“下一步”按钮，打开如图 2-40 所示的“请选择您的搜索和安装选项”对话框，单击“浏览”按钮，进入“浏览文件夹”，在“浏览文件夹”中，选择包含有网卡驱动程序的目录，然后单击“确定”。

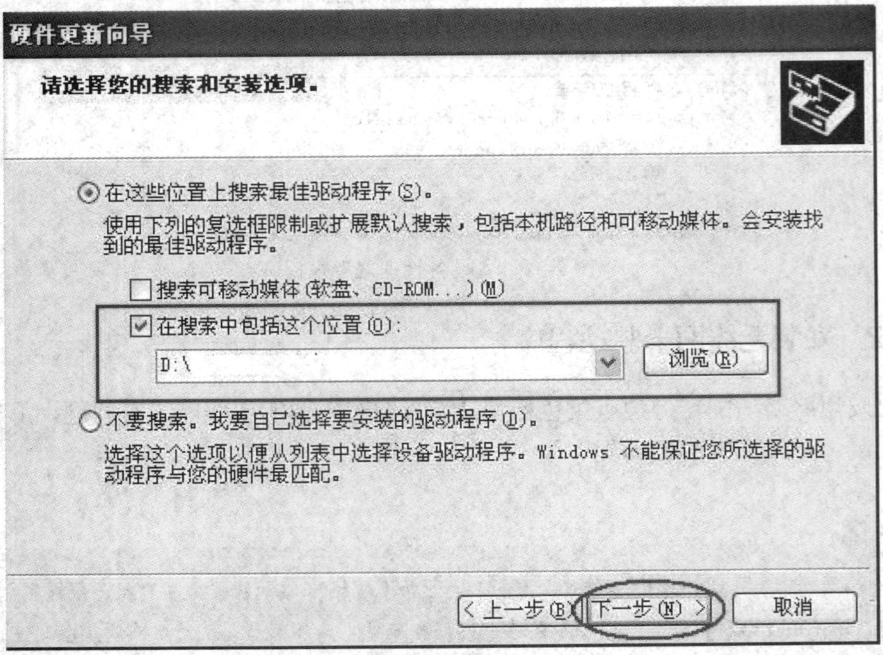

图 2-40　“请选择您的搜索和安装选项”对话框

注意

网卡驱动程序可以从网站上下载，如网卡生产厂家的网站或其他提供网卡驱动程序的网站，如 www.xircom.com 和 www.mydrivers.com 等。

步骤 4：系统开始安装网卡驱动程序，进入“向导正在安装软件，请稍候”对话框，当驱动程序安装完成后，打开“完成找到新硬件向导”，单击“完成”按钮，则完成了驱动程序的安装。

步骤 5：检测无线网卡是否安装成功。依次打开选择“我的电脑”→“属性”→“硬件”→“设备管理器”，在如图 2-38 所示的网络适配器旁边没有红色或黄色标记，则说明已经成功安装。

任务 4-3　配置无线网络属性

步骤 1：首先配置一台笔记本电脑。依次单击“控制面板”→“网络和共享中心”→“更改适配器设置”，找到需配置的无线网络连接，鼠标右键单击“属性”，打开“WLAN 属性”对话框，选中“Internet 协议版本 4(TCP/IPv4)”，打开如图 2-41 所示的对话框，选中“使用下面的 IP 地址”单选项，将 IP 地址设置为 192.168.0.8，子网掩码设置为 255.255.255.0，其他无需填写，单击“确定”按钮。

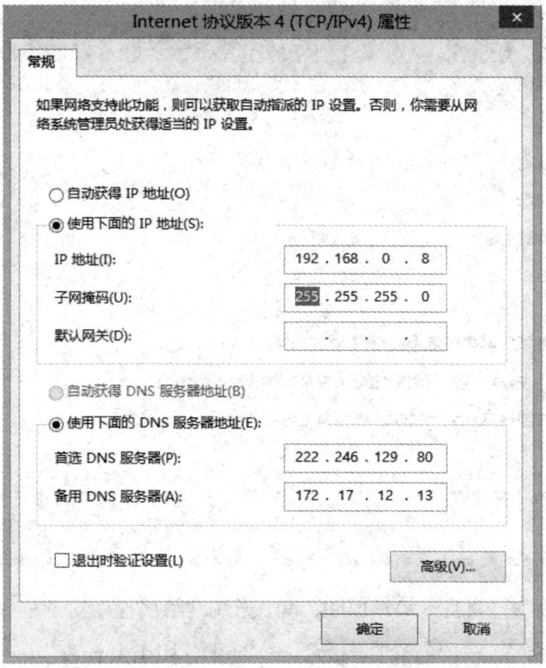

图 2-41　“Internet 协议(TCP/IPv4)属性”对话框

步骤 2：右键单击工具栏右下角的无线网络图标，单击“打开网络和共享中心”，双击无线连接，打开如图 2-42 所示的“WLAN 状态”对话框。

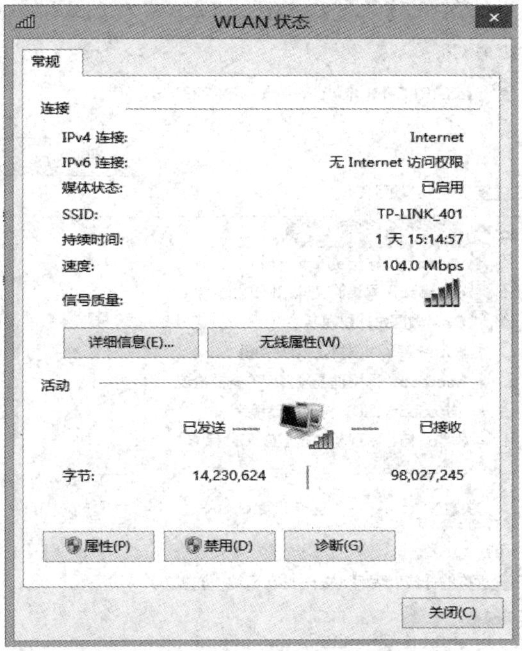

图 2-42　“WLAN 状态”对话框

单击“无线属性”按钮，打开如图 2-43 所示的“TP-LINK_401 无线网络属性”对话框。选择“连接”选项卡，可查看无线网络的 SSID 号等信息。

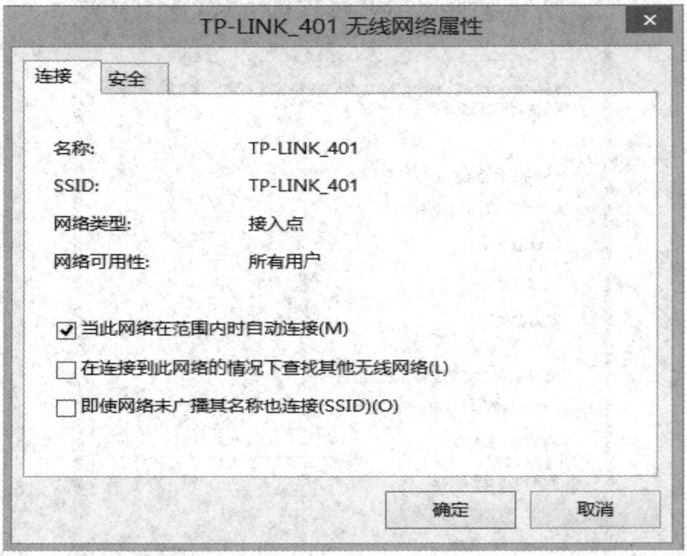

图 2-43 “TP-LINK_401 无线网络属性”对话框

步骤 3：单击“开始”→“控制面板”→“网络和 Internet”→“网络连接”→“更改此连接的设置”，打开如图 2-44 所示的“WLAN 属性”对话框。

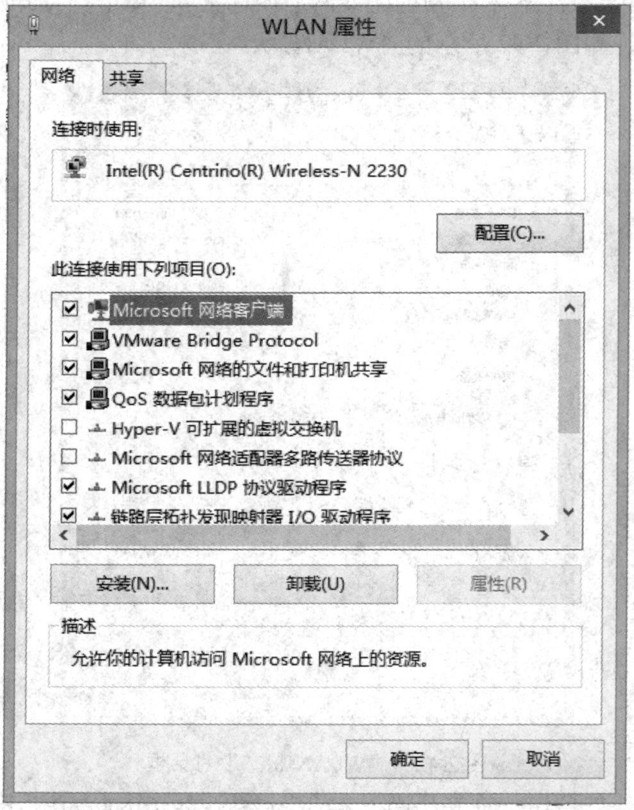

图 2-44 “WLAN 属性”对话框

步骤 4：单击“配置”按钮，打开如图 2-45 所示的“Intel(R) Centrino(R) Wireless-N 2230 属性”对话框，选中“高级”选项卡，设置“Ad Hoc 信道”等项目。

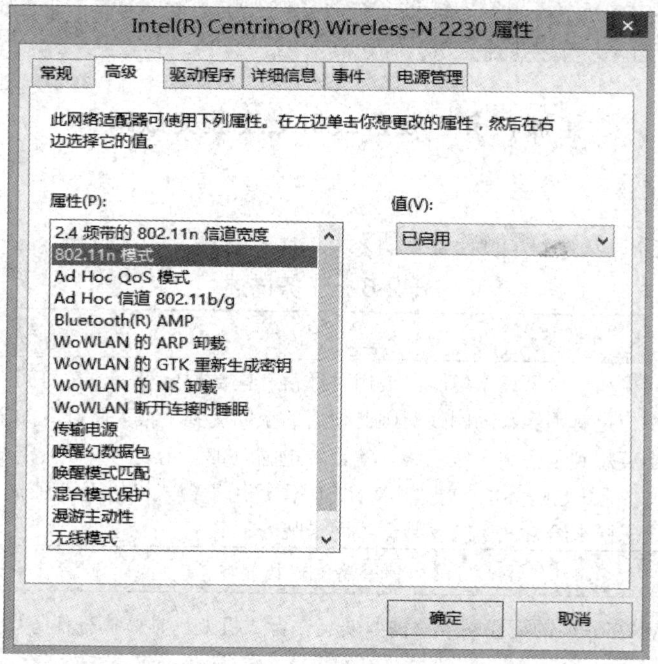

图 2-45　“Intel(R) Centrino(R) Wireless-N 2230 属性”对话框

步骤 5：配置另一台笔记本电脑。首先设置其 IP 地址为 192.168.0.18(需与前面配置的 IP 地址处于同一网段)，子网掩码为 255.255.255.0，默认网关的设置过程是步骤 1 中笔记本电脑设置 IP 地址 192.168.0.8，其余步骤设置与上相同。

注意

两台计算机通过无线方式进行通信，设置时要注意，虽然是对等网络，但还是需选一台计算机为主，另外，两台计算机的 IP 地址需要设置在同一个网段，SSID、速率、信道必须相同。

任务 4-4　测试对等网络

安装与配置完成后，在桌面右下角会显示如图 2-46 所示图标，说明无线对等网络组建成功。

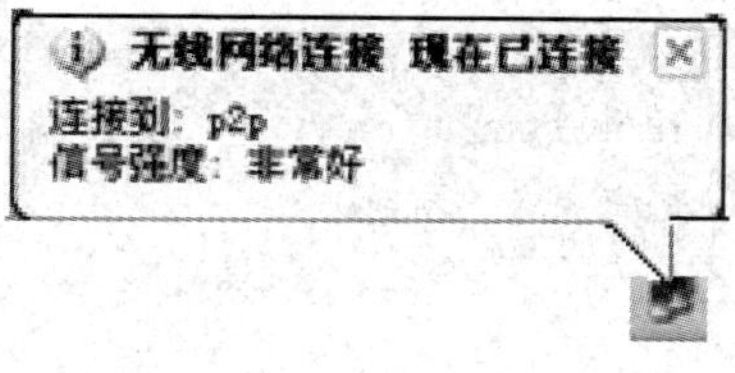

图 2-46　无线网络连接成功示意图

在其中一台笔记本电脑上 ping 测试另一台笔记本电脑，完成连通性测试。

任务拓展

拓展任务　在台式机上安装无线网卡

1. 拓展任务描述

拓展任务描述和任务分析如表 2-6 所示。

表 2-6　任务描述

任务描述
小英家有一台台式机和一台笔记本电脑，使用时经常有些数据要交互，在房间内到处拉网线既不方便又不美观，而且不一定有那么长的网线，因此使用的空间受到了很大限制。如果不需要网线，则可以避免这种尴尬。小英想到了使用无线网络，笔记本电脑自带了无线网卡，只需要购买一块无线网卡就行，投资不会很大。于是她购买了一块 TL-WN250+型适用于台式机的无线网卡，与笔记本电脑间采用无线通信。小英该怎样来给台式电脑安装无线网卡呢？
任务分析
小英购买了 TL-WN250+型的无线网卡，需要安装在台式机上，具体执行任务如下： (1) 安装管理软件； (2) 安装无线网卡硬件； (3) 安装无线网卡驱动程序； (4) 配置管理软件

2. 任务拓展完成过程提示

步骤 1： 安装管理软件。

(1) 确认所安装的台式机中没有插入无线网卡。

(2) 启动计算机，将购买网卡时附带的驱动程序光盘放入光驱。

(3) 进入光盘文件夹 TL-WN250+ 2.0\Utility，双击“Setup”进行 TL-WN250+的管理软件安装。

(4) 单击“下一步”按钮，继续安装。

(5) 单击“浏览”按钮，选择软件的安装路径，单击“确定”按钮。

(6) 选择“NO，I Will Restart My Computer Later”，单击“Finish”按钮。

> **注意**
>
> 如果选择“Yes，I want to restart my computer now”，则计算机会重新启动，而下一步需要安装无线网卡，需要在关闭计算机和电源的情况下完成。

(7) 手动关机。

步骤 2： 安装无线网卡。

将 TL-WN250+ 2.0 插入计算机主板的 PCI 插槽中，并固定好。

步骤 3：安装无线网卡驱动程序(见任务 4-2)。

注意

在寻找驱动程序时，一定要注意当前计算机所安装的操作系统，要与当前的操作系统保持一致。

安装成功后，在桌面右下角出现如图 2-47 所示的图标，若图标为绿色，表示管理软件已经正确安装。

图 2-47　正确安装标识

步骤 4：配置管理软件。

双击管理软件图标，打开管理软件配置界面，配置如下参数。

(1) Channel：1～6 的数字可供选择，一般设置为 6，互连的所有无线设备设置应相同。

(2) 网络模式：是组建对等网(Ad-Hoc)还是控制型(Infrastructure)网络，在本例中选择 Ad-Hoc 模式。

(3) Preamble：前同步码，选择 Long Preamble。

(4) TxRate：当前用于数据发送的速率模式，是选择 11 Mbit/s 还是 5.5 Mbit/s，互连的无线设备设置应相同。

(5) SSID(Service Set Identifier，服务集标识符)：互连的无线设备设置应相同。

(6) Mode 4x：ON。

(7) 加密方式：WEP 加密，互连的无线设备设置应相同。

(8) 验证模式：开放式/共享式/Auto。

这样即完成了无线网卡的安装。

练 习 思 考

一、选择题

1. 阅读下面一段资料，并从供选择的答案中找出叙述错误的一条。______

“蓝牙(Blue tooth)”的形成背景是这样的：1998 年 5 月，爱立信、诺基亚、东芝、IBM 和英特尔公司等 5 家著名厂商，在联合开展短程无线通信技术的标准化活动时提出了蓝牙技术，其宗旨是提供一种短距离、低成本的无线传输应用技术。这 5 家厂商还成立了蓝牙特别兴趣组，以使蓝牙技术能够成为未来的无线通信标准。芯片霸主 Intel 公司负责半导体芯体开发，IBM 和东芝公司负责笔记本电脑接口规格的开发。

A. 蓝牙技术可以用于笔记本联网

B. 蓝牙技术可以用于远距离电脑联网

C. 蓝牙技术可以用于移动电话与电脑联网

D. 蓝牙技术是一种无线通信标准

2. 下面关于无线局域网(WLAN)主要工作过程的描述，不正确的是______。

A. 扫频就是无线工作站发现可用的无线访问点的过程

B. 关联过程用于建立无线工作站与访问点之间的映射关系

C. 当无线工作站从一个服务区移动到另一个服务区时需要重新扫频

D. 无线工作站在一组 AP 之间移动并保持无缝连接的过程叫作漫游

3. 关于 802.11 标准 CSMA/CA 协议，下列论述中错误的是______。

A. CSMA/CA 协议采用冲突避免的方法

B. CSMA/CA 协议可以采用载波检测方法发现信道空闲

C. CSMA/CA 协议可以采用能量检测方法发现信道空闲

D. CSMA/CA 协议采用冲突检测的方法

4. 在 Windows 的 DOS 窗口中键入命令 ipconfig/?，其作用是______。

A. 显示所有网卡的 TCP/IP 配置信息　　B. 显示 ipconfig 相关帮助信息

C. 更新网卡的 DHCP 配置　　D. 刷新客户端 DNS 缓存的内容

二、思考题

1. 什么样的条件下适合组建对等网？

2. 在文件夹共享过程中，要注意什么问题？

3. 怎样加强共享文件夹的安全性？

三、操作题

小明家有两台已经安装好 Windows Server 2008 操作系统的电脑，他想实现两台电脑的资源共享，因此要将两台电脑组成对等网络，他购买了两块网卡、一条 5 类双绞线及两个水晶头。接下来小明应该怎样做，请你按照顺序写出主要的步骤。

项目3 组建家庭网络

随着计算机技术、网络技术的不断发展，计算机硬件设备的价格不断下降，很多家庭拥有两台或两台以上计算机。如果仅仅是单机操作，则相互之间进行信息交换需要借助于U盘或其他移动介质，这样不但不方便，而且不安全。另外，家庭计算机在性能上可能也存在着很大差别，原来购买的计算机是直接淘汰还是继续利用？因此，如何合理利用资源是家庭中比较凸显的问题，如多台计算机使用一个账号上网，多台计算机共享一台打印机，有效利用旧计算机等。

解决这些问题最好的办法就是将这些独立的计算机和硬件设备连接起来，组成一个小型的家庭局域网，减少硬件设备等固定资产投入，同时增加网络的利用率。

学 习 目 标

知识目标	• 了解家庭局域网的特点； • 了解需求分析、用户调查报告的书写格式； • 知道共享文件夹的权限种类和各自的作用； • 知道网络连通性的测试方法
技能目标	• 学会设计网络结构，使用 Visio 等软件绘制拓扑结构图； • 熟悉文件夹共享设置； • 熟练掌握打印机共享和安全设置的方法； • 学会怎样进行用户调查、用户需求分析，制订详细的实施方案
态度目标	• 通过资源共享的方式，节省一些相应的硬件设备，提高节约意识、成本意识； • 认真分析任务目标，做好整体规划； • 耐心做事，做好简单的事情； • 注重团队协作，相互配合
相关知识点	• 需求分析； • 拓扑结构图； • Internet 连接共享(ICS)； • 无线连接安全机制
技能考核点	• 撰写需求分析； • 绘制拓扑结构图； • 设置网络安全机制

项 目 描 述

李飞家中原有一台旧的计算机，后又购买了一台新的台式机和一台笔记本电脑。平常都是李飞妈妈使用旧计算机，但该计算机的磁盘空间小，较大的文件包括电影等都存不下，往往需要存到新的台式机上。为了节约家庭开支，他们家希望共享一个账号让3台计算机都能上网，而不是每台计算机一个账号。李飞的爸爸偶尔会在家里办公，一些资料在处理后希望能立即打印出来，而李飞有的学习资料和练习也需要打印，他们希望全家能够使用一台打印机完成工作。现在需要使用最节省的方式组成一个家庭网络，实现他们家庭的这些需求。

项 目 分 解

本项目的主要任务如表3-1所示。

表3-1　项目3的主要任务

任务名称	操作环境描述	主要子任务
任务1　组建家庭网络需求分析与结构设计	组建网络，首先应进行组建需求分析，设计合理的网络结构；然后还要充分考虑实际情况，不破坏或者尽量少破坏现有的家庭环境。 (1) 对用户家庭网络情况进行详细了解，完成调查分析； (2) 分析局域网组建需求，撰写需求分析报告； (3) 设计网络结构，设计网络拓扑结构	(1) 用户调查分析，即以面对面沟通或者电话拜访等方式详细了解网络情况，并做好记录，形成详细的调查分析报告； (2) 撰写需求分析报告，即在调查分析的基础上，获取网络组建所需的技术信息，形成需求分析报告，再次与用户沟通确认； (3) 网络结构设计，即按照用户需求，设计出网络结构，向用户详细阐述设计思想和设计目的，征得用户同意，在有必要的情况下进行修改
任务2　连接与配置家庭 网络	(1) 经常需要访问另外一台计算机上的资源，希望设置该资源为共享； (2) 为了避免文件泄露，经常查看共享文件的访问情况，判断是否有他人访问了自己的文件	(1) 设置文件夹共享，把所有要用的文件都放置在同一个文件夹下，共享名为soft； (2) 管理共享文件夹，即查看共享文件的会话和使用情况，在需要的时候断掉某些会话； (3) 访问共享文件夹，包括在什么地方输入什么命令使用共享文件
任务3　设置Internet共享	Internet共享后能使家庭成员通过同一个账号上网。 (1) 从技术、价格、性能、家庭现有状况等方面综合分析，选择合适的设备来连接所有计算机； (2) 充分认识什么是Internet连接共享； (3) 通过设置实现并测试Internet共享	(1) 明白“Internet 连接共享”是什么，才能知道怎么设置和测试； (2) 配置Internet连接共享

知 识 链 接

【链接 1】　网络拓扑结构

1. 网络拓扑结构的来由

“拓扑结构”一词来源于数学中的拓扑学，是一种研究与大小、形状无关的点或线的关系的方法。运用该方法，把网络中的计算机和通信设备抽象为一个点，把传输介质抽象为一条线，由点和线组成的几何图形就是计算机网络的拓扑结构。

网络拓扑结构能从逻辑上表示出网络服务器、工作站等的网络配置和相互之间的连接关系，分为逻辑拓扑和物理拓扑，这里主要介绍物理拓扑结构。

2. 网络拓扑结构的分类

计算机网络中最主要的拓扑结构包括总线型、环型、树型、星型、混合型及网状拓扑。其中，总线型、环型、星型拓扑是最基本的拓扑结构。局域网中通常应用星型结构。主要的拓扑结构分析如表 3-2 所示。

表 3-2　主要拓扑结构分析表

分类	概　念	数据传送方式	优　点	缺　点	实例
总线型	是一种基于多点连接的拓扑结构，将网络中所有设备通过相应的硬件接口直接连接在共同的传输介质上	任何一个节点的信息都可以沿着总线向两个方向传输扩散，并且能被总线中任何一个节点接收	结构简单灵活，非常便于扩充；可靠性高，网络响应速度快；设备量少，价格低，安装使用方便；共享资源能力强，非常便于广播式工作，即一个节点发送，所有节点都可接收	(1) 总线传输距离有限； (2) 故障诊断和隔离较困难； (3) 所有数据都需经过总线传送，总线成为整个网络的瓶颈	以太网 (Ethernet)
环型	各节点通过环路接口连在一条首尾相连的闭合环型通信线路中	信息沿着环依次通过每个节点传送，信息流中目的地址与环上某节点地址相符时，信息就被该节点的环路接口接收，随后信息继续流向下一环路接口，一直流回到发送该信息的节点为止	信息在每台设备上的延时时间固定，信息在网络中沿固定方向流动，两个节点间仅有唯一的通路，大大简化了路径选择的控制	(1) 任意节点出现故障都会造成网络瘫痪； (2) 故障检测困难； (3) 环路封闭，扩充不便	令牌环网 (TokenRing)

续表

分类	概　念	数据传送方式	优　点	缺　点	实例
树型	是一种层次结构，节点按层次连接，信息交换主要在上下节点之间进行，相邻节点或同层节点之间一般不进行数据交换	数据按照树的分支依次往下传	结构可以对称，联系固定，具有一定容错能力，一般一个分支和节点的故障不影响另一分支和节点的工作，无须对原网做任何改动就可以扩充工作站，布局灵活，故障易隔离	(1) 资源共享能力较低，可靠性不高； (2) 任何一个工作站或链路的故障都会影响整个网络，各结点对根的依赖性太大	早期有线电视网络
星型	以中央节点为中心，把若干外围节点连接起来的辐射式互联结构	所有的数据通过中心节点通信，除中心节点外，其余节点仅有一条连接	结构简单，容易实现，便于管理与维护； 集中控制，控制简单； 网络延迟时间短，误码率低	(1) 中央节点负担重，形成瓶颈 (2) 网络共享能力较差，通信线路利用率不高	网络布线

【链接 2】　文件系统格式转换

计算机中文件和文件夹的安全非常重要，不安全会造成信息泄露或篡改等问题，因此一般会选用在安全设置比较完善的 NTFS 文件系统下共享文件或文件夹。当某个分区不是 NTFS 格式时，一般先将其转换为 NTFS 格式。该操作的命令格式及说明如图 3-1 所示。

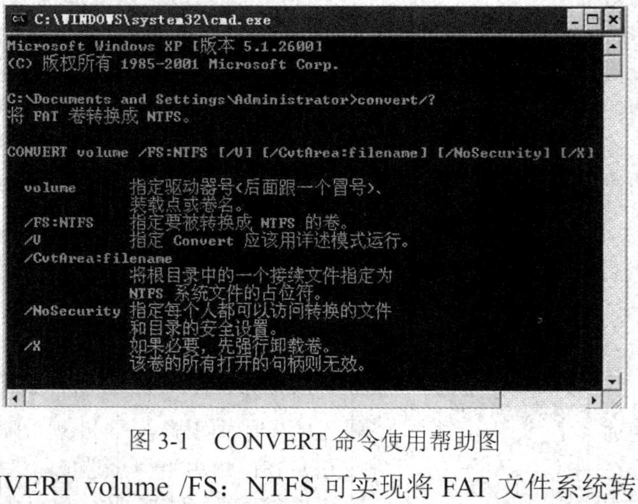

图 3-1　CONVERT 命令使用帮助图

使用命令 CONVERT volume /FS：NTFS 可实现将 FAT 文件系统转换为 NTFS 文件系统。其中，CONVERT 是转换命令，volume 为指定的驱动器名。例如，当前需要共享的文件夹在 D 分区，而该分区是 FAT32。在进行文件夹共享前，先将 D 分区转换为 NTFS 格式，单击“开始”→“运行”，打开“运行”文本框，在其中输入“cmd”，进入 DOS 操作窗口，在 DOS 命令提示符下输入“C:\>CONVERT D:/FS:NTFS”操作命令，即可完成文件系统的转换，会出现转换成功的信息。

任 务 实 施

任务实施流程如表 3-3 所示。

表 3-3　任务实施流程表

任　务　实　施　流　程
1. 教师完成相应的说明与引导，准备好本次任务所需要的工具、材料和环境，然后布置任务。 2. 学生根据布置的任务内容，阅读【知识链接】中的知识介绍。如果不够，则利用网络查找资料学习相关知识。 3. 学生规划需完成的任务(需求分析与结构设计→连接与配置网络→设置 Internet 连接共享)，做好分工，明确小组长和每个成员的任务。 4. 填写材料和工具清单，然后到教师或负责人那里领取工具与材料。 5. 根据【任务实施】的先后顺序与步骤完成具体安装或配置任务，在完成每个小任务后测试任务完成情况，保证任务 100%完成。 6. 待所有任务完成后，测试整体任务是否成功，上交任务实施过程结果(如分析报告、测试结果图等)。 7. 归还工具和材料，清理工作台，将所有设备恢复原位

任务 1　组建家庭网络需求分析与结构设计

任务 1-1　用户调查分析

用户调查是需求分析的重要环节，可以直接与用户进行面对面的调查，也可以通过电话或其他方式进行调查，填写如表 3-4 所示的用户调查表。

表 3-4　用户调查表

<table>
<tr><th>调　查　内　容</th><th colspan="2">调　查　选　项</th></tr>
<tr><td colspan="3">填写说明：在符合项后面画 √</td></tr>
<tr><td>家庭住址</td><td colspan="2"></td></tr>
<tr><td rowspan="3">家庭所在的小区网络覆盖情况</td><td rowspan="2">是(　)</td><td>光纤网络(　)</td></tr>
<tr><td>双绞线网络(　)</td></tr>
<tr><td>否(　)</td><td>说明具体情况</td></tr>
<tr><td>家庭中有几台电脑(填写数字)</td><td colspan="2">共(　)台，其中笔记本电脑(　)台，台式机(　)台</td></tr>
<tr><td>已经选择或准备选择的网络运营商</td><td colspan="2">中国电信(　)；中国移动(　)；中国铁通(　)；其他(　)
说明：如为其他，请写明具体的运营商</td></tr>
<tr><td>目前已有的连接设备</td><td colspan="2">无线路由器(　)；交换机(　)；普通路由器(　)；没有(　)；其他(　)
说明：如为其他，请写明具体的设备名称及型号</td></tr>
<tr><td>连接设备的品牌</td><td colspan="2">思科(　)；TP-Link(　)；D-Link( )；中兴(　)；其他(　)
说明：如为其他，请写明具体的设备品牌</td></tr>
<tr><td>有哪些网络安全要求</td><td colspan="2">上网安全(　)；信息安全(　)</td></tr>
<tr><td>有哪些应用要求</td><td colspan="2">共享访问 Internet(　)；共享打印机(　)；文件共享(　)；IPTV 电视(　)</td></tr>
<tr><td>是否同意以上内容</td><td colspan="2">情况属实(　)
说明：调查人和被调查人签名确认</td></tr>
</table>

任务 1-2　需求分析

组建家庭网络，首先要对家庭网络的需求进行详细分析。根据项目描述的情况来看，该网络的具体需求如下所述。

1. 功能需求

(1) 多名家庭成员可以在同一时间使用同一账号访问互联网。

家庭成员都在家的时候，容易出现上网时间重叠的问题。如果只有一台计算机能够上网，则其他家人就不能使用网络；但如果每台计算机都用一个独立的账号上网，则家庭开支成倍增加。因此，需要在不增加家庭经济投入的情况下保证每台计算机都能上网。

(2) 能够连接打印机等其他计算机外围设备，充分利用有限的硬件和软件资源，有利于信息共享和重要信息的备份。

家庭中有一台配置较低的旧计算机，这台计算机的磁盘空间较小，当需要存放较大文件时，需要用到新计算机的磁盘空间。

当旧计算机需要使用新计算机上存放的文件时，并不是经常会准备有足够空间的移动磁盘等第三方媒介，因此需要进行文件传输。

另外，打印机在家里的使用频率不是很高，而且如果出现几个人都要使用的情况则只能有一个人使用，其他人需要等待。

(3) 家庭成员共同娱乐，有利于融洽家庭关系。

偶尔家庭成员共同欣赏视频内容或者玩游戏对战，也需要网络连接。

2. 网络接入需求

要共享上网，首先需要接入 Internet。家庭网络要与小区的网络连接起来，小区的网络是电信运营商的 ADSL 宽带接入的。

3. 设备需求

家庭中有 3 台计算机，有笔记本电脑和台式机两种类型，如果使用网卡连接的方式，则不容易扩展。而且在连接时有一台计算机需要安装两块网卡，增加了额外投资。因此，为了节省费用，选择一个具有 4 个 LAN 口的无线路由器，这种路由器有 4 个 LAN 口，除了目前的两台台式机连接外，还能够连接两台，便于扩展。同时，无线网络一方面方便笔记本的移动，另一方面避免了大量布线而导致的影响美观及施工麻烦，可以满足用户近阶段网络升级和扩展的需求。

针对家庭的上述需求情况，可以将两台台式机连接起来，笔记本电脑通过无线路由器的无线功能连接，组成一个网络，然后设置上网，设置打印机共享等。

4. 组网目标确定

根据上述需求分析，李飞家的网络主要需要实现如下几个目标。

1) 磁盘共享

所谓磁盘共享，就是将较大的磁盘空间划出一部分，以弥补另一台计算机空间的不足，让另一台计算机也能在其上存放、读取数据和运行程序。

从较大磁盘空间划出来的那一部分空间，可由管理人员根据另一台计算机用户的需求来设定相应的使用权限，如“读取”“写入”“读取及运行”“修改”等，而另一台计算机的用户就只具有管理人员给其设置的权限，并且该计算机上其他的信息对另一台计算机的用户而言是不可见的。

由于旧计算机上的磁盘空间不足，因此有些较大的文件不能存放，可以先将其存放在新的计算机上，当旧计算机需要使用的时候，通过共享的方式直接将该文件从新计算机传送到旧的计算机即可，避免了由于可移动存储设备空间不足或没有可移动存储设备而带来的烦恼，同时也避免了由于使用可移动存储设备带来的病毒传播威胁。

有些公共资源，如工具软件、系统文件等，可以存放在共享磁盘中，方便两台计算机之间调用，避免了旧计算机空间不足的麻烦。

2) 同一账号上网

每台计算机都用一个独立的账号上网，增加了家庭开支，因此选择同一账号上网。同一账号上网可以有以下两种方式：

(1) 一台计算机起主导作用，控制另一台计算机，即当起控制作用的计算机没有工作或者不允许另一台计算机上网的时候，另一台计算机就不能上网。

(2) 两台计算机之间是相互独立的，不管另一台计算机的工作状态如何，该计算机都能上网。

显然，第一种方式可以应用于家中孩子还比较小、没有控制力的情况，而李飞已经是大学生了，因此可以使用第二种方式。

3) 打印机共享

每台计算机单独配置一台打印机，会造成设备的闲置，而且需要双倍的成本，因此只购买一台打印机，其他计算机需要时都能使用，以节约成本。共享打印机的方式主要有以下两种：

(1) 一台计算机起主导作用，控制另一台计算机。当受控制的计算机需要使用打印机时，主导作用的计算机必须处于工作状态或者允许另一台计算机使用打印机，否则不能使用。

(2) 两台计算机处于同等地位，不受任何一台计算机的控制，但需要增加一个打印机共享器。建议选择第二种方式，以方便家庭成员使用。

任务 1-3　网络结构设计

1. 网络拓扑结构设计

综合考虑需求分析和家庭房屋结构，选择星型拓扑结构，拓扑结构如图 3-2 和图 3-3 所示。

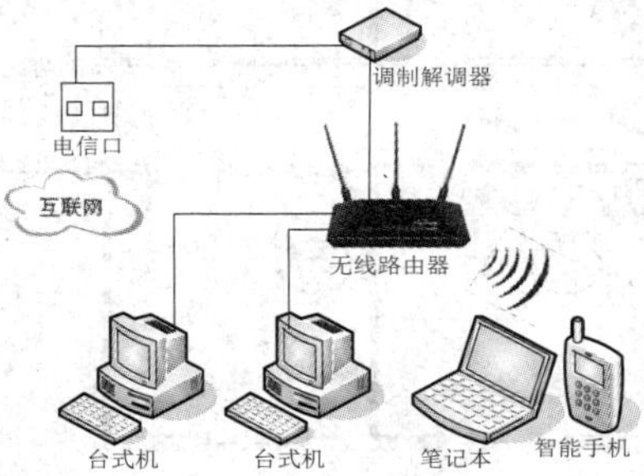

图 3-2　网络拓扑结构图(1)

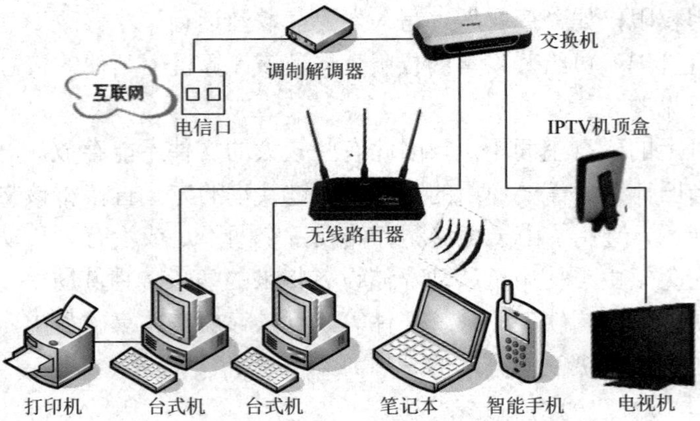

图 3-3　网络拓扑结构图(2)

拓扑结构图设计从如下几个方面进行说明。

1) 传输介质

调制解调器与互联网的传输介质需要根据小区网络的情况来确定。如果小区已经是光纤网络，而且光纤已经布放到家庭里面，则调制解调器与互联网的传输介质为光纤，调制解调器也应选用光纤调制解调器。如果小区为 ADSL 宽带接入，则调制解调器与互联网的传输介质为双绞线，其余各设备与网络的连接都通过双绞线连接。

2) 两个网络拓扑结构

根据应用需求的不同，有些家庭中开通了 IPTV 电视网络，但路由器没有 IPTV 功能，因此，需要另外增加一个交换机以便连接 IPTV 电视和宽带网络，所以设计了两种情况下网络的拓扑结构图：一种是使用 IPTV 电视的家庭，另一种是不使用 IPTV 电视的家庭。

3) 选择无线路由器

目前已经有两台台式机，需要采用有线连接，如果空间允许且布线方便，笔记本电脑也可以通过 LAN 口连接上网，同时还存在可扩展的接口。如果连接不方便，或者 LAN 口不够，则可以采用无线方式连接笔记本电脑，同样能够实现上网。

2. 家庭网络布线

家庭网络布线如图 3-4 所示。

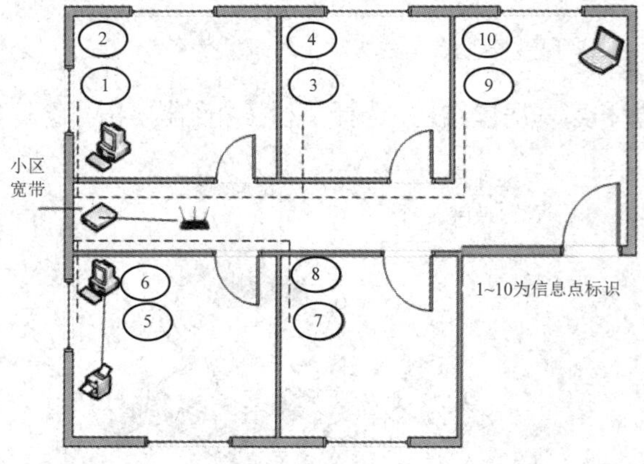

图 3-4　家庭网络布线

任务2 连接与配置家庭网络

根据拓扑结构图连接各硬件设备，组成一个简单的家庭网络。打印机、文件夹的共享设置、无线路由器的初始化设置请参照项目2和项目1中的步骤来完成，此处不再重复描述。

任务2-1 管理共享文件夹

共享文件后，为避免文件信息泄露，需要知道谁在访问这个文件。另外，有时候在关闭计算机时，系统会提示有多少用户与共享文件夹连接，如何知道哪些用户在访问该共享文件呢？

1. 实时查看谁在访问共享文件

要查看哪些用户在访问共享文件，可以按如下步骤操作。

步骤1：依次双击“控制面板”→“管理工具”→“计算机管理(本地)”，打开如图3-5所示的“计算机管理”对话框。展开“系统工具”下的“共享文件夹”项。

步骤2：选择共享文件夹。双击打开“会话”选项，在右面的窗格中就会显示出哪些电脑在访问所选定的共享文件夹，如图3-6所示。

注意

在这个窗格中，只能看到连接到共享文件夹的有哪些计算机，但不知道这些计算机在访问哪些共享文件夹。

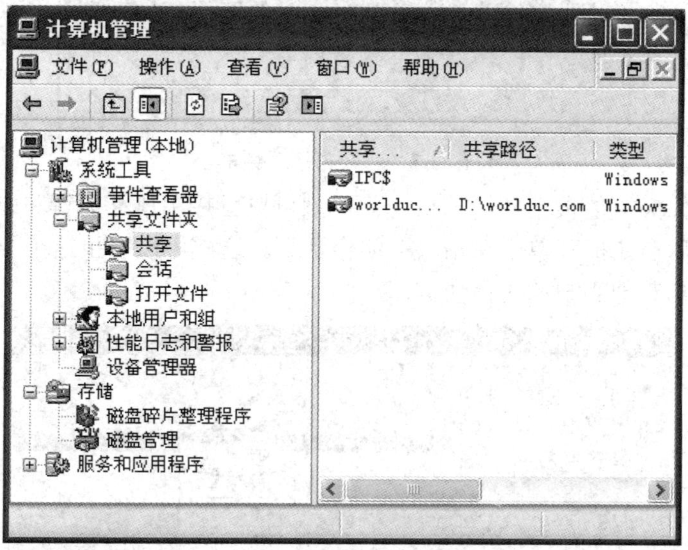

图3-5 “计算机管理”对话框

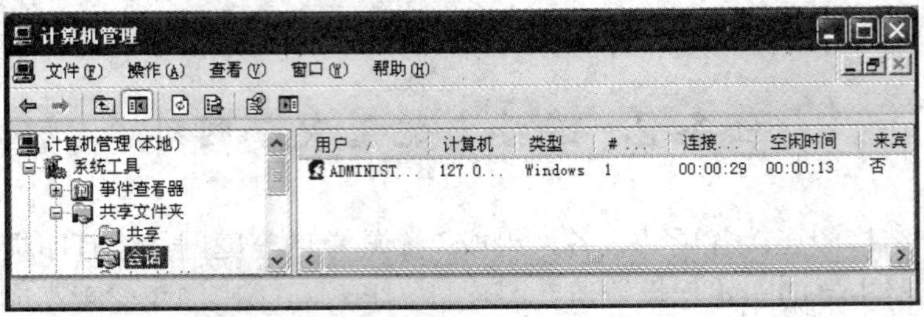

图 3-6　“会话”选项

步骤 3：依次选择“系统工具”→“共享文件夹”→“打开文件”，此时，在右边窗格中就会显示本机上的一些共享资源正在被哪些计算机访问。

同时，在这个窗格中还会显示一些有用的信息，如打开了哪一个共享文件，是什么时候开始访问的，已经闲置了多长时间等，如图 3-7 所示。

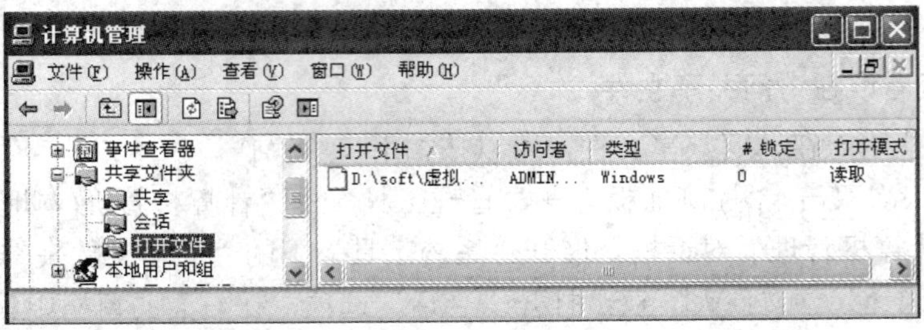

图 3-7　“打开文件”选项的详细信息

2. 阻止用户访问共享文件

当关闭某个文件夹或文件时出现如图 3-8 所示的“共享”对话框，说明有用户连接到共享文件夹或文件，如不希望被访问，可以直接关闭该文件夹，或在“会话”选项中直接关闭会话。

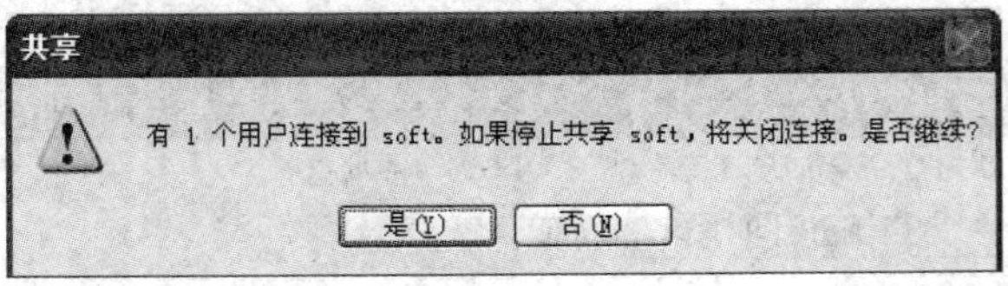

图 3-8　“共享”对话框

如果共享文件夹不能被某些计算机访问，则可以直接用鼠标右键单击如图 3-9 所示的打开的会话，然后在快捷菜单中单击“关闭会话”。这样可以阻止这个用户访问这个共享文件，而不会影响其他用户的正常访问。

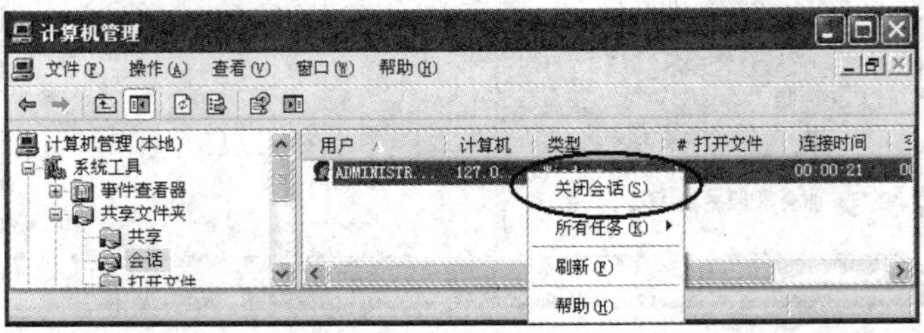

图 3-9　“关闭会话”选项

3. 给共享文件设置只读权限

注意

不能将具有写权限的文件直接共享，是因为：一方面避免共享文件或文件夹成为病毒传播的载体；另一方面防止文件被非法篡改，导致数据不一致，引起不必要的麻烦。

步骤 1：选中“我的电脑”，右键单击，在弹出的菜单中选择“管理”命令，打开如图 3-10 所示的“计算机管理”对话框。

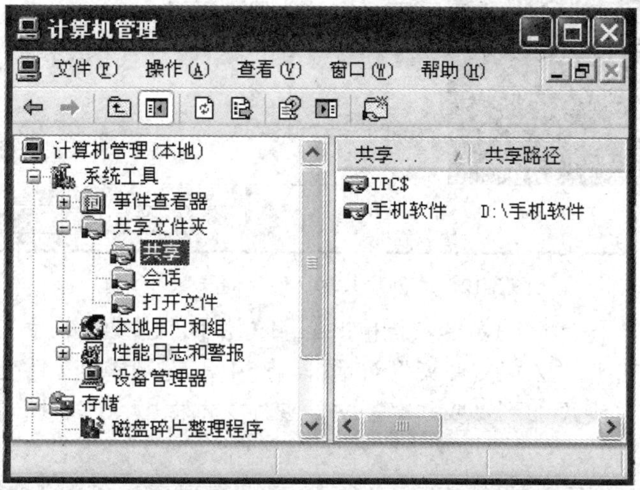

图 3-10 “计算机管理”对话框

步骤 2：在图 3-10 所示的界面中，右键单击“共享”项，在弹出的菜单中选择如图 3-11 所示的“新文件共享”项。

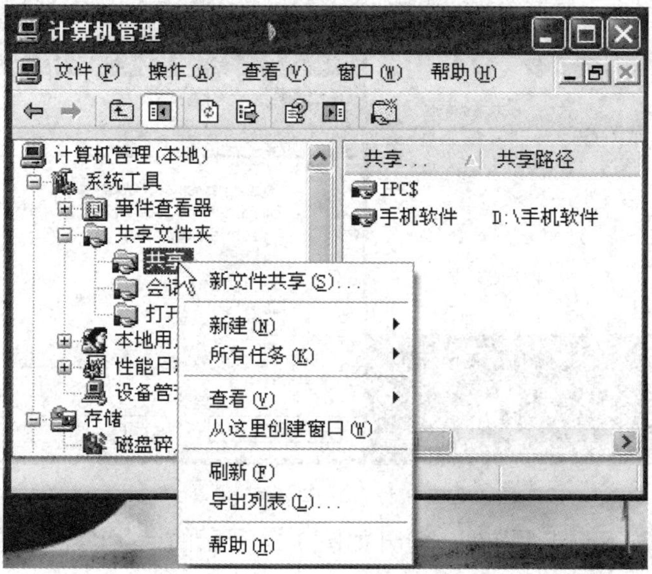

图 3-11 “新文件共享”项

步骤 3：打开如图 3-12 所示的“创建共享文件夹向导”对话框。

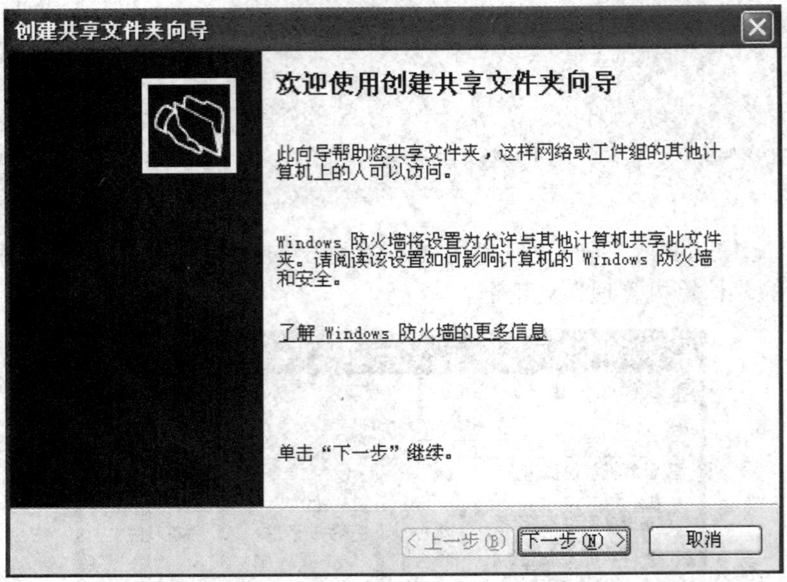

图 3-12　“创建共享文件夹向导”对话框

步骤 4：单击“下一步”按钮，打开如图 3-13 所示的“设置共享文件夹”对话框。单击“浏览”按钮，打开“浏览文件夹”对话框，选中需要共享的文件夹，单击“确定”按钮，就将共享的文件夹添加到“要共享的文件夹”文本框中，然后填写“共享名”“共享描述”等辅助信息。

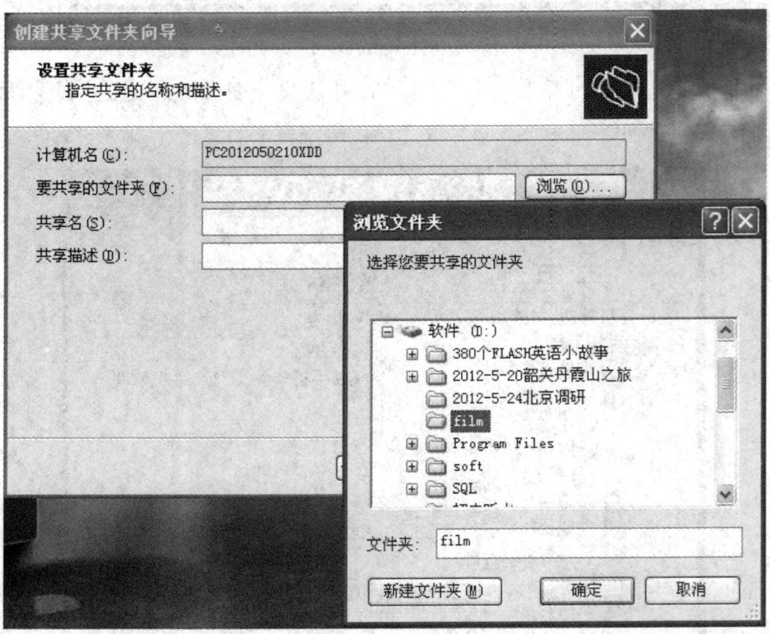

图 3-13　“设置共享文件夹”对话框

步骤 5：单击“下一步”按钮，打开如图 3-14 所示的“共享文件夹的权限”对话框，设置查看文件夹人员的访问权限。

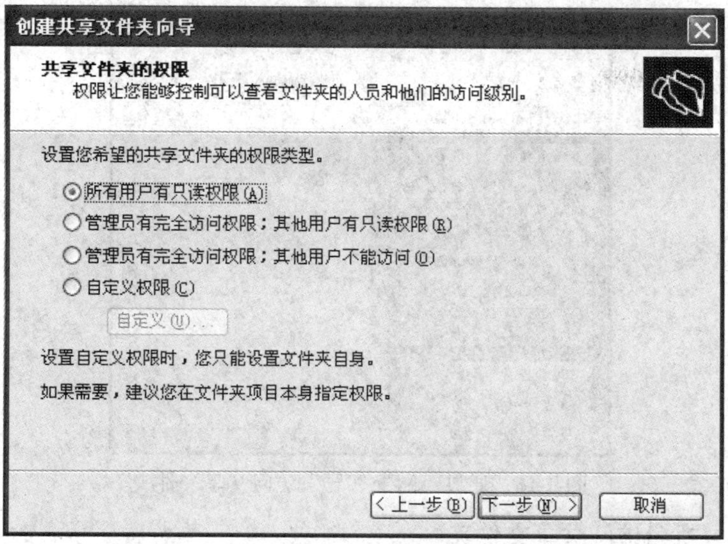

图 3-14　“共享文件夹的权限”对话框

步骤 6：单击“下一步”按钮，打开如图 3-15 所示的“正在完成创建共享文件夹向导”对话框，单击“完成”按钮，则此文件夹创建共享完成。在 D 分区下显示共享文件夹 film，表明该文件夹是共享文件夹。

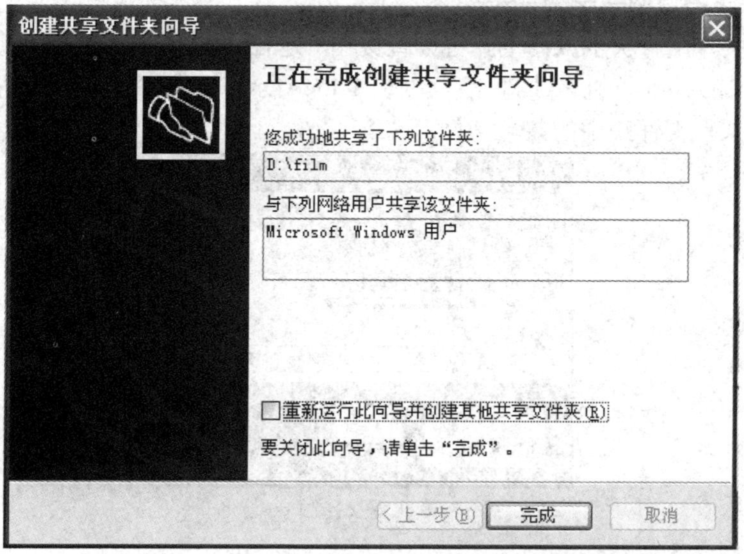

图 3-15　“正在完成创建共享文件夹向导”对话框

任务 2-2　访问共享文件夹

访问共享文件夹的方式有很多，下面介绍几种方法。

1. 通过“网上邻居”访问共享文件夹

单击“网上邻居”→“整个网络”→“Microsoft Windows Network”，可以看到网络中所有的工作组，如图 3-16 所示。双击打开相应的工作组，找到共享文件夹所在的计算机，双击该计算机，输入正确的用户名和密码，验证通过后就可以访问共享文件夹了。

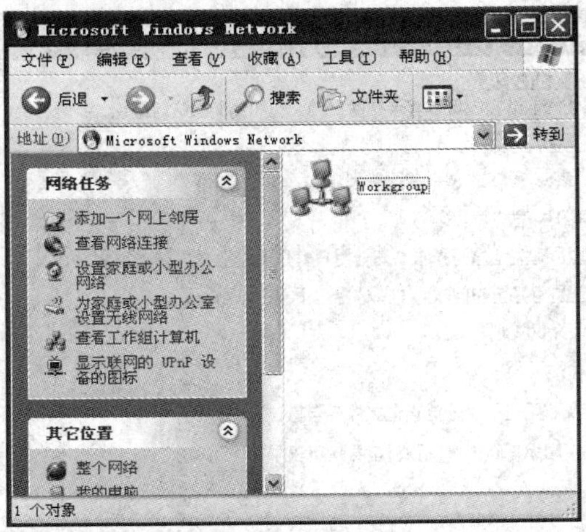

图 3-16　通过“网上邻居”访问共享文件夹

2. 利用计算机名访问共享文件夹

如果知道共享文件夹所在的计算机的名称，就可以利用计算机名直接访问共享文件夹。在“运行”文本框中(或在“我的电脑”对话框的地址栏中)输入“\\共享文件夹所在的计算机名称”，单击“确定”按钮或按回车键，就可以通过验证访问该共享文件夹。

3. 利用共享名访问共享文件夹

如果知道共享文件夹的共享名，可以直接在“运行”文本框中(或在“我的电脑”对话框的地址栏中)输入\\计算机名\共享名，如图 3-17 所示，单击“确定”按钮或按回车键，就能直接访问共享文件夹中的共享文件。

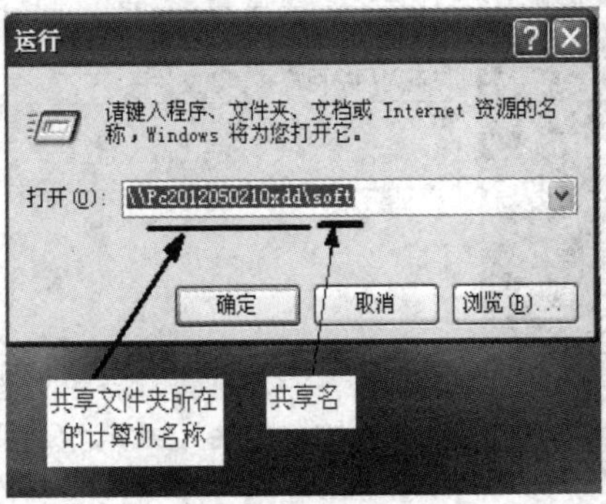

图 3-17　利用共享名访问共享文件夹

注意

共享名为共享文件夹或共享文件的名字。

使用这种方法可以访问隐藏的共享文件夹，只要在共享名后面加上美元符号“$”即可。

4. 利用 IP 地址访问共享文件夹

如果不知道共享文件夹所在的计算机名称，但知道其 IP 地址，则可以在“运行”文本框中(或在“我的电脑”对话框的地址栏中)输入“\\IP 地址\共享名”，单击“确定”按钮或按回车键，就可以直接访问共享文件夹中的文件，如图 3-18 所示。

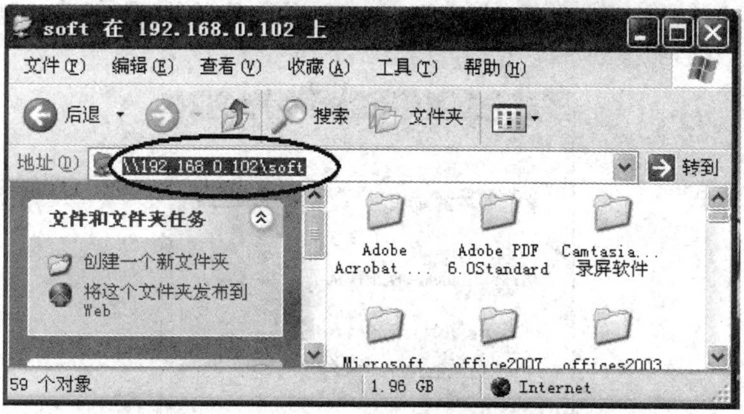

图 3-18　利用 IP 地址访问共享文件夹

任务 3　设置 Internet 共享

任务 3-1　认识 Internet 连接共享

Internet 连接共享即 Internet Connection Share，简称 ICS，是 Windows 操作系统内置的一个多机共享接入 Internet 的工具。其设置简单，使用方便。只要在计算机(直接连接到 Internet 的计算机)上设置“允许其他网络用户通过此计算机的 Internet 连接来连接”，然后在客户机上运行 Internet 连接向导即可。

启用连接共享并设置好 Internet 选项后，网络上的计算机就像直接与 Internet 相连，并且可以在不设任何代理的情况下访问 Internet。但它不能对网络用户进行管理，安全性能较差，如果用户数目比较多，则网络速度会很慢。

任务 3-2　配置 Internet 连接共享

下面来介绍 Internet 连接共享(以下简称 ICS)的实现过程。

1. 做好准备工作

(1) 启用 ICS 的计算机。如果采用 DSL 或 Cable Modem 接入，则还需要一块额外的网卡。也就是说，启用 ICS 的计算机需要安装两块网卡：一块用于连接内部网络，另一块用于连接接入设备。如果采用 Modem 或 ISDN 适配器，只需进行正确的安装和设置即可。

(2) 配置 ICS，必须具有 Administrators 组权限。

2. 启动 ICS

如果主机是 Windows XP 操作系统，则鼠标左键双击“本地连接”标识，打开如图 3-19 所示的“本地连接 属性”对话框，单击“高级”选项卡，在该选项卡中勾选“Internet 连接共享”下的“允许其他网络用户通过此计算机的 Internet 连接来连接”复选框。如果允许其他计算机控制网络的话，就将另一个复选框“允许其他网络用户控制或禁用共享的Internet 连接”也选中，不过在通常情况下，一般不会允许其他网络用户控制或禁用共享的Internet 连接。

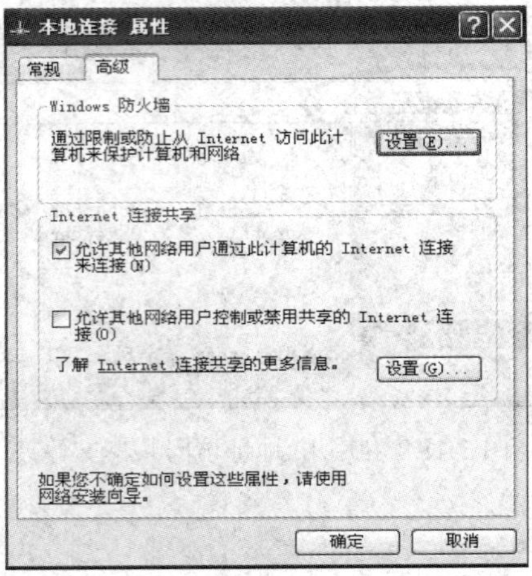

图 3-19　“本地连接 属性”对话框

注意

启用 Internet 连接共享后，在 192.168.0.0 的网络中，系统会自动把 ICS 服务器局域网网卡地址配置成 192.168.0.1。

3. 客户机设置

这里所讲的客户机是指共享 Internet 连接的其他计算机。

(1) IP 设置：配置成与 192.168.0.1 在同一个网段，网关为 192.168.0.1，DNS 为61.187.98.3(与当地 ISP 提供的保持一致)。

(2) IE 设置：单击“工具”菜单上的“Internet 选项”→“连接”选项卡，如图 3-20 所示。

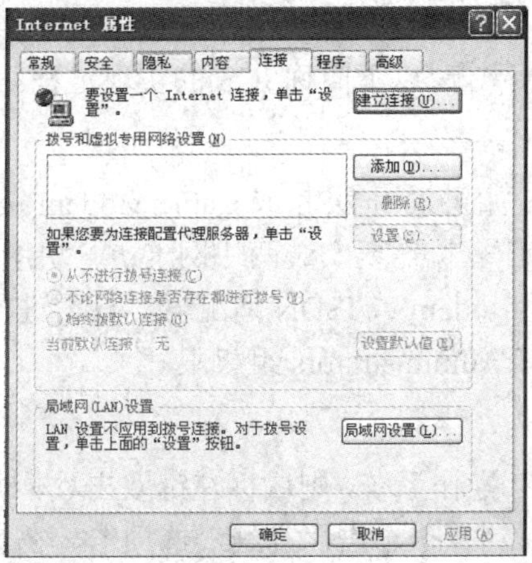

图 3-20　“Internet 属性”对话框中的“连接”选项卡

单击“局域网设置”，打开如图 3-21 所示的“局域网(LAN)设置”对话框。在“自动配置”中，取消“自动检测设置”和“使用自动配置脚本”复选框的勾选，在“代理服务器”中，取消“为 LAN 使用代理服务器”复选框的勾选。

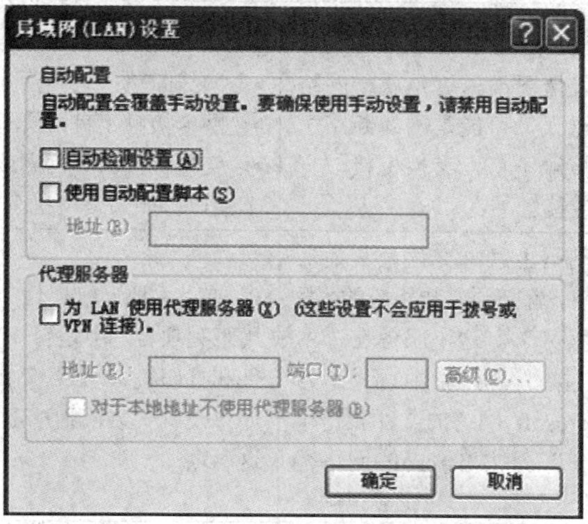

图 3-21　“局域网(LAN)设置”对话框

任 务 拓 展

拓展任务　处理简单故障

1. 拓展任务描述和任务分析

拓展任务描述和任务分析如表 3-5 所示。

表 3-5　任务描述和任务分析

任 务 描 述
在任务实施过程中，出现了如下现象，试分析其原因并提出解决办法。 (1) 在“网上邻居”或“资源管理器”中只能找到本机的计算机名； (2) 在“网上邻居”中能看到别人的计算机名，别人却看不到自己的计算机名； (3) 在“网上邻居”中可以看到计算机名，却没有任何内容； (4) 别人在“网上邻居”中看到了自己的共享资源，却不能访问
任 务 分 析
网络问题要根据实际现象，分析具体的环境，逐项尝试才能排除。 (1) 分析是属于计算机网卡还是交换机的问题； (2) 分析是否安装网络文件和打印机共享所需要的服务； (3) 分析共享设置是否存在问题； (4) 分析网络连通状况

2. 任务拓展完成过程提示

各现象的具体原因和解决办法如表 3-6 所示。

表 3-6　各现象的具体原因和解决办法

问题现象	可能原因分析	解决办法
在“网上邻居”或“资源管理器”中只能找到本机的计算机名	一般情况下，这是属于网络通信错误。可能是网线断路，网卡接触不良，交换机接口有问题或接触不良	• 网线断路：更换网线或找到断点将其修复。 • 网卡接触不良：拔出网卡，擦干净后重新插入。 • 交换机接口有问题或接触不良：拔下网线换一个接口；如果交换机有问题，则更换交换机
在“网上邻居”中能看到他人的计算机名，别人却看不到自己的计算机名	在网络上共享文件及其他资源信息，就必须安装相应的“服务器服务”，这个服务在“本地连接”属性中显示为“Microsoft 网络的文件和打印机共享”及“Microsoft 网络客户端”	• 在“本地连接属性”对话框中查看“此连接使用下列项目”中是否安装有“Microsoft 网络的文件和打印机共享”“Microsoft 网络客户端”项。如果没有安装，则单击下面的“安装”按钮安装这两项
在“网上邻居”中可以看到计算机名，却没有任何内容	能显示计算机名，说明网络连接和基本网络配置正常，问题可能出现在文件共享设置上	• 检查是否安装有“Microsoft 网络的文件和打印机共享”项。 • 检查共享设置
别人在“网上邻居”中看到了自己的共享资源，却不能访问	• 网络连接是正常的，所看到的是即时网络现状，应从其他方面考虑 • 实际网络连接不通畅	• 网络连接正常：检查“网上邻居”用户访问本机共享资源的用户身份及访问权限。通常通过网上邻居访问其他计算机资源是以“guest”用户访问的，因此应该查看“guest”用户前面的小图标，如果是红叉则表明被禁用了，单击右键打开即可。 • 网络连接不正常：看到的共享资源是假象，可能是主浏览器缓存中的内容，需要进一步检查

练 习 思 考

一、简答题

1. 什么是本地打印机？
2. 什么是网络打印机？
3. 本地打印与网络打印有什么区别？

二、选择题

1. 设置文件夹共享属性时，可选择的访问类型有完全控制、根据密码访问和______等。

A. 共享　　B. 只读　　C. 不完全　　D. 不共享

2. 安装、配置和管理网络打印机是通过________来进行的。

A. 添加打印机向导　　B. 添加设备向导

C. 添加驱动程序向导　　D. 添加网络向导

3. 为了保证系统安全，通常采用________的格式。

A. NTFS　　B. FAT　　C. FAT32　　D. FAT16。

4. 关于 Windows 共享文件夹的说法中，正确的是________。

A. 在任何时候在文件菜单中可找到共享命令

B. 设置成共享的文件夹无变化

C. 设置成共享的文件夹图表下有一个箭头

D. 设置成共享的文件夹图表下有一个上托的手掌

5. 要让别人能够浏览自己的文件却不能修改文件，一般将包含这些文件的文件夹共享属性的访问类型设置为______。

A. 隐藏　　B. 完全　　C. 只读　　D. 不共享

三、填空题

1. 为了控制网络用户对共享文件夹的访问，应指定不同的__________。

2. 安装网络打印机就是将网络上的共享打印机与_________相连，安装网络打印机不需要额外的驱动程序，计算机将自动从________的计算机上下载打印机驱动程序。

3. NFS 的中文名称是_____________________。

四、操作题

1. 建立一个共享文件夹“练习”，并将权限设置为“读取”，拷入一篇文档，从另一台机器上对该文档进行读取、保存、删除等操作，观察结果。

2. 启动应用程序(如 Word 2013)，通过网络打印机打印一篇文档。

3. 添加硬件“HP LaserJet 6L”激光打印机，端口为“LPT1：”，不共享，不打印测试页，然后把打印机界面保存到工作文件夹中，命名为“Printer.JPG”。

项目 4　组建办公网络

政府、事业单位及公司各部门间要做到高效的信息交换及资源共享，节约硬件和软件资源，实现无纸化办公，并为员工提供准确、可靠的信息服务，提高工作效率，降低运作和管理成本，建立节约型机制，这是每个公司所追求的管理模式。

一个部门有可能是一个办公室，也可能是多个办公室，但每个办公室都可看作一个小型局域网，以小型办公局域网为基础，为大型办公局域网的组建奠定基础。

学习目标

知识目标	• 了解办公局域网的特点和组建原则； • 了解办公局域网的基本安全机制； • 熟悉常用的实时交流软件； • 熟悉网络测试命令
技能目标	• 能熟练完成办公局域网的基本配置及常见的安全措施设置； • 熟练掌握实时交流软件的使用，能应用该软件进行沟通交流； • 能给不同的用户分配合适的服务器空间
态度目标	• 通过资源共享的方式，节省一些相应的硬件设备，如打印机、硬盘等，从而节约成本； • 认真分析任务目标，有整体规划意识； • 耐心做事，做好简单的事情； • 积极思考和分析，冷静处理突发问题
相关知识点	• 需求分析； • 拓扑结构图； • IP 地址的概念、分类、分配原则、规划方法； • 设备选购原则； • 服务器空间分配原则
技能考核点	• 判断用户调查报告表是否合理，用户需求分析是否准确； • 绘制正确、合理、规范的拓扑结构图； • 快速下载、安装、配置、使用实时交流软件； • 正确设置网络安全机制

项目描述

某公司是一家小型信息技术有限责任公司，员工 50 余人，办公用计算机 45 台左右。随着规模不断扩大，单机资源无法共享，文件传输需要使用 U 盘等工具复制，效率低下。

由于工作内容零散、人力资源有限、成本投入少等诸多因素影响，公司希望组建一个高效、经济适用的办公环境。实现办公自动化，提高办公效率，这直接影响着整个公司的发展。

根据办公信息化、自动化的需求，为了提高各部门间办公效率，促进信息交流，降低硬件投入成本，需要组建一个办公局域网。

项 目 分 解

本项目主要任务如表 4-1 所示。

表 4-1　项目 4 主要任务表

任务名称	操作环境描述	主要子任务
任务 1　办公局域网需求分析与结构设计	本项目是针对一家小型信息技术公司，该公司覆盖两栋建筑物，有 45 台左右办公用计算机，都能上互联网。公司有多个部门，不同部门之间访问要有限制。公司有自己的内部网页与外部网站，还有自己的 OA 系统； 组建网络前，首先应进行组建需求分析，设计合理的网络结构，然后考虑建筑物结构与办公应用要求	(1) 对办公网络和环境及建筑物情况进行详细了解，完成调查分析； (2) 分析局域网组建需求，撰写需求分析报告； (3) 设计网络结构，设计网络拓扑结构
任务 2　连接与配置办公局域网	从公司实际情况来看，既要完成内部通信，又要能与互联网连接，还要能共享资源，满足自动化办公需求，保证公司正常运转。每个人的个人空间为 10 GB，公共空间为 500 GB	(1) 规划 IP 地址； (2) 选购网络设备； (3) 组建与配置网络； (4) 实时交流软件安装与配置； (5) 给每个用户分配 10 GB 个人专用空间，给所有用户分配 500 GB 公共空间； (6) 测试网络

知 识 链 接

【链接 1】　私有地址与公有地址

1. 私有地址

私有地址又称为内部网络地址，为了避免单位任选的 IP 地址与合法的 Internet 地址发生冲突，IETF 已经分配了具体的 A 类、B 类和 C 类地址供单位内部网使用，这些地址称为私有地址。IETF 规定的私有地址如表 4-2 所示。

表 4-2　私有地址范围

私有地址	范　围
A 类	10.0.0.0～10.255.255.255
B 类	172.16.0.0～172.21.255.255
C 类	192.168.0.0～192.168.255.255

注意

内部私有地址可在不同的内部网络中重复使用，这样可节省 IP 地址，同时可以隐藏内部网络的结构。

2. 公有地址(外网地址或合法地址)

公有地址即可全局路由的 IP 地址，目前对企业来说主要是 ISP 提供的一个或几个 C 类地址，符合分类原则，能在 Internet 上实现通信的地址。

3. 地址选择

随着互联网用户不断增加，公网 IP 地址日趋紧张，中小企业往往只能得到一个或几个 C 类 IP 地址。因此，在企业内部网络中，只能使用专用(私有)IP 地址段。在选择专用(私有)IP 地址时，应当注意以下几点：

(1) 为每个网段都分配一个 C 类 IP 地址段，建议使用 192.168.2.0～192.168.254.0 段 IP 地址。由于某些网络设备(如宽带路由器或无线路由器)或应用程序(如 ICS)拥有自动分配 IP 地址功能，而且默认的 IP 地址池往往位于 192.168.0.0 和 192.168.1.0 段，因此，在采用该 IP 地址的段时，往往容易导致 IP 地址冲突或其他故障。所以，除非必要，应当尽量避免使用 192.168.0.0 和 192.168.1.0 这两个 C 类地址段。

(2) 可采用 C 类地址的子网掩码，如果有必要，可以采用变长子网掩码。通常情况下，不要采用过大的子网掩码，每个网段的计算机数量都不要超过 250 台。同一网段的计算机数量越多，广播包的数量越大，有效带宽就损失得越多，网络传输效率也越低。

(3) 为网络设备的管理 VLAN 分配一个独立的 IP 地址段，以避免与网络设备管理 IP 的地址发生冲突，从而影响远程管理的实现。基于同样的原因，也要将所有的服务器划分至一个独立的网段。

注意

同一网络内的计算机处于同一广播域，广播包的数量不会由于 IP 地址的不同而减少，所以，为同一网络的计算机指定不同网段，分配不同的 IP 地址，并不能实现划分广播域的目的。要减少广播域，最根本的解决办法就是划分 VLAN，然后为每个 VLAN 分别指定不同的 IP 网段。

【链接 2】 IP 地址分配原则

(1) 通常局域网计算机和路由器的端口需要分配 IP 地址。

(2) 处于同一广播域的主机或路由器的 IP 地址具有相同的网络标识。

(3) 用交换机互连的网段是同一个广播域，如果在交换机上使用 VLAN(虚拟局域网)技术，那么不同 VLAN 是不同的广播域，处于不同 VLAN 的主机，IP 地址网络标识不同。

(4) 路由器不同的端口连接的是不同的广播域，路由器依靠路由表连接不同的广播域。路由器总是拥有两个或两个以上的 IP 地址，且网络标识不同。两个路由器直接相连的端口，可以指明也可以不指明 IP 地址。

任 务 实 施

任务实施流程如表 4-3 所示。

表 4-3　任务实施流程

任务实施流程
1. 阅读【知识链接】中的知识介绍，如果不够，则查找参考资料学习相关知识； 2. 了解项目背景； 3. 分解并规划、布置任务，并让小组每个成员都知晓各自的任务及整体任务目标； 4. 填写材料和设备清单，准备和领取实验工具与材料； 5. 根据【任务实施】任务先后顺序与步骤完成具体安装或配置任务，在每个小任务完成后测试任务完成情况，保证任务 100%完成； 6. 选购网络设备； 7. 连接网络硬件，组建并配置办公网络； 8. 给不同的网络用户分配合适的服务器空间，并设置相应的使用权限； 9. 待所有任务完成后，测试整体任务，检验最终能否实现计算机间的通信以及 OA 系统的应用

任务 1　办公局域网需求分析与结构设计

任务 1-1　用户调查分析

用户调查是需求分析的重要环节，可以直接与办公室主任、经理及成员进行面对面的调查，也可以通过电话或其他方式进行调查，填写如表 4-4 所示的调查报告表。

表 4-4　调查报告表

调查内容	调查选项
填写说明：在符合内容后画 √	
公司办公室地址	
公司网络覆盖情况	光纤网络(　)；双绞线网络(　) 其他________________________
办公室设备情况 (填写数字)	共(　)台计算机，其中笔记本电脑(　)台，台式机(　)台；打印机(　)台； 其他办公设备____________________ (　)个办公室组成一个网络，最大通信距离为(　)米，数据传输速率为(　) 协商查看办公室物理布局图
已经选择或准备选择的网络运营商是	中国电信(　)；中国移动(　)；中国铁通(　)；其他(　) 说明：如为其他，请写明具体的运营商
目前已有的连接设备	无线路由器(　)；交换机(　)；普通路由器(　)；没有(　)；其他(　) 说明：如为其他，请写明具体的设备名称及型号

续表

调 查 内 容	调 查 选 项
连接设备的品牌	思科(　)；TP-Link(　)；D-Link(　)；中兴(　)；其他(　) 说明：如为其他，请写明具体的设备品牌
有哪些网络安全要求	上网安全(　)；信息安全(　)
有哪些应用要求	共享访问 Internet(　)；共享打印机( )；文件共享(　)
公司规模(填写数字)	(　　)人，(有/无)大规模扩展计划
是否同意以上内容	情况属实(　　) 说明：调查人和被调查人签名确认

任务 1-2　需求分析

组建办公局域网，首先要详细分析办公局域网需求，然后根据不同公司的性质、规模大小等条件差异，确定网络组建要求。

1. 组网原则

设计人员在设计过程中首先要做的工作就是制定设计目标，根据具体情况，办公局域网中计算机网络的规划、设置和实施中需要遵循的原则包括以下几点：

(1) 功能性：满足用户需求的网络功能。

(2) 开放性、可扩展性：要求采用开放的技术和标准选择主流的操作系统及应用软件，保障系统能够适应未来几年公司业务的发展需求，便于网络的扩展和公司的结构变更等。

(3) 可管理性：系统中应提供尽量多的管理方式和管理工具，便于系统管理员在任何位置都能方便地管理整个系统。

(4) 高稳定性与可靠性：系统的运行应具有高稳定性，保障全天 24 小时的高性能、无故障运行。

2. 组网需求分析

根据公司实际情况，公司网络的具体需求分析步骤如下。

步骤 1：辨别目标和约束，获悉组网相关信息。

(1) 目前办公局域网主要覆盖两栋建筑物，办公室数目不多。

(2) 与 Internet 的连接采用电信网络，电信的接口已经安装在办公室的墙壁上，可以直接使用。

(3) 该公司有 45 台电脑、1 台打印机、1 个 ADSL 调制解调器(没有路由功能)及对应的连接线。

(4) 为了保证办公室整齐划一，同时方便网络和电源连接，办公桌尽量沿墙摆放。

(5) 公司申请的是 8 Mbit/ADSL 宽带接入，即接入 Internet 速度为 8 Mbit/s。

(6) 公司目前没有招聘新员工计划，但业务扩展后可能会增加员工。

(7) 在价格浮动不到 8%的情况下，在确保网络性能的情况下，要保证能随时上网。

(8) 该局域网中的计算机主要用于办公之需，不需要经常移动。

步骤 2：明确用户功能要求，了解局域网的基本应用。

(1) 共享上网、共享硬件设备。

- 如果打印机、传真机、扫描仪等硬件设备都可以通过局域网共享，供网络中所有用户共同使用，则可以节省大量硬件设备投资。
- 整个办公网络只用 1 个账号上网，则可免去申请网络账号的费用。

(2) 文件集中管理及共享资源。

- 出于安全考虑，要求把工作类的文件集中存放在网络中的一台服务器上集中管理。一方面便于查看、管理和备份，另一方面也减少了数据丢失、损坏的概率，提高了数据的安全性。
- 为了保证应用程序、通知、政策法规、技术资料等传输快捷和方便，提供给多人在需要的时候使用，可以共享这些资料。

(3) 用户因业务等上网的时间可能比较集中。

(4) 根据公司业务发展和公司规模的变化，公司网络规模需要扩展。

(5) 该办公室的所有计算机都通过电信接口上网，即 ADSL 方式。

(6) 公司能够给每个员工分配一定数量的私有空间，用于备份数据。

(7) 公司能够给所有员工分配不限数量的公用空间，用于备份数据。

步骤 3：从技术角度来分析网络的功能能否满足用户需要。

(1) 局域网连接方式。由于主要应用于办公室内的办公，移动性不强，因此放弃无线组网的方法而采用有线连接的方式。

(2) 技术选择。通常使用的解决办法有以下 3 种(见表 4-5)。

方式一：选择一台性能较好的计算机当作服务器，安装两块网卡(一块网卡连接 Internet，另一块网卡连接交换机)，然后安装一个代理软件(如 WinGate)，其他计算机连到交换机上，通过这台服务器上网。

方式二：选择一台路由器连接 Internet 和交换机，所有计算机连接在交换机上，通过路由器上网。

方式三：用带路由功能的 ADSL 连接 Internet 和交换机，所有计算机连接在交换机上，通过带路由功能的 ADSL 猫上网。

表 4-5　上网方式

	方式一	方式二	方式三
接入 Internet 方式	ADSL 方式拨号上网		
互连设备	代理服务器+交换机	路由器+交换机	带路由功能的 ADSL 猫+交换机
上网情况	代理服务器关机的情况下，不能上网	随时能上网	随时能上网
成本	如果没有现成的计算机则需要购买新计算机来做代理服务器，在计算机多的情况下成本较低	购买小型路由器	购买带路由功能的 ADSL

比较 3 种方式中增加设备的情况，查询增加设备的价格和性能会发现：购买一个小型路由器只需 100 元左右，增加费用不超过总费用的 8%，但性能得到了提高。如果购买带路由功能的 ADSL 猫，一方面其性能没有路由器好，另一方面造成已购买的不带路由功能的“猫”这个设备闲置。如果采用代理服务器的方式，则需要购买计算机，增加成本较高；代理服务器关闭则造成不能上网，不是很方便。因此，最终选用方式二。

(3) 设备选择。

采用方式二组建，也就意味着局域网中的主要设备是路由器和交换机，要求这些设备在技术上具有先进性、通用性、可扩展性、可升级性，同时便于管理、维护。

考虑设备的兼容性、稳定性和转发速率，在满足性能指标和成本因素的情况下，尽量选择同一品牌的交换机和路由器。目前公司拥有 45 台计算机，可以选择 48 口的交换机。

步骤 4：拓扑结构需求分析。

该局域网需连接的设备总量不超过 50 台，覆盖两栋楼，为了方便计算机的增加和删除，选择星形拓扑结构或混合型拓扑结构比较方便组建和管理网络。

步骤 5：检查网络扩展性。

网络设计时应保证网络在 3～5 年内不落后，一方面考虑交换机有剩余的端口，另一方面在墙内预埋网线和墙上安装信息插座时要考虑扩展性，免得在布线工程完成后，因扩展而需走明线，不但影响办公室布局和美观，还留下了安全隐患。

整理上述需求，撰写需求分析报告，并交给公司的经理或负责人确认。

任务 1-3　网络结构设计

该局域网结构很简单，设计并绘制如图 4-1 所示的拓扑结构图。

本公司内部网络使用交换机连接，每栋楼放置一台 48 口的交换机，每栋楼的服务器和计算机终端都连接到交换机上。

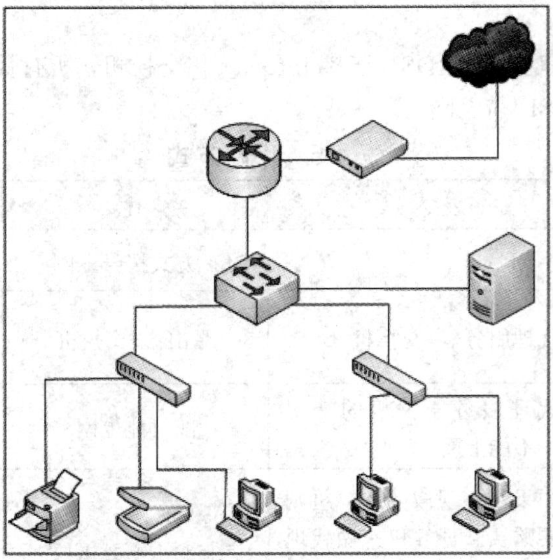

图 4-1　局域网拓扑结构图

任务 2　连接与配置办公局域网

任务 2-1　IP 地址规划

IP 地址规划是一个结构化过程，应妥善规划和记录网络内部地址的分配才能防止地址重复，控制访问，监控安全和性能。需要规划地址的主机包括用户使用的终端设备、服务器和外围设备。

以 TCP/IP 协议通信的网络中，每一台设备都需要以 IP 地址来标识网络位置，因此，在规划网络方案时首先要为网上所有设备，包括服务器、客户机、打印服务器等分配唯一合法的 IP 地址，这就是 IP 地址规划。组建办公局域网要用到两种 IP 地址：一种为合法 IP 地址(广域网端口地址)，另一种为私有 IP 地址(与本地网络点相连的网关地址)。在本项目中，整个办公网的 IP 地址段为“192.168.0.1～192.168.0.254”，办公网通过路由器连接到互联网中，路由器的 IP 地址为“192.168.0.1”。

IP 地址规划首先需要考虑如下几个方面。

(1) 准备连接到网络的设备是否多于 ISP 为该网络分配的公有地址数。目前需要连接的计算机 45 台，通信服务器 1 台(用于提供共享连接，使局域网工作站能共享 Internet)，打印服务器每栋楼 1 台(安放在大楼一楼，便于公共打印)，文件服务器 1 台(用于存放公司所有文件)。因此，本办公局域网需连接的终端设备有 48 台。申请了 1 个公有地址，公有地址数少于连接的网络设备，需要给内部网络中的设备分配私有地址。

(2) 是否有从外部访问本地网络这些设备的需求。本地网络需要查询信息、联系业务，就需要保持与互联网通畅连接。

(3) 如果分配了私有地址的设备需要访问 Internet，网络能否提供网络地址转换(NAT)服务。

任务 2-2　选购网络设备

拓扑结构图能表明网络设备的逻辑位置，但不能描述设备具体安放的物理位置，可通过物理布局图具体表现，一方面可以根据办公室环境标明办公桌的形式和计算机、交换机、路由器的具体位置，另一方面也有利于日后的网络升级和维护，可以迅速定位信息插座、网线情况。

根据前面的需求分析和办公室实地勘察后，以一个大办公室为例，绘制物理布局图。

步骤 1：绘制物理布局图。

(1) 分析。该办公室的形状是 5 米×10 米，一扇门，沿墙摆放 10 台计算机。

(2) 绘图(见图 4-2)。

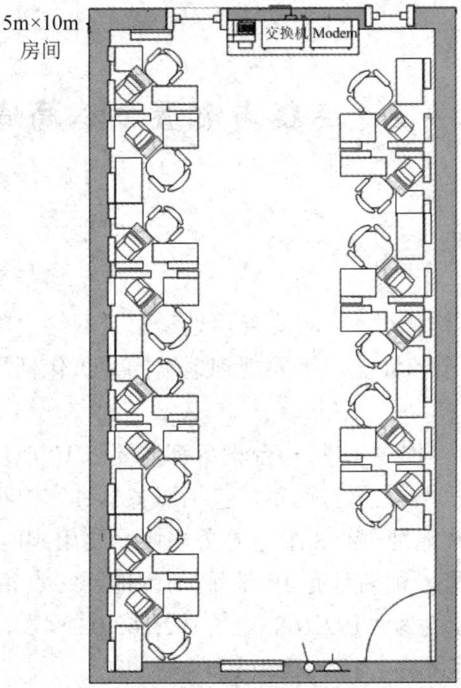

图 4-2　物理布局图

为了保证员工的正常工作及设备的利用率，设备都沿墙安放，在墙内走线和安放信息插座；交换机和路由器放置在机柜内，方便查线；交换机、路由器放在办公室靠墙的中间位置，方便两边的设备连接。

步骤 2：选购网络设备。

(1) 选购交换机。

在该局域网的组建中，需连接 45 台计算机，3 台服务器，还需一个端口连接路由器，网络需要覆盖两栋建筑物。根据交换机的端口数和价格，决定选择两台 48 口的交换机，既满足了当前的连接要求，又为以后的发展预留了空间，方便以后扩展，只需要把网线插入交换机其余端口就行。

另外，整个局域网规模不大，功能需求不多，可选择比较流行、性能较好的 D-Link DES-1048 产品，其外观结构如图 4-3 所示。

图 4-3　D-Link DES-1048 交换机产品外观图

该产品具体参数如表 4-6 所示。

表 4-6　产品参数列表

参数	应用类型	背板带宽/(Gb/s)	传输速率/(Mb/s)	固定端口数	网络报价/元	接口类型	传输方式
值	工作组级交换机	9.6	10/100	48	1300	10/100BASE-TX 端口，RJ45	存储转发

(2) 选购路由器。

路由器是直接连接内网和外网的桥梁，由于采用的是 ADSL 宽带接入，因此需要购买支持 ADSL 宽带接入的路由器。目前市场上大部分路由器都支持 xDSL 接入(包含 ADSL 宽带接入)，因此只需要考虑路由器的性能和功能。图 4-4 所示为某品牌路由器。

图 4-4　某品牌路由器产品

该路由器提供了 4 个 10/100 Mbit/s 以太网端口和 1 个广域网端口，每个广域网端口均支持 MDI/MDIX 自适应、内置防火墙，提供基于 MAC 地址、IP 地址、URL 或域名的过滤，允许多个并发的 IPSec 和 PPTP VPN 会话通过，提供 1 个 USB 1.1 打印机接口、内置打印服务器功能，基于 Web 的配置，是小型办公网络不错的选择。其报价在 350 元左右，稳定性高，支持打印机连接和内置打印服务器，便于网内用户使用。

(3) 选择布线介质。

在该局域网中连接的是普通办公用户，可使用普通的双绞线。网络设备摆放在办公室中心，连接计算机的网线不用很长，用户可根据实际情况选择。

楼内综合布线的垂直子系统采用多模光纤，每层楼到一层机房用两条 12 芯室内多模光纤。建筑之间通过两条 12 芯的室外单模光纤连接。要求所有信息点接入网络，并关闭目前不用的信息点。

(4) 安装机柜。

在摆放路由器和交换机的位置安装一个便于散热的柜子，将路由器和交换机摆放在里面，便于散热和查线，因为如果散热困难，温度太高，很容易造成网络不稳定。

任务 2-3　组建与配置网络

局域网一般由网络硬件和网络软件两大部分组成。网络硬件主要包括网络服务器、工作站、外设、路由器以及网间互连线路等。网络软件主要是指网络操作系统和满足特定应用要求的网络应用软件。

1. 组建网络(硬件连接)

网络设备购置好后，只要将各个设备连接起来就构成了一个网络。

(1) 连接 ADSL 猫与 Internet。根据拓扑结构图，将 ADSL 设备附带的 LINE 线接入电信接口。

(2) 连接 ADSL 猫与路由器。将 ADSL 设备附带的网线一端接入 ADSL 的 Ethernet 口，另一端接入路由器的 WAN 口，并把 ADSL 猫接上电源，暂不开启电源。

(3) 连接路由器与交换机。将交换机连接到路由器的 LAN 口。

(4) 连接交换机与计算机。把计算机全部接入交换机的各个端口，在连接时做好连接标记，以备日后故障检测与定位。

2. 配置网络

(1) 设置 ADSL 拨号(详见项目 2 的 ADSL 设置)。

(2) 设置路由器的路由功能。

步骤 1： 打开一台主机，将其 TCP/IP 属性按如图 4-5 所示设置。

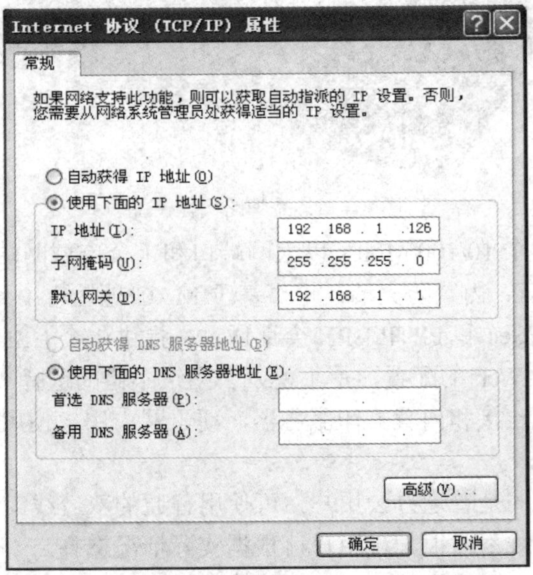

图 4-5　“Internet 协议(TCP/IP)属性”对话框

步骤 2： 打开浏览器，在浏览器的地址栏中输入 http://192.168.1.1，如图 4-6 所示，单击“转到”键。

图 4-6　地址输入示意图

步骤 3： 打开"连接到 192.168.1.1"对话框，出现如图 4-7 所示的"用户名"和"密码"输入界面。分别在"用户名"和"密码"文本框中输入 admin。

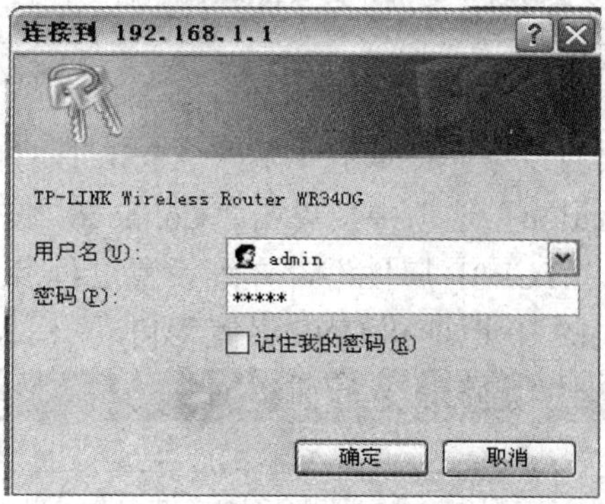

图 4-7 "连接到 192.168.1.1"对话框的"用户名"和"密码"输入界面

注意

192.168.1.1 是路由器基于 Web 管理方式的默认地址(具体的地址信息可查看设备说明书)。其默认用户名和密码都为"admin"。当你忘记了登录用户名和密码时，你可以将路由器复位，采用默认用户名和密码登录进去后再修改密码，然后保存。

步骤 4： 打开路由器管理页面，出现如图 4-8 所示的"设置向导"对话框，根据设置向导一步一步进行设置，在管理页面中找到 PPPoE 连接方式。

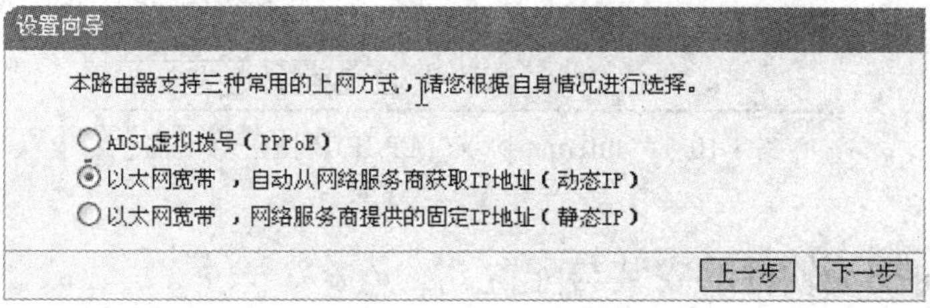

图 4-8 "设置向导"对话框

步骤 5： 选择"ADSL 虚拟拨号(PPPoE)"单选项，单击"下一步"按钮，打开如图 4-9 所示的"上网账号"和"上网口令"设置向导界面。

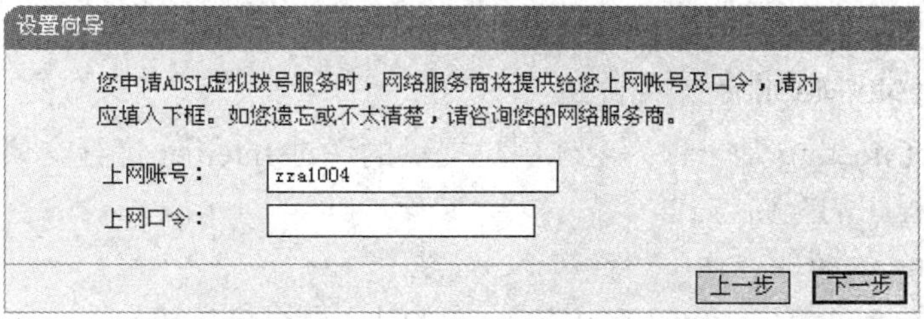

图 4-9 "设置向导"对话框中"上网账号"和"上网口令"的设置

注意

此时的“上网账号”和“上网口令”既不是 admin，也不是修改设置的密码，而是在电信申请 ADSL 宽带接入时电信登记的那个账号和口令。

在“上网账号”和“上网口令”文本框中输入 ADSL 拨号的用户名和密码，存储后重新启动路由器，在“Information”选项中，单击“Connect”按钮，连接成功。

(3) 设置个人计算机的“TCP/IP 属性”，详细设置过程参见项目 1。

将局域网内每台计算机的 IP 地址和 DNS 设置为自动获取，如图 4-10 所示。

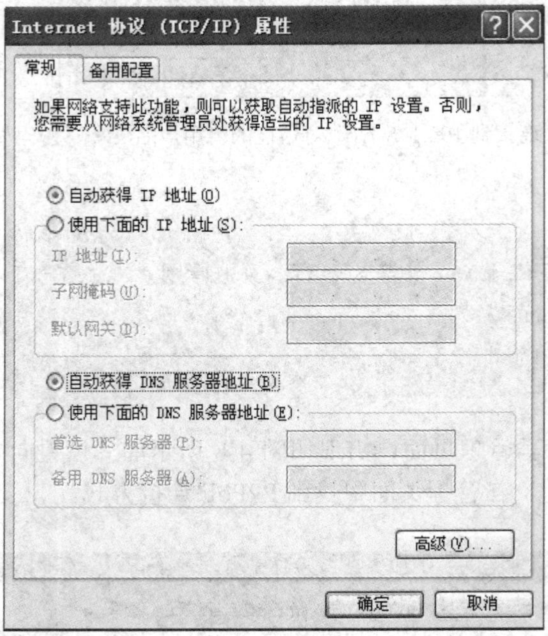

图 4-10　“Internet 协议(TCP/IP)属性”对话框

任务 2-4　实时交流软件的安装与配置

公司运转过程中，决策部门需要通过网络迅速地将有关决定和文件发送给各相关部门，各部门的报表等资料需要及时反馈给决策层，公司内部信息沟通要可靠、快捷。如办公室网络的项目组需要分配任务、协商解决问题等，但又不可能随时召集大家现场开会，就可以通过 Microsoft NetMeeting 来实现网络中各计算机之间的通信，当然也可以通过互联网连接远程用户，就好像坐在一起讨论问题一样。

1. Microsoft NetMeeting 软件介绍

Microsoft NetMeeting 是一种为全球用户提供的通过 Internet 进行交谈、召开会议、研讨工作以及共享程序的全新方式。

1) NetMeeting 的功能

(1) 可通过 Internet 或 Intranet 向用户发送呼叫，与用户交谈。

(2) 被呼叫的用户与其他用户共享同一应用程序。

(3) 在联机会议中使用白板画图。

(4) 检查快速拨号列表，看看哪些朋友已经登录。

(5) 可在自己的 Web 页上创建呼叫链接，向参加会议的每位用户发送文件。

2) 使用 NetMeeting 进行视频交流需准备的条件

(1) 1 台能上网的计算机。

(2) 1 个麦克风(简称 MIC，如果没有，就不能将自己说的话传出去)。

(3) 1 个摄像头(简称 CAM，如果没有，就不能将自己的影像传出去)。

(4) 1 个音箱(如果没有，就不能听到对方说的话)。

摄像头拍摄的视频信息可以通过因特网传送到对方的屏幕上。NetMeeting 是 Internet Explore 的套件之一，如果没有安装 NetMeeting，可到网上下载安装。

2. Microsoft NetMeeting 软件安装

一些公司禁止使用 QQ 等聊天工具，这给员工网上沟通增加了障碍，这时可以使用微软系统附带的 NetMeeting 软件。

步骤 1：检测是否安装有 NetMeeting 软件。

单击“开始”→“运行”，打开“运行”文本框，在文本框中输入“conf”，然后单击该对话框中的“确定”按钮。如果弹出“NetMeeting”对话框，说明该软件已经安装。如果弹出“Windows 找不到文件‘conf’”对话框，则说明系统中没有安装该软件。如果没有安装该软件，则需进入步骤 2，完成软件安装。如果已经安装，则进入步骤 3 进行软件设置。

步骤 2：安装软件。

到网上下载 NetMeeting 软件，双击打开安装文件，进入软件安装界面，根据向导提示一步步往下走，直到看到“NetMeeting 已成功安装”的界面。整个安装过程完成。

步骤 3：设置软件。

(1) 在“运行”文本框中输入“conf”，然后单击该对话框中的“确定”按钮，打开如图 4-11 所示的“NetMeeting”对话框。

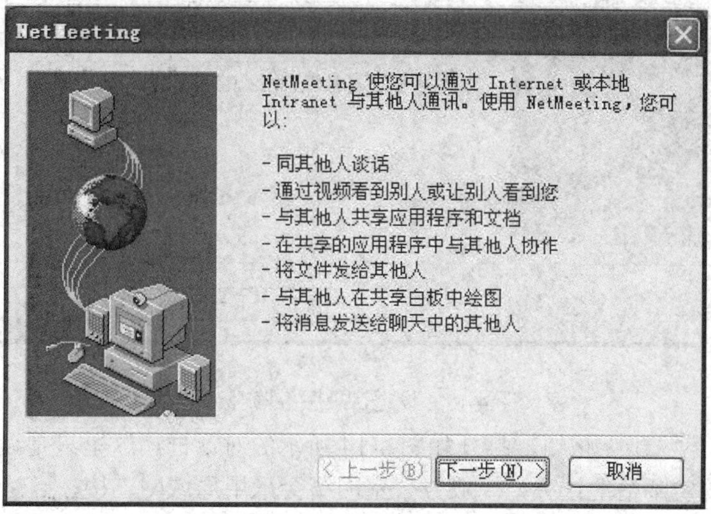

图 4-11　“NetMeeting”对话框

(2) 单击“下一步”按钮，打开如图 4-12 所示的对话框，要求填写个人信息，在各对应的文本框中填写要求的内容。

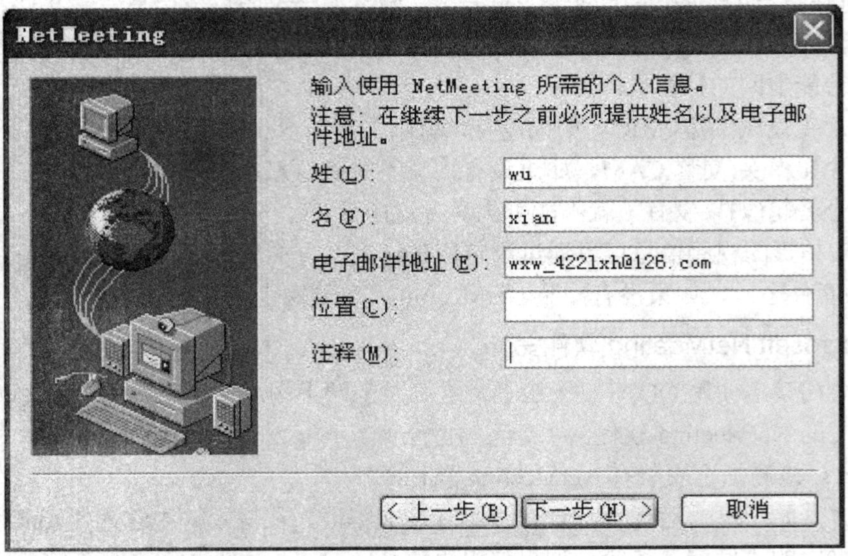

图 4-12　填写个人信息对话框

(3) 填写完毕后，单击“下一步”按钮，打开如图 4-13 所示的对话框，在这里设定 NetMeeting 的目录服务器。注意，在服务器中是否隐身由个人选择。

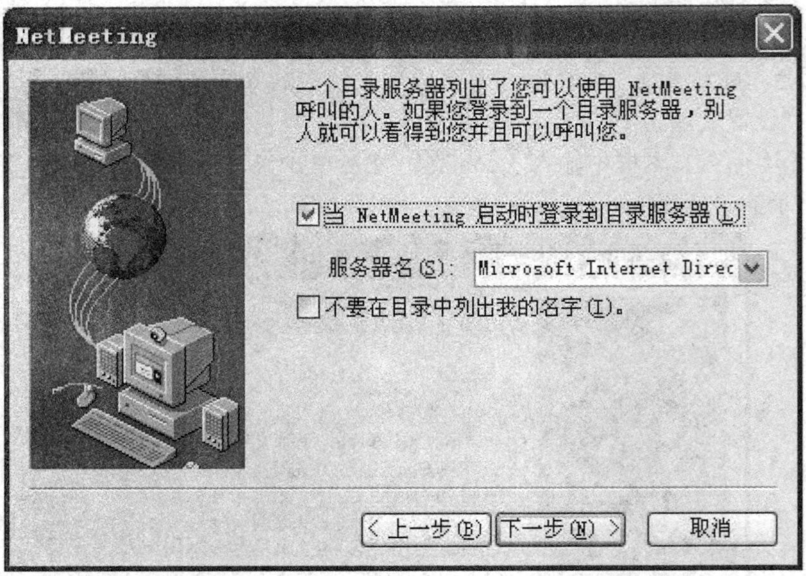

图 4-13　设定目录服务器对话框

(4) 单击“下一步”按钮，打开如图 4-14 所示的对话框，这里只是设置使用的网络。根据网络连接的实际情况选择，一般办公室网络会采用局域网连接，当然也有的小型公司采用的是电信 ADSL 接入。

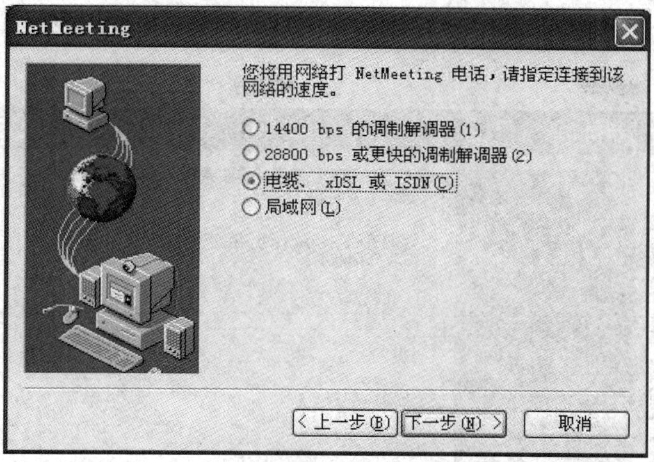

图 4-14　设置使用的网络对话框

(5) 单击“下一步”按钮，打开如图 4-15 所示的对话框，确定是否在桌面和快捷启动栏设置快捷方式，可选可不选也可都选，根据个人使用习惯选择。

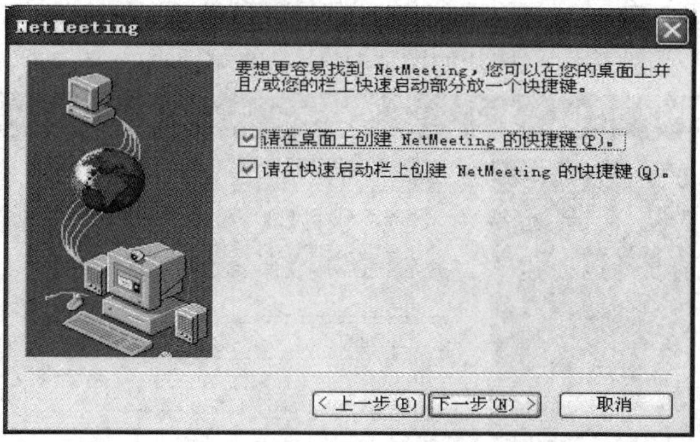

图 4-15　设置快捷键方式选择对话框

(6) 单击“下一步”按钮，打开如图 4-16 所示的“音频调节向导”对话框，根据提示信息进行相应操作。

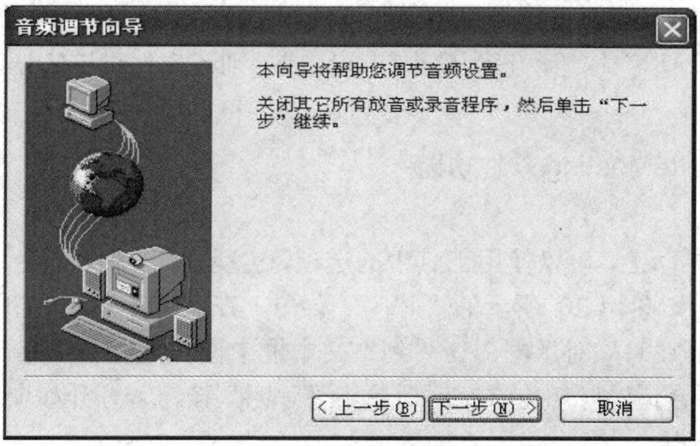

图 4-16　“音频调节向导”对话框

(7) 单击“下一步”按钮，弹出如图 4-17 所示的对话框，选择音频设备后，调节音量。

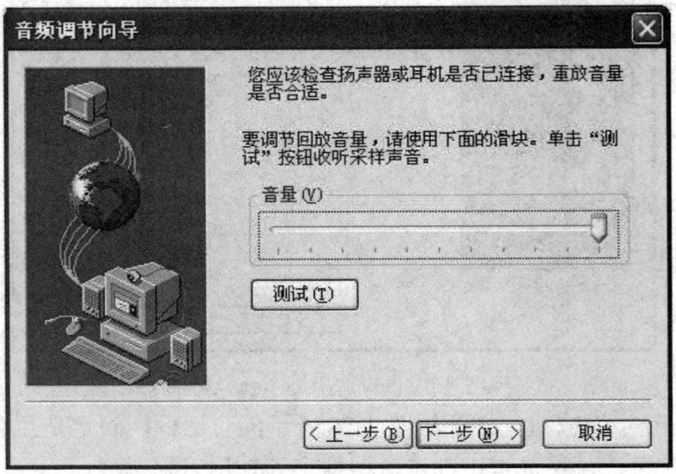

图 4-17　音量调节对话框

(8) 单击“下一步”按钮，打开如图 4-18 所示的对话框，调节录音音量。

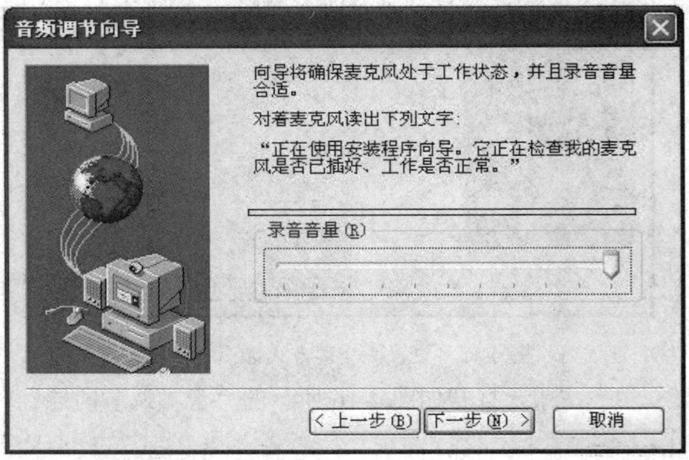

图 4-18　调节录音音量对话框

(9) 单击“下一步”按钮，直到整个向导完成，则该软件设置完毕。打开如图 4-19 所示的软件工作界面。

3. Microsoft NteMeeting 软件功能

1) 新呼叫

在图 4-19 的界面上，可以使用工具中的选项，实现呼叫、白板、会议等功能。选中“呼叫”选项，会弹出如图 4-20 所示的“呼叫”菜单，在菜单中单击“新呼叫”，打开如图 4-21 所示的“发出呼叫”对话框，在“到”文本框中输入你需要呼叫计算机的 IP 地址，在“使用”中选择合适的呼叫方式，然后单击“呼叫”按钮，打开如图 4-22 所示的“正在等待响应”的对话框。

如果呼叫的计算机产生响应，即可完成呼叫；如果呼叫的计算机没开机或不能连接网络(局域网或 Internet)，则会打开如图 4-23 所示的对话框。

图 4-19　NetMeeting 软件工作界面

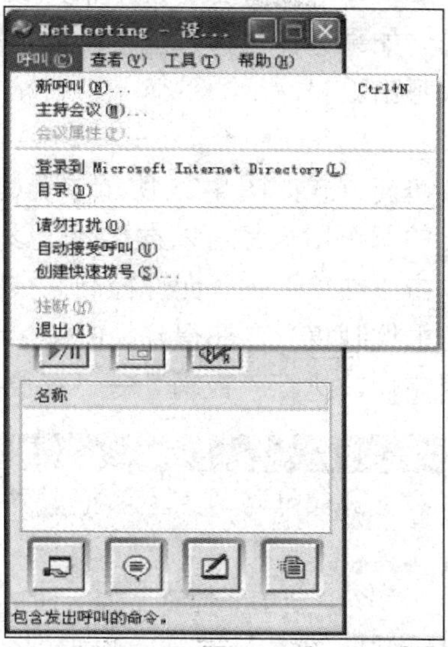

图 4-20　NetMeeting 软件呼叫选项

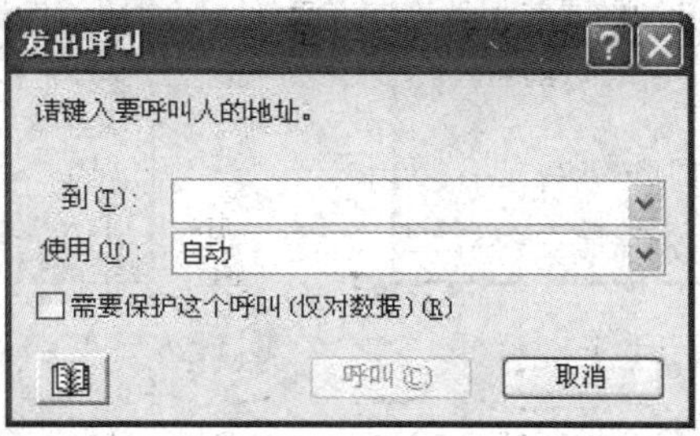

图 4-21　“发出呼叫”对话框

图 4-22　“正在等待响应”对话框

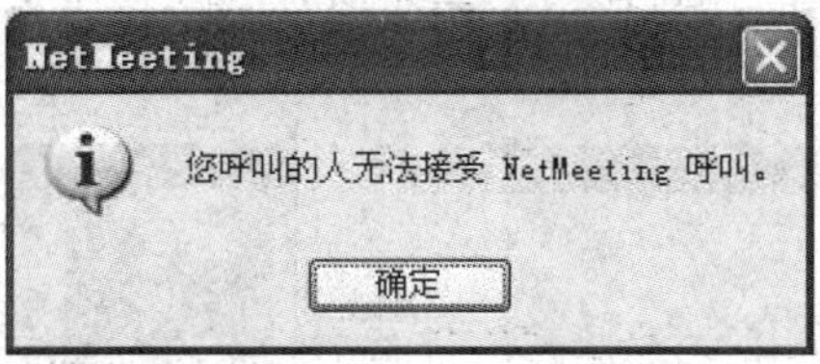

图 4-23　“呼叫”对话框

连接对方后，可以使用软件最下方一行中的快捷按钮进行文件传输、文字传输和画板作图等。

2) 主持会议

如果您是会议主持者，则需要单击“主持会议”选项，打开如图 4-24 所示的对话框，在该对话框中填写会议名称；如果不希望非会议成员闯进来，还可以设置会议密码，只有知道密码的成员才可以进到会议中来，保证了会议的安全性。还可以对呼叫方式和会议工具进行选择。如果选择“只有您可以发出拨出呼叫”项，则会议成员必须由您来邀请，其他成员无权呼出。

3) 工具

工具各快捷方式如图 4-25 所示。工具中的“共享”，是允许共享文件和应用程序，使 NetMeeting 的每个用户都可以直接操作该共享的文件或应用程序。在选择需要共享的文件和程序后单击“共享”→“允许控制”按钮，勾选“自动接受控制请求”复选框，使得对方拥有“请求控制权”，在得到控制权后用户就可以编辑、修改共享文件。在“共享”的控制权使用完后，执行“控制”→“释放控制”按钮，对方才能使用。

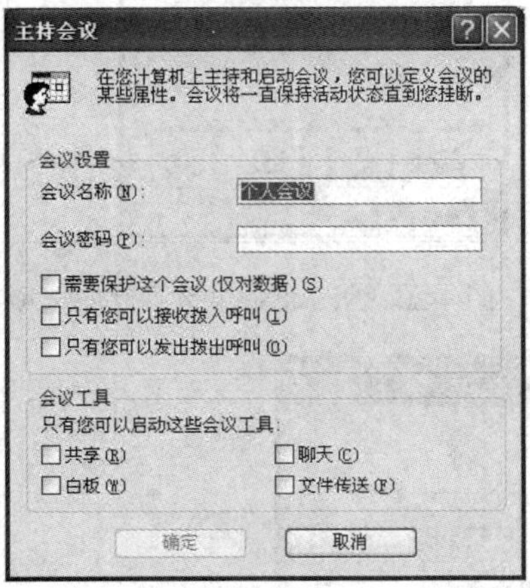

图 4-24　“主持会议”对话框

图 4-25　“工具”选项与对应的快捷方式

4) 远程桌面共享

NetMeeting 除了能共享文件、应用程序外，还可以通过“远程桌面共享”让用户控制远程的计算机。远程桌面共享的具体操作步骤如下:

(1) 在 NetMeeting 的工具栏中，单击“工具”，在弹出的菜单中选择“远程桌面共享”，打开如图 4-26 所示的“远程桌面共享向导”对话框。

(2) 当 NetMeeting 停止运行时，可以收听“远程桌面共享”呼叫。

(3) 单击“下一步”按钮，打开如图 4-27 所示的对话框，提示用户身份，只有使用管理员账户才能使用。

图 4-26　“远程桌面共享向导”对话框

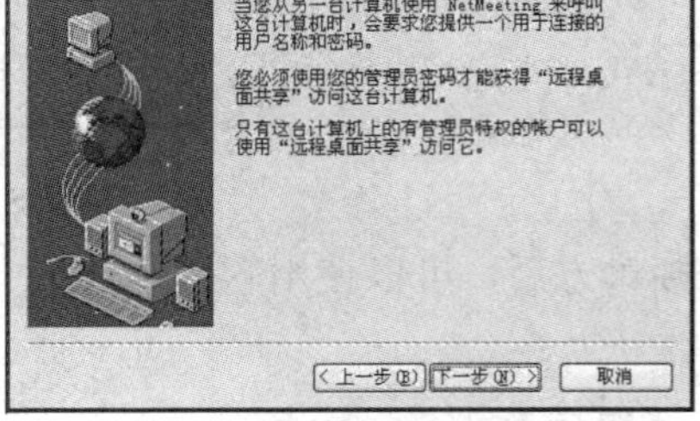

图 4-27　提示账户要求对话框

(4) 单击“下一步”按钮，打开如图 4-28 所示的对话框，开启另一项安全保护。

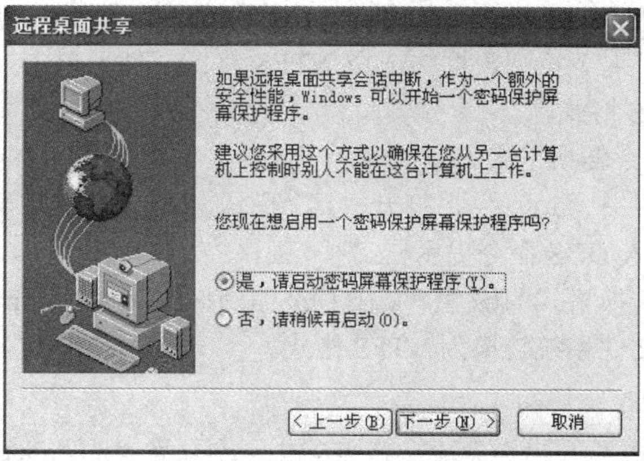

图 4-28　启动密码屏幕保护对话框

(5) 单击“下一步”按钮，打开如图 4-29 所示的对话框，设置完成。

(6) 单击“完成”按钮，远程桌面共享设置完成。在桌面右下角会出现远程桌面共享的图标，选中该图标，单击鼠标右键，弹出如图 4-30 所示的菜单。

(7) 单击“启动远程桌面共享”选项，在远程计算机上进行呼叫，如果呼叫成功，则要求输入远程访问的用户名和密码，用户名为管理员的用户名，单击“确定”后，就可以看到远程计算机的共享桌面，即可实现远程控制。这对于远程项目协作、故障排除等操作非常方便。

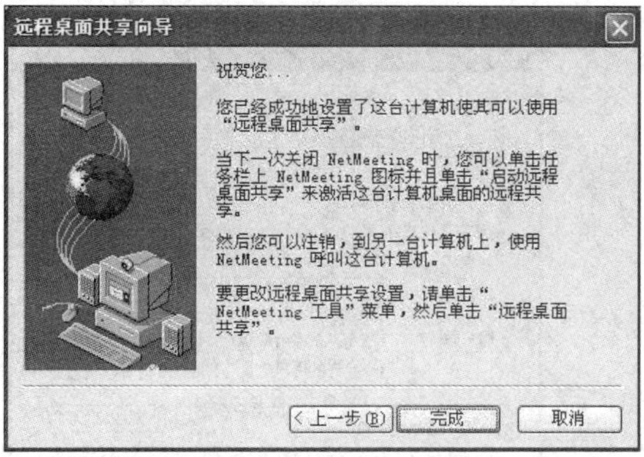

图 4-29　“远程桌面共享向导”完成对话框

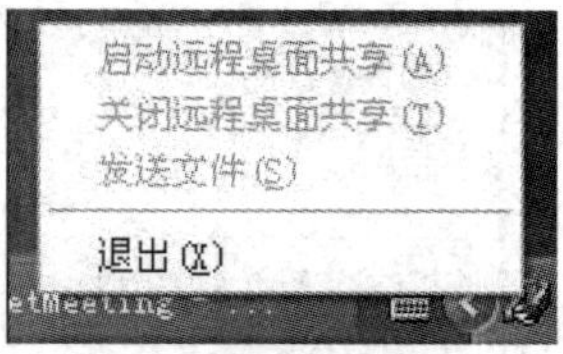

图 4-30　“启动远程桌面共享”选项

任务 2-5　服务器空间分配

为了便于资源共享和数据备份，局域网中专门使用了一台服务器，给每个员工分配 10 GB 的私有空间，500 GB 的公用空间。这可通过磁盘配额来限定用户私有空间大小，但磁盘格式必须为 NTFS 格式。

1. 文件系统转换

步骤 1： 查看文件系统格式，如为 FAT32 格式，则需转换为 NTFS 格式。

步骤 2： 转换格式。

方式一：格式化本地磁盘。

(1) 系统安装完成后，在“我的电脑”窗口中，用鼠标右键单击驱动器，从弹出的快捷菜单中选择“格式化”命令，打开如图 4-31 所示的“格式化本地磁盘”对话框。

(2) 在“文件系统”下拉列表框中选择 NTFS 格式，然后单击“开始”按钮，即可将该分区格式化为 NTFS 格式。

方式二：DOS 命令转换格式。

(1) 单击“开始”→“运行”，打开“运行”文本框，在其中输入“cmd”命令，单击“确定”按钮，进入 DOS 命令提示框。

(2) 转换到需要转换格式的磁盘下，在 DOS 提示符下输入“convert 卷标/FS:NTFS”，单击 Enter 键则可将文件系统转换为 NTFS 格式。

2. 分配私有空间

分配私有空间可以分两步来完成，首先创建一个私有空间，然后再限制空间的大小。

1) 创建用户 01 的私有空间

(1) 在磁盘分区上创建一个文件夹，将其命名为“Backup01”，用于存放用户 01 的所有数据，即 01 的私有空间。

(2) 在该文件夹上单击鼠标右键，从弹出的快捷菜单中选择“共享”命令，打开如图 4-32 所示的“Backup01 属性”对话框。

(3) 选中“共享此文件夹”单选按钮，默认共享名为“Backup01”。选中“允许的用户数量”单选按钮，并将用户设置为 1 个，表示只有 1 个用户能访问该文件夹，如图 4-32 所示。

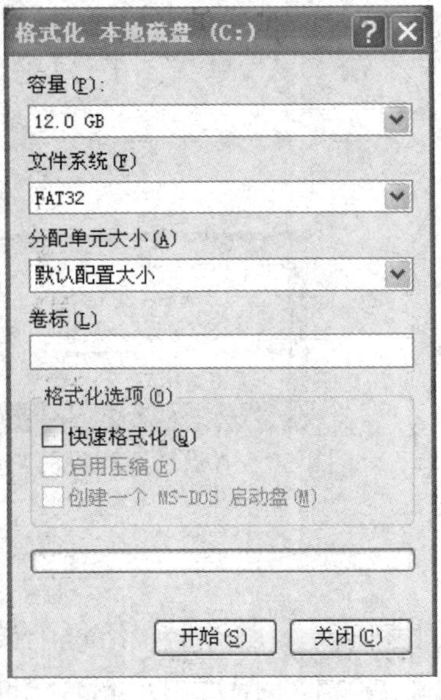

图 4-31　“格式化 本地磁盘”对话框

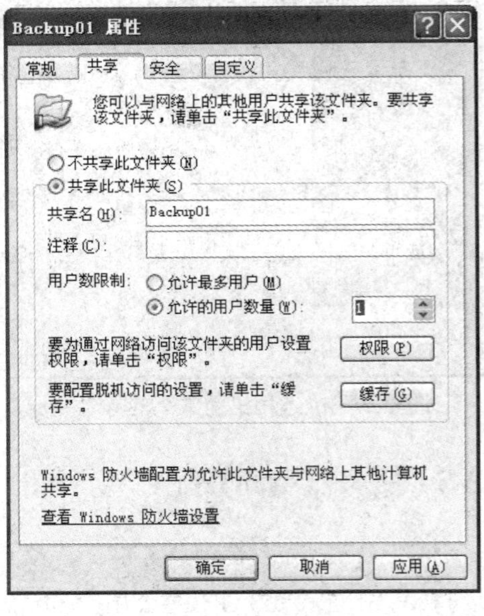

图 4-32　“Backup01 属性”对话框

(4) 单击“权限”按钮，打开如图 4-33 所示的“Backup01 的权限”对话框，单击“添加”按钮，打开“选择用户、计算机或组”对话框，选择用户 01，然后单击“添加”按钮，添加用户 01。

(5) 单击“确定”按钮，将选中的用户添加到共享权限的“名称”列表中，并设置其权限为“完全控制”。如果共享权限“名称”列表中还包含其他用户，可选中后单击“删除”按钮将其删除，确保只有用户 01 具有访问权限，如图 4-34 所示。

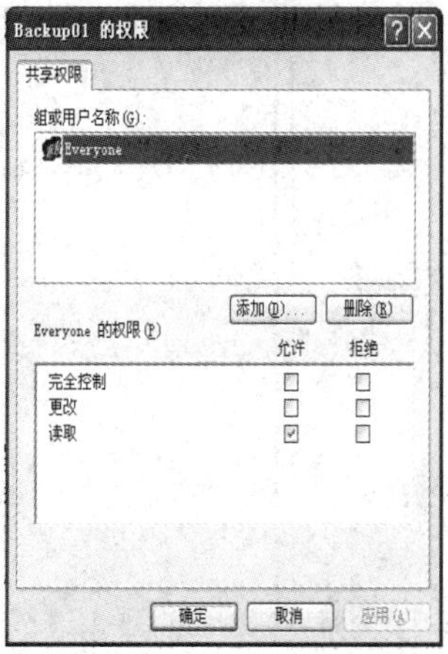

图 4-33　“Backup01 的权限”对话框

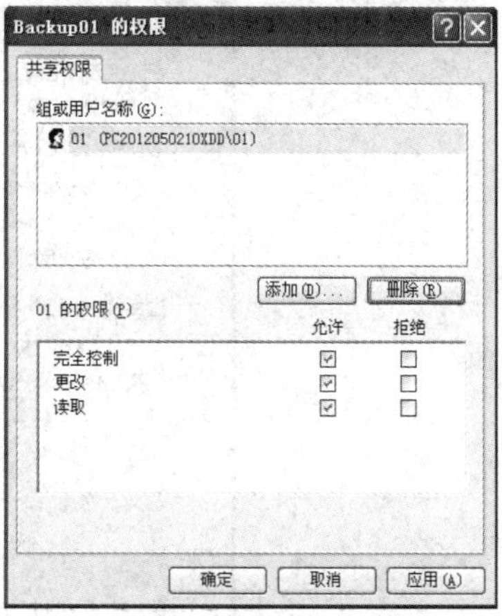

图 4-34　设置访问权限

(6) 设置完毕，单击“确定”按钮，返回“Backup01 属性”对话框。

(7) 选择“安全”选项卡，在名称列表中添加用户 01，设置其权限为“完全控制”，并删除其他用户，如图 4-35 所示。

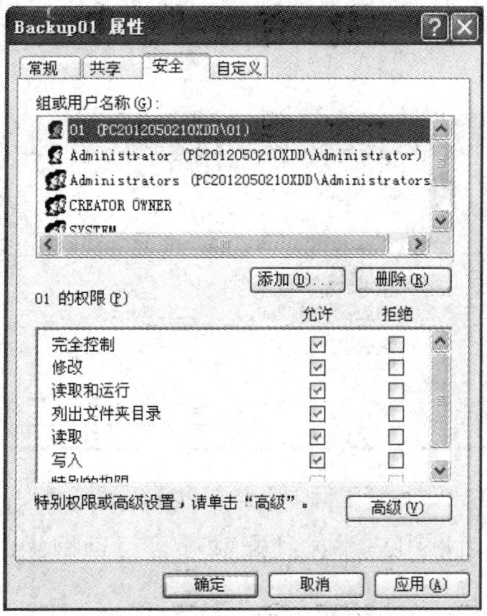

图 4-35　设置安全权限

(8) 设置完毕，单击“确定”按钮，这时只有用户 01 可以访问该文件夹了。

2) 限制私有空间大小

为用户分配完私有空间后，还需限制其使用空间的大小。

(1) 打开“我的电脑”窗口，右击 NTFS 格式的驱动器，从弹出的快捷菜单中选择“属性”命令，打开磁盘属性对话框。

(2) 选择“配额”选项卡，并勾选“启用配额管理”和“拒绝将磁盘空间给超过配额限制的用户”复选框，如图 4-36 所示。

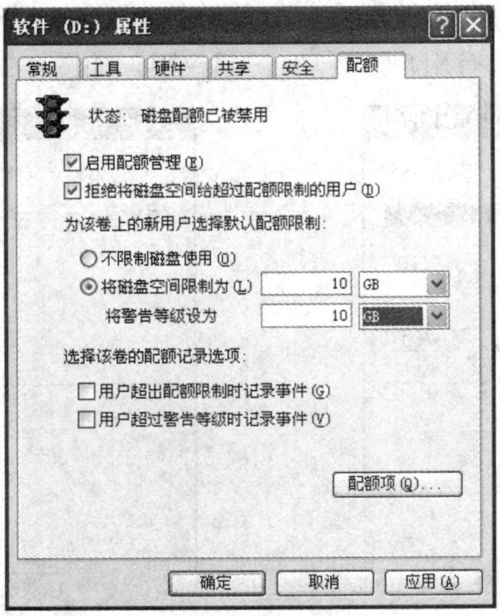

图 4-36　在磁盘属性对话框中启用磁盘配额

(3) 单击“配额项”按钮，打开磁盘的配额选项对话框。选择“配额”→“新建配额项”命令，打开“选择用户”对话框。

(4) 选择用户 01，单击“添加”按钮，将其添加到列表中，这时将弹出“添加新配额项”对话框，选中“将磁盘空间限制为”单选按钮，并设置空间大小为 10 GB，如图 4-37 所示。

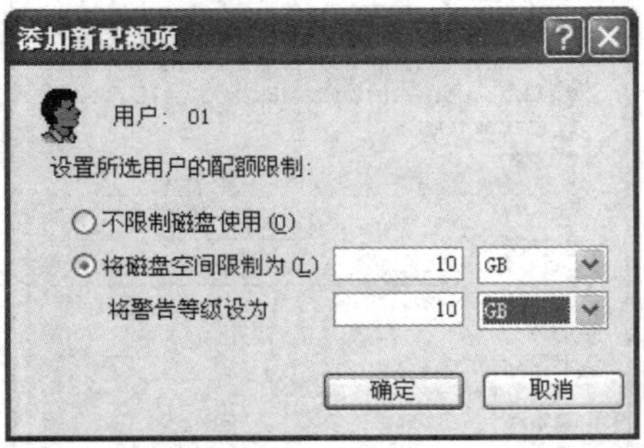

图 4-37　在“添加新配额项”对话框中设置磁盘空间限制大小

(5) 单击“确定”按钮，将用户添加到配额项目对话框中，如图 4-38 所示。这时，用户 01 只能完全控制该驱动器中的文件夹“Backup01”，且空间大小为 10 GB，当超过该限制时，将显示拒绝访问。

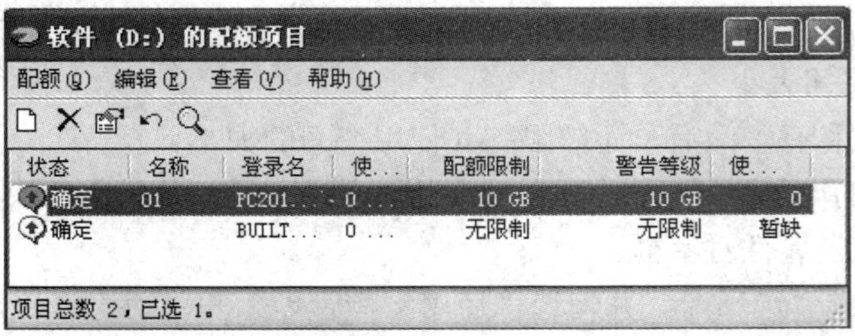

图 4-38　在磁盘配额项目对话框中将用户添加到配额项目

3. 分配公用空间

公用空间的分配方法相对于私有空间的分配方法要简单得多，只需要建立一个文件夹，并将其设置为完全共享即可。默认情况下，所有用户(Everyone)都具有完全控制权限。但是，该文件夹不要建立在经过磁盘配额(即分配私用空间)后的驱动器中，因为经过磁盘配额后，限制了用户完全控制磁盘空间的大小。

任务 2-6　测试网络

1. 测试网络连通性

(1) 测试个人计算机 TCP/IP 协议安装是否正确。

(2) 测试个人计算机网卡是否工作正常。

(3) 测试计算机之间的连通性，个人计算机之间是否能相互访问。

(4) 测试个人计算机是否能正常上网。

(5) 测试个人计算机能否共享打印机服务。

2. 实时交流软件应用测试

检查所安装的实时交流软件能否正常运行并能否实现实时交流。

任 务 拓 展

拓展任务　映射网络驱动器

1. 拓展任务描述和任务分析

拓展任务描述和任务分析如表 4-7 所示。

表 4-7　拓展任务描述

任 务 描 述
网络教研室的刘老师经常要用到名为“W”的计算机上驱动器 C:中存储的“授课计划”“教学任务安排”“教学大纲”“课程标准”“教学日常管理”“授课教案”等共享文件夹，天天共享连接很麻烦，如果能像访问自己电脑上的驱动器一样方便就好了。如果复制这些文件到自己计算机上，一方面占用磁盘空间，另一方面，这些文件修改后又要重新复制，不利于保持文件的动态更新。驱动器 C:的磁盘名为“sharedisc”
任 务 分 析
要实现访问共享文件夹如访问本地驱动器一样方便快捷，需要执行如下几个任务： (1) 分析实际情况：名为“W”的计算机的 C 驱动器下有共享文件夹，该文件夹中的内容天天更新，每天进行共享连接很麻烦，实现访问共享后，每天只要打开自己的计算机，就能看到更新的共享文件，像访问自己的驱动器一样方便快捷； (2) 映射网络驱动器：将 W 计算机下的共享文件夹映射到自己的计算机上

2. 拓展任务完成过程提示

需要像访问自己的计算机驱动器一样方便地访问他人的共享文件夹。例如：访问 W 计算机下磁盘名为 sharedisc 的驱动器 C:。

步骤 1：鼠标右击“我的电脑”，选择“映射网络驱动器”，打开如图 4-39 所示的“映射网络驱动器”对话框。

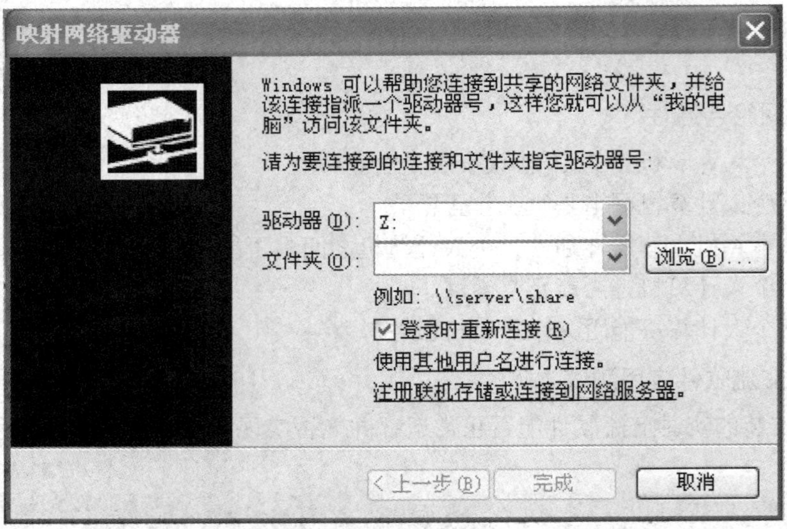

图 4-39　“映射网络驱动器”对话框

其中各填写项说明如下：

(1) “驱动器(D)”文本框：单击文本框右边的下拉按钮选择驱动器名字，即选择所映射的网络驱动器在你计算机中所用的盘符。

(2) “文件夹”文本框：所要映射的网络驱动器，单击“浏览”按钮，选择需映射的网络驱动器或文件夹；如果明确文件或文件夹的位置，则可直接在此文本框中以“\\server\share”的形式输入即可。

(3) 如勾选“登录时重新连接”复选框，则表示重启计算机时会重新连接此映射。

步骤 2：在“驱动器”文本框中输入“Z:”，在“文件夹”文本框中输入(或选择)“\\w\sharedisc”，勾选“登录时重新链接”复选框，单击“完成”即可。

如果你想要把网络中名为“COMPUTER”的计算机中名为“DISKC”的驱动器 C:，映射到自己的计算机上作为“G:”盘，下次启动时还保留此驱动器，那么在“驱动器”一项中选“G:”，在“文件夹”一项中输入“\\COMPUTER\DISKC”，勾选“下次登录时重新连接”复选框，再单击“完成”按钮，再次打开“我的电脑”时，就能看到“G:”盘了，但是对“G:”盘的读写操作要受到网络驱动器最初共享级别设置的限制。

注意

“登录时重新连接”——在计算机重新启动或注销后登录时，都会自动连接到 W 计算机的驱动器 C：上。

练 习 思 考

一、简答题

简述 IP 地址的分配原则。

二、选择题

1. 下面关于以太网交换机部署方式的描述中，正确的是______。

A. 如果通过专用端口对交换机进行级联，则要使用交叉双绞线

B. 只有同一品牌的交换机才能够使用级联模式连接

C. 把各个交换机连接到高速交换中心形成菊花链堆叠的连接模式

D. 多个交换机矩阵堆叠后可当成一个交换机使用和管理

2. 关于 ADSL 接入技术，下面的论述中不正确的是______。

A. ADSL 采用不对称的传输技术　　B. ADSL 采用了时分复用技术

C. ADSL 的下行速率可达 8 Mb/s　　D. ADSL 采用了频分复用技术

3. 仿真终端与交换机控制台端口______。

A. 通过因特网连接　　B. 用 RS-232 电缆连接

C. 用电话线连接　　D. 通过局域网连接

4. 通过局域网接入因特网，图 4-40 中箭头所指的两个设备是______。

A. 二层交换机　B. 路由器　C. 网桥　D. 集线器

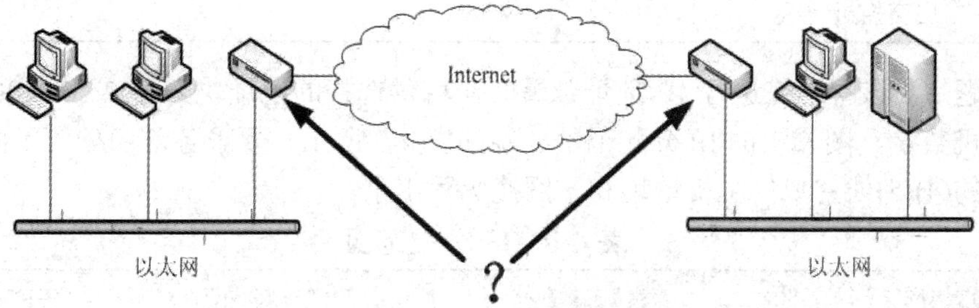

图 4-40　通过局域网接入因特网

5. 一个 8 口的 10BASE-T 集线器，每个端口的平均带宽是________。一个 8 口的 10BASE-T 交换机，一个端口通信的数据速率(半双工)最大可以达到________。

A. 10 Mb/s　　B. 8 Mb/s　　C. 2 Mb/s　　D. 1.25 Mb/s

6. 阅读以下说明，回答问题 1 至问题 3。

某网络拓扑结构如图 4-41 所示，网络中心设在图书馆，均采用静态 IP 接入。

【问题 1】由图可见，图书馆与行政楼相距 350 米，图书馆与实训中心相距 650 米，均采用千兆连接，那么①处应选择的通信介质是_________，②处应选择的通信介质是________，选择这两处介质的理由是________。

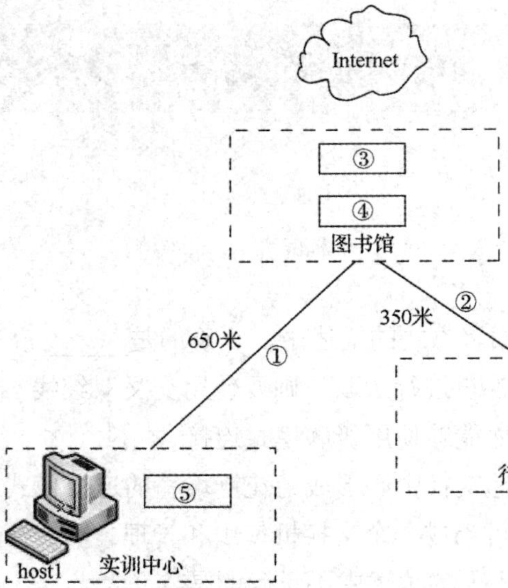

图 4-41　网络拓扑结构

备选答案(每种介质限选 1 次)：

A. 单模光纤　　B. 多模光纤　　C. 同轴电缆　　D. 双绞线

【问题 2】从表 4-8 中为图③④⑤选择合适的设备，填写设备名称(每个设备限选 1 次)。

表 4-8　设备类型、名称及数量

设备类型	设备名称	数　量
路由器	Router1	1
三层交换机	Switch1	1
二层交换机	Switch2	1

【问题 3】该网络在进行 IP 地址部署时，可供选择的地址块为 192.168.100.0/26，各部门计算机数量、图书馆的 IP 分配范围分别如表 4-9 所示。要求各部门处于不同的网段，请将其中的(4)(5)处空缺的主机地址和子网掩码写出来。

表 4-9　IP 分配范围

部　门	主机数量	可分配的地址范围	子网掩码
实训中心	30 台		
图书馆	10 台	192.168.100.1～(4)	(5)
行政楼	10 台		

为 host1 配置 Internet 协议属性参数。IP 地址为_____(给出一个有效地址即可)，子网掩码为______。

三、操作题

1. 了解宿舍内的物理布局和布线情况，组建一个宿舍网，保证宿舍内的计算机能共享信息和上网。

2. 参观企业办公局域网，并绘制拓扑结构图。

项目5　组建实训室局域网

学校的实训室机房与办公、家庭、宾馆、餐厅等应用场所存在很大的区别，一方面是受众多，有计算机专业的学生，也有非计算机专业的学生；上一节课需要使用Windows操作系统，下一节课却要使用Linux操作系统或者其他，使用环境相差大；计算机专业课程有网络的，也有软件的，还有多媒体等等。因此，应用需求与环境要求都千差万别，不可能配置成一成不变的网络环境，既要保证机房的通用性，又要满足不同的专业需求。

学 习 目 标

知识目标	• 了解实训室局域网与其他局域网网络的不同之处； • 了解组建实训室局域网的作用与目标； • 知道主要的网络测试方法； • 知道DHCP的定义，掌握DHCP的作用与功能
技能目标	• 熟悉DHCP服务器的配置与维护； • 熟练掌握快速恢复多机系统的方法； • 熟练设置Internet连接共享； • 熟练掌握远程管理实训室计算机的方法
态度目标	• 通过实训室局域网的使用，了解网络安全的必要性，树立安全观念； • 认真分析任务目标，做好整体规划，树立全局观念； • 耐心做事，做好简单的事情； • 注重团队协作
相关知识点	• 需求分析； • 拓扑结构图； • DHCP定义、租约、参数； • 虚拟机； • 代理服务器
技能考核点	• 按时、保质完成需求分析； • 绘制合理的拓扑结构图； • 通过代理服务器实现Internet连接共享； • 快速恢复多机系统

项 目 描 述

某高校实训室的计算机使用已有 5 年，一批计算机反应速度慢，时常出现问题，需要不断维修。因此，学校决定新建一个机房，将该机房中原来仍然可用的计算机作为其他机房的备用机器，机房通过原有的交换机与 Internet 连接。

新机房供网络专业使用，在机房紧张的时候也要能完成计算机基础应用的实习实训。为防止计算机病毒的交叉感染，机房的计算机封闭了 U 盘接口，所有课堂训练和拓展训练的练习及教师布置的作业都是从服务器上传和下发。如果出现问题，整个实训室的计算机能够快速恢复使用。

项 目 分 解

本项目主要任务如表 5-1 所示。

表 5-1　任务分解表

任务名称	操作环境描述	主要子任务
任务 1　组建实训室网络需求分析与结构设计	某实训室需要更新设备，充分利用性能还不错的旧计算机和交换机，在需要的时候，整个实训室的计算机都共享上网。这个实训室要分配给网络专业使用，需完成局域网组建、服务配置与管理等实验，另外 Linux、Windows 活动目录等课程都在该实训室上	(1) 用户调查分析； (2) 需求分析； (3) 网络结构设计
任务 2　连接与配置实训室局域网	按照拓扑结构图和实训室物理布局连接好网络。首先是物理连接，通过传输介质将所有需要的设备连接起来。网线已经连接到该实训室，实训室内具体设置的要求如下： (1) 教师将实训指导书和实训要求文档存放到服务器上，学生共享服务器下载文件； (2) 平均每天有 3 个班级在此实训室上课，有的需要 Windows 7 系统，有的需要 Windows Server 2008 或 Linux 系统，甚至需要同时运行多个系统； (3) 每个班上课的环境都是全新的，不要把上次课的操作结果保留在操作计算机上； (4) 为了避免 IP 地址冲突和地址不够用的问题，实训室内要实现动态地址分配； (5) 晚上，实训室需要开设第二课堂，允许学生上网	(1) 选购并安装网络硬件设备及相应的软件； (2) 设置 Internet 连接共享； (3) 配置 DHCP 服务器； (4) 快速恢复多机系统； (5) 远程管理服务器

知 识 链 接

【链接 1】　动态主机配置协议 DHCP

动态主机配置协议(Dynamic Host Configuration Protocol，DHCP)是基于 C/S 模式的，能将 IP 地址动态分配给网络主机，解决网络中主机数目较多或变化比较大时手动配置的困难，用于减少网络客户机 IP 地址配置的复杂度和管理开销。

为 DHCP 客户机分配 IP 地址的方式主要有以下 3 种：

1) 手工分配

网络管理员在 DHCP 服务器上手动配置 DHCP 客户机的 IP 地址，当 DHCP 客户机要求网络服务时，DHCP 服务器就将手工配置的 IP 地址传递给 DHCP 客户机。

2) 自动分配

DHCP 客户机第一次向 DHCP 服务器租用到某个 IP 地址后就永久占用该地址，不会再分配给其他客户机。

3) 动态分配

DHCP 客户机向 DHCP 服务器租用 IP 地址时，DHCP 服务器只是将某个 IP 地址暂时分配给客户机。租约一到期，客户机就释放这个地址，DHCP 服务器可将该 IP 地址重新分配给其他客户机。

【链接 2】 DHCP 租约

DHCP 服务器向客户机出租的 IP 地址一般都有一个租约期限，期满后 DHCP 服务器便收回出租的 IP 地址。如果客户机要延长 IP 租约，就必须更新其 IP 租约。DHCP 客户机启动或 IP 租约期限过半时，都会自动向 DHCP 服务器发送更新其 IP 租约的信息。

【链接 3】 WINS 服务

WINS(Windows Internet Name Server)和 DNS 类似，可以动态地将内部计算机名称(NetBIOS 名)和 IP 地址进行映射。网络中通信双方的计算机需要知道对方的 IP 地址才能通信，然而计算机的 IP 是一个 4 个字节的数字，难以记忆。除了使用主机名(DNS 计算机名)外，还可以使用内部计算机名称来代替 IP 地址，NetBIOS 名对早期一些 Windows 版本(如 Windows 95/98)来说是不可缺少的，IPv6 已不再支持 NetBIOS，被 DNS 名称所取代。

任 务 实 施

任务实施流程如表 5-2 所示。

表 5-2 任务实施流程

任务实施流程
1. 教师完成相应说明与引导，准备好本次任务完成所需要的工具、材料和环境，然后布置任务； 2. 学生根据布置的任务，阅读【知识链接】中的知识介绍，如果不够，则利用网络查找资料学习相关知识； 3. 学生规划需完成的任务(需求分析与结构设计→连接与配置网络→设置 Internet 连接共享→配置 DHCP 服务器→快速恢复多机系统→远程管理服务)，做好分工，明确小组长和每个成员的任务； 4. 填写材料和工具清单，到教师或负责人那儿领取，准备好工具与材料； 5. 根据【任务实施】任务的先后顺序与步骤完成具体安装或配置任务，在完成每个小任务后测试任务完成情况，保证任务 100%完成； 6. 待所有任务完成后，测试整体任务是否成功，上交任务实施过程结果(如分析报告、测试结果图等)，分析报告请按照正规格式书写； 7. 归还工具和材料，将工具摆放整齐；清理工作台，将所有设备恢复原位； 8. 关闭电源，摆放好桌椅

任务 1　组建实训室局域网需求分析与结构设计

任务 1-1　用户调查分析

用户调查是需求分析的重要环节，可以直接与用户进行面对面的调查，也可以通过电话或其他方式进行调查，填写如表 5-3 所示的调查报告。

表 5-3　调查报告表

调 查 内 容	调 查 选 项	
填写说明：在符合内容后打 √		
实训室名称		
实训室网络接入情况	是(　　)	光纤网络(　　)；双绞线网络(　　)
实训室有几台电脑	共(　　)台，是(　　)型号的	
实训室的主要功能		
使用该实训室的专业、课程及主要训练内容		
连接设备的品牌及型号		
有哪些网络安全要求	上网安全(　　)；信息安全(　　)	
有哪些应用要求	共享访问 Internet(　　)；远程管理(　　)；自动获取 IP 地址(　　)	
是否同意以上内容	情况属实(　　) 说明：调查人和被调查人签名确认	

任务 1-2　需求分析

实训室与办公室环境区别很大，如果是通用机房，则一般侧重于计算机基础操作及应用，一方面操作系统需求多，以满足不同专业不同应用的需求；另一方面应用软件需求多，如 Office、WinRAR 等。如果是专业机房，就需要满足专业需求，如网络专业的机房，侧重于网络组建与配置，而网络专业的设备都非常昂贵，因此希望在刚接触或不熟练的时候使用模拟软件、仿真软件熟悉命令和工作界面，等到练熟了才使用真实机，这样有利于保护真实设备。

步骤 1：辨别目标和约束。

经过了解，获悉如下信息：

(1) 该局域网位于一个实训室，不涉及其他的房间，是个通用实训室；

(2) 已经从校园网拉了一根网线连接该实训室；

(3) 实训室有 48 台计算机，为避免在上课时学生进度不一样或者开小差，整个实训室的计算机都由教师统一控制；

(4) 需要一台服务器存放文件；

(5) 为了减轻管理员的工作强度，希望能动态获取 IP 地址；

(6) 实训室中所有计算机在需要的时候都能够上网；

(7) 上一节课的操作结果不能影响下一节课；

(8) 课程与课程之间所需的操作系统不同，极有可能这堂课需要 Windows Server 2008 系统，而下一堂课需要 Linux 系统或其他操作系统；

(9) 该局域网的计算机主要用于上课之需，基本不需要移动。

步骤 2：明确用户功能要求。

该局域网需要具备的功能如下：

(1) 实训室的所有计算机都通过代理服务器共享上网；

(2) 为了节约资源，学生的练习如能通过电子文档完成的，就不再使用纸质形式，既方便保管，又方便查询。教师需要分发给学生的文件和资料及学生需上交的资料都存放在固定位置，以方便学生随时访问和查询。

步骤 3：分析技术目标和约束。

(1) 局域网连接方式。因为本任务主要用于实验室上课之需，移动性不强，因此不考虑无线连接方式，直接用有线连接就行。

(2) 技术选择。为了节约成本，不考虑购买专门的服务器，选一台性能较好的计算机做服务器，装两块网卡，一块网卡连接校园网、另一块网卡连接实训室的交换机，然后安装一个代理软件(如 WinGate)，其他所有计算机都连接到交换机上，通过这台服务器上网。

(3) 设备分析。局域网中的主要设备是代理服务器、交换机、计算机。

步骤 4：拓扑结构需求分析。

根据项目情况，设备和信息插座全部处于同一个房间，物理范围不大；只有 48 台计算机，规模不大；同时考虑维护和管理的方便性，可选择采用星型拓扑结构。

步骤 5：网络发展需求—扩展性。

在本设计中主要考虑交换机的扩展能力。

任务 1-3　网络结构设计

综合需求分析和实训室结构，选择星型拓扑结构，拓扑结构如图 5-1 所示，拓扑结构图的绘制请参照项目 1 完成。

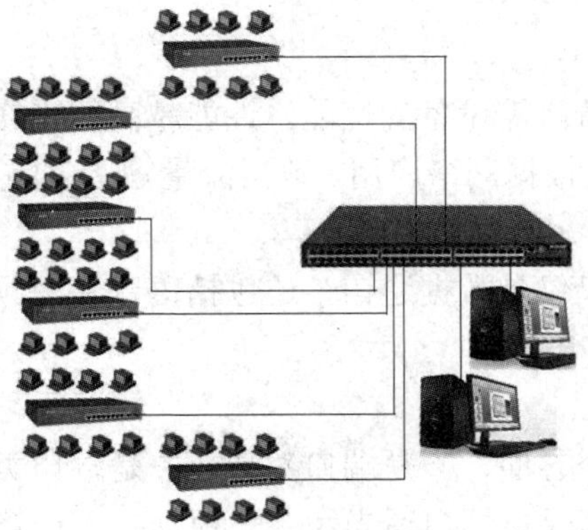

图 5-1　网络拓扑结构

拓扑结构图设计说明如下：

(1) 传输介质。计算机与交换机、代理服务器的连接都通过双绞线连接。

(2) 学习分组。为了满足分组训练要求，便于分组组建和维护管理构建的网络，每个小组的计算机用 1 台交换机连接。该实训室共有 48 台计算机，分为 6 个小组，每个小组 8 台计算机。各小组还可以重新组合成小型局域网。

任务 2　连接与配置实训室局域网

根据拓扑结构图连接各硬件设备，组成一个实训室局域网。

任务 2-1　选购并安装网络硬件设备及相应的软件

选购网络设备时，首先应了解以下需注意的几个问题。该局域网中主要的核心设备是交换机，应充分考虑设备的扩充能力和技术升级。

首先，明确需要哪些网络设备。根据需求分析，确定所构建的网络需要哪类网络设备，包括连接类的和网络接口卡等，网络连接类的设备如路由器和交换机等，网络系统软件类的如网络操作系统、网管软件等。

其次，对比分析网络设备。针对选择的网络设备类型，对不同厂家的同种类型的设备进行对比分析，考虑产品的质量、兼容性、厂家的售后服务及其他用户对该类产品的评价等。

最后，尽量选择同一厂商的设备。不同厂商的设备可能会造成网管上的不统一，甚至出现不兼容等现象。另外，在技术服务和技术掌握等方面存在许多不便。因此，尽量选择同一厂商的设备。

1. 交换机选购

1) 层次确定

选购的交换机是用在实训室连接计算机和服务器，因此可以使用中低端产品，二层交换机就可以。

2) 应用要求

不同的网络应用决定着所需设备的性能。性能越高的交换机价格也就越高，因此，不要盲目追求高性能，而应当根据网络应用、数据流量等诸多因素，选择最适合网络应用的、最具性价比的交换机。

实训室网络的应用不仅仅是数据通信，还包括语音和视频。选择性能较好的二层交换机就能满足要求。

3) 端口要求

对端口的选择包括两个方面，一是端口数量，二是端口类型。在选择端口数量时，应当掌握两个基本原则：一是保持端口适当冗余，根据接入计算机的数量确定端口，并为未来接入的用户预留适当数量的端口；二是高密度，由于交换机之间的互连会导致端口的浪费，因此应当尽量选择 24 或 48 端口交换机。

交换机的端口有 3 种类型，即光纤端口、双绞线端口和 GBIC 或 SFP 插槽。为了增加连接的灵活性，适应更加复杂的网络环境，光纤端口已经逐渐被 GBIC 或 SFP 插槽所取代。工作组交换机用于连接普通计算机，因此可以选用双绞线端口。本项目中可选用 3 台 24 口的交换机，也可选择 1 台 24 口的，1 台 48 口的交换机或者更多其他的组合。

2. 操作系统的选择

在实训室中，需要进行不同的实训，可能需要的操作系统不一样，常用的包括 Windows Server 2008、Linux。在计算机内存满足的情况下，可在同一台计算机上不同的分区中安装不同的操作系统，不过要注意安装的顺序，以免高版本的文件覆盖低版本的文件，导致只剩下最后一个安装的操作系统。一般在充当服务器的计算机或专用服务器上安装 Windows Server 2008。

如果计算机的性能较好，也可以考虑在计算机上安装虚拟软件，在一台真实计算机上虚拟出若干台装有不同操作系统的计算机，有利于大型网络的组建，减少成本的投入。

任务 2-2　设置 Internet 连接共享

实训室局域网络中计算机比较多，在未连接 Internet 时，局域网内可以通过 TCP/IP 协议实现内部访问。但如果需要连接 Internet，就应该给每台计算机配置一个公用 IP 地址，申请独立的外网 IP 地址不仅需要支付费用，而且 IPv4 的 IP 地址非常匮乏。为了节省 IP 地址和减少成本支出，可选用代理服务器来解决。

1. 环境准备

(1) 硬件环境：一台可正常连接 Internet 的计算机作为服务器(64M 以上的内存，硬盘容量越大越好)；普通计算机。

(2) 软件环境：Windows Server 2008 操作系统；TCP/IP 协议；代理服务器软件。

2. 任务要求

(1) 在 Windows Server 2008 系统中安装代理服务器；

(2) 配置代理服务器。

3. 配置 Internet 连接共享

代理服务器软件的版本很多，可到 www.wingate.com 公司的站点上去下载。本实训用 WinGate 6.2.1 的版本，用户可根据个人需要从网上下载最新版本。

1) WinGate 服务器的安装

(1) 双击 WinGate 安装文件，打开协议界面，选择“I agree”项，打开 WinGate 欢迎界面。

(2) 选择 WinGate 的安装类型。如果在网络的其他计算机上没有发现 WinGate，安装程序会建议配置这台计算机为客户端和服务器。在选为服务器的电脑上选择“服务器”安装类型，在还没确定的情况下也要先选择“服务器”，如图 5-2 所示。

图 5-2　在“WinGate 6.2.1 Installation”对话框中设置“Installation Type”

(3) 单击“Continue”按钮，注册并选择安装方式、安装路径(见图 5-3)等，一直单击“Next”按钮，直到安装完成。

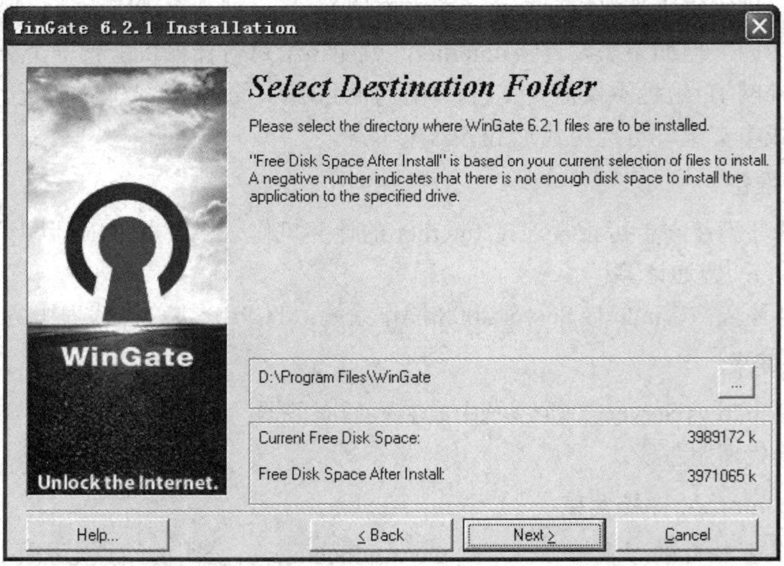

图 5-3　在“WinGate 6.2.1 Installation”对话框中选择安装路径

在安装过程中有一个 Activate 项，可选择在线激活方式，也可选择不在线激活方式。

(4) 安装完成后需要重启计算机。在计算机桌面下方如有代理服务器图标，则表明 WinGate 已经安装。安装成功后的“Gatekeeper”界面如图 5-4 所示。

在图 5-4 中可发现，其中起主要作用的是 WinGate Engine 和 GateKeeper。启动 WinGate 是通过“Start WinGate Engine”命令实现的，关闭则通过“Stop WinGate Engine”命令实

现。而 GateKeeper 是用户的界面，单击该命令，可打开如图 5-5 所示的 GateKeeper 界面。

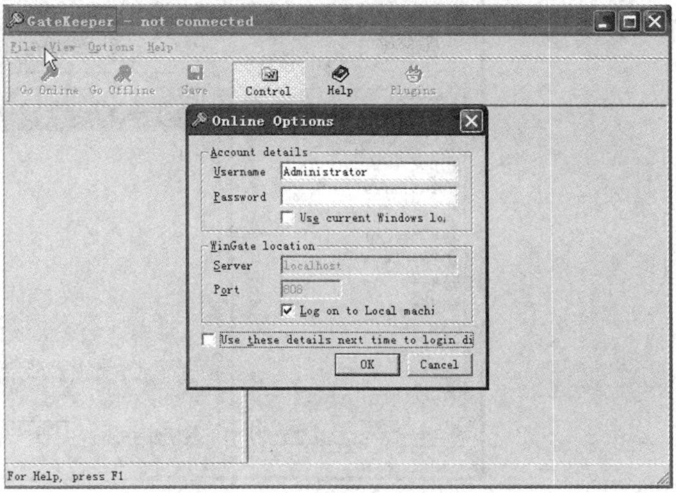

图 5-4　安装成功后的“GateKeeper”界面　　图 5-5　GateKeeper 界面

在 GateKeeper 界面中，先不输入密码，直接单击“OK”按钮，打开如图 5-6 所示的对话框。该对话框提示用户还没有设置密码，是否不设置密码继续运行。单击“OK”按钮，则表明不设置密码继续运行；单击“Cancel”按钮，则表明需要设置密码。

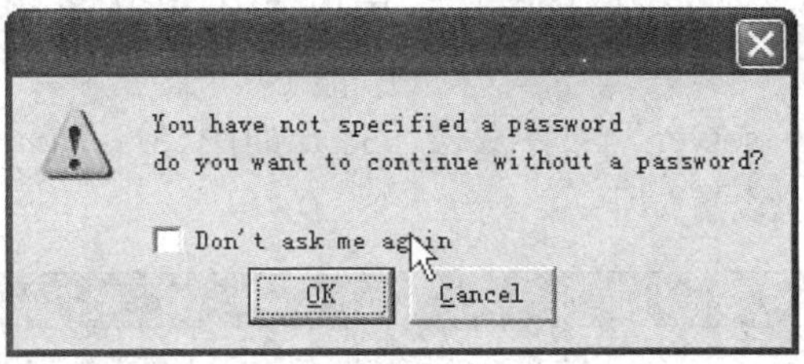

图 5-6　密码输入提示框

如果单击“OK”按钮，会提示没有密码设置不安全，并打开如图 5-7 所示的密码设置对话框，在“New password”文本框中输入新的密码，在“Confirm new”文本框中确认新的密码。

图 5-7　“Set Administrator Password”密码设置对话框

单击“OK”按钮，打开如图 5-8 所示的 “GateKeeper - connected to WinGate on localhost”对话框，左边窗格中显示“System”“Services”“Users”选项卡，右边窗格中动态显示内部使用 WinGate 代理访问 Internet 的情况，可通过该对话框随时中止用户的访问连接。

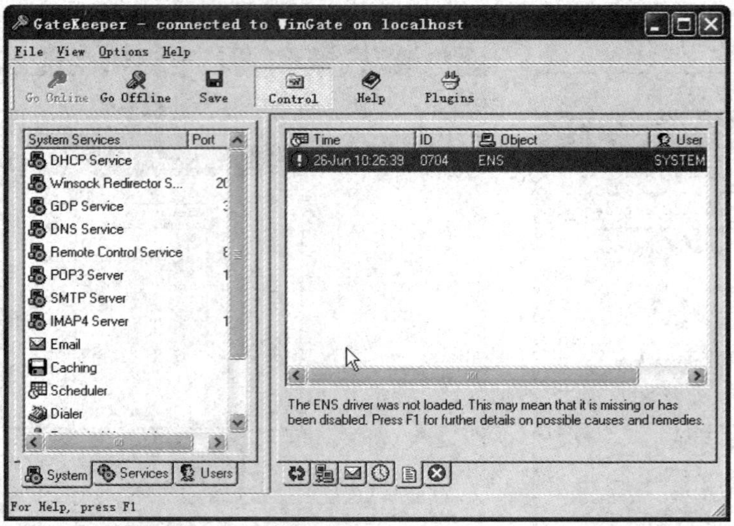

图 5-8　“GateKeeper - connected to WinGate on localhost”对话框

2) WinGate 代理服务器配置

WinGate 代理能提供 WWW、POP3、FTP、Telnet、SOCKS 等代理服务。默认情况下，各服务采用默认端口，如 WWW 用 80 端口，FTP 用 21 端口等。如要对端口进行更改，则需手动修改设置。在图 5-8 所示的“Services”选项卡中，可配置所有服务，本项目以 WWW 服务配置为例进行介绍。

选中“WWW Proxy server”项并双击，打开如图 5-9 所示的“WWW Proxy server properties”对话框，选项设置如下：

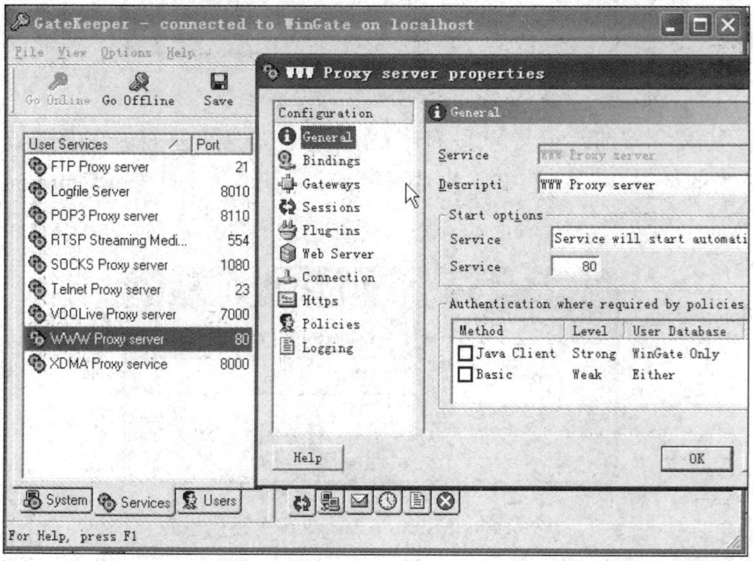

图 5-9　“WWW Proxy server properties”对话框

(1)“Bindings”选项：设置接收代理服务请求的网络接口，通常是代理服务器连接内部网络的接口。

(2)“Connection”选项：该选项界面如图 5-10 所示，默认为直接连接，除此之外还有设置代理服务与 Internet 的连接方式，通过其他服务器级联，SOCKS4 连接，SSL 连接等。

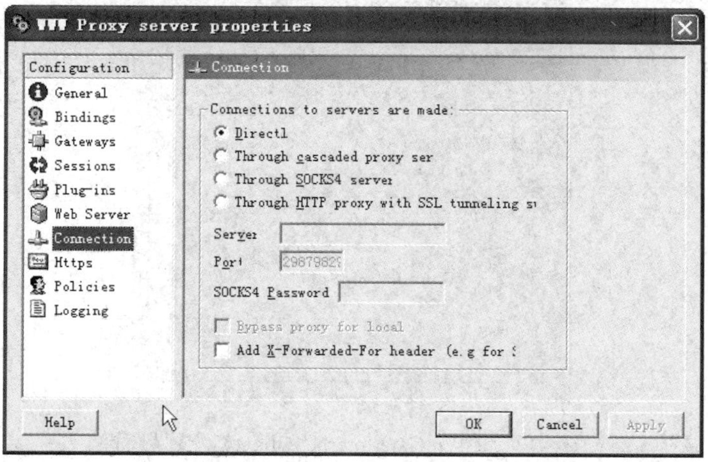

图 5-10　“Connection”选项配置界面

(3)“Policies”选项：WinGate 代理提供了 4 种不同层次的用户管理模式，即完全开放模式(User may be unknown)、授权用户模式(User must be authenticated)、默认模式(Assumed Users)、用户模式(Group)。具体的用户管理是通过“Users”(用户管理)选项卡来配置的。

3) WinGate 代理客户端配置

配置方法一：通过安装客户端来配置代理服务。

(1) 安装客户端。内网中的计算机使用 WinGate 登录 Internet，一种简单的方式即安装 WinGate 客户端程序，安装方法与 WinGate 服务器的相同，只要选择“客户端”即可，如图 5-11 所示。

图 5-11　在“WinGate 6.2.1 Installation”对话框中选择 WinGate 客户端的安装类型

安装完成后，在程序窗口中显示如图 5-12 所示的菜单项。

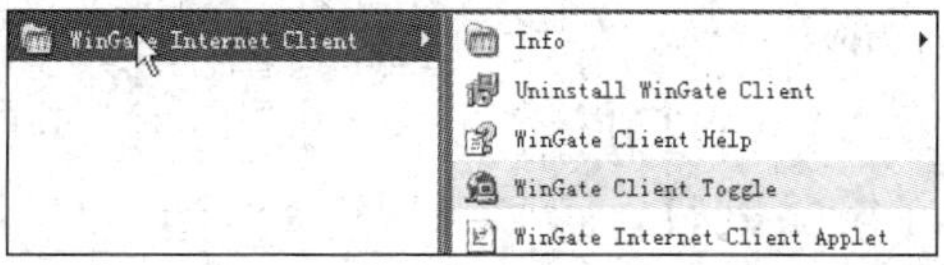

图 5-12　WinGate 客户端安装成功界面图

(2) 配置客户端。WinGate 客户端配置界面如图 5-13 所示。

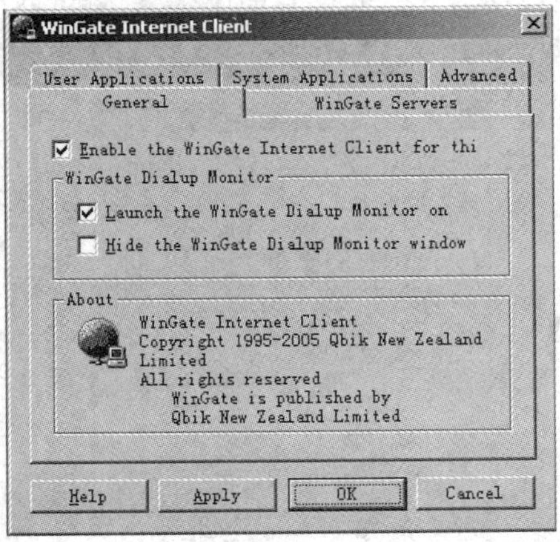

图 5-13　“WinGate Internet Client”配置界面

① 在 WinGate 客户端主界面选择“WinGate Servers”选项卡，如图 5-14 所示。如果局域网内只有一个 WinGate 服务器，则选择第一个单选项自动搜寻服务器。如果有两个以上 WinGate 服务器，则通过第二个单选项手动选择服务器，此时可单击“Add”按钮添加服务器，单击“Remove”按钮删除列表中的服务器。设置好后，单击“Apply”按钮执行。

② 选择图 5-14 中的“System Applications”选项卡，打开如图 5-15 所示的“Application Scope”标签，可选择本地硬盘上的信息如何被访问。

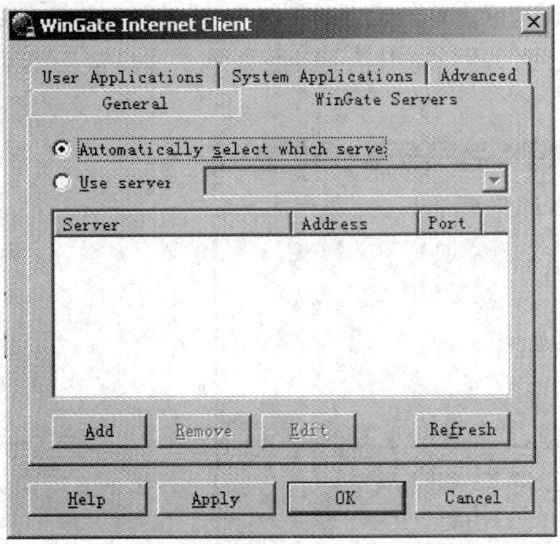

图 5-14　“WinGate Servers”选项卡

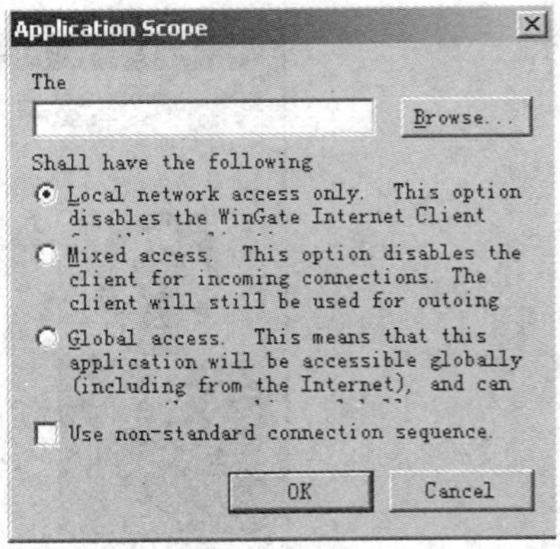

图 5-15　“Application Scope”标签

选项 1(Local network access only)：使文件只能在局域网内被访问；

选项 2(Mixed access)：可使文件发到互联网，但不能从互联网直接进入访问；

选项 3(Global access)：可使文件以任意形式访问(不论是互联网还是局域网)。

③ 选择图 5-14 所示的“Advanced”选项卡，打开如图 5-16 所示的界面，如果重装了网络硬件、程序或更改了网络配置，请单击“Reset Client”按钮。重新刷新与服务器的连接参数，客户端设置完毕。

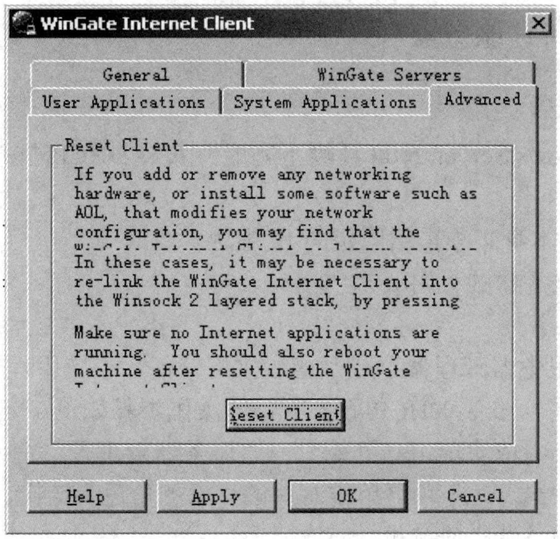

图 5-16　“Advanced”选项卡

配置方法二：直接配置代理服务。

另一种方法可以不安装客户端，直接配置计算机的各种 Internet 程序代理服务，填写代理服务器的 IP 地址和端口，就可实现 Internet 共享。

代理服务的运行一般是透明的，用户根本感觉不到代理服务的存在。实际应用中 Web 服务的代理比较常见，下面以此为例说明配置过程。

启动浏览器后单击“工具”选项，单击“Internet 选项”，选择“连接”选项卡，单击“局域网设置”按钮，打开如图 5-17 所示的“局域网(LAN)设置”对话框，勾选“代理服务器”项下的“为 LAN 使用代理服务器(X)(这些设置不会应用于拨号或 VPN 连接)。”复选框，在“地址”文本框中输入 IP 地址，在“端口”文本框中输入端口号。然后单击“确定”按钮就可以让所有用户共享 Internet 了。

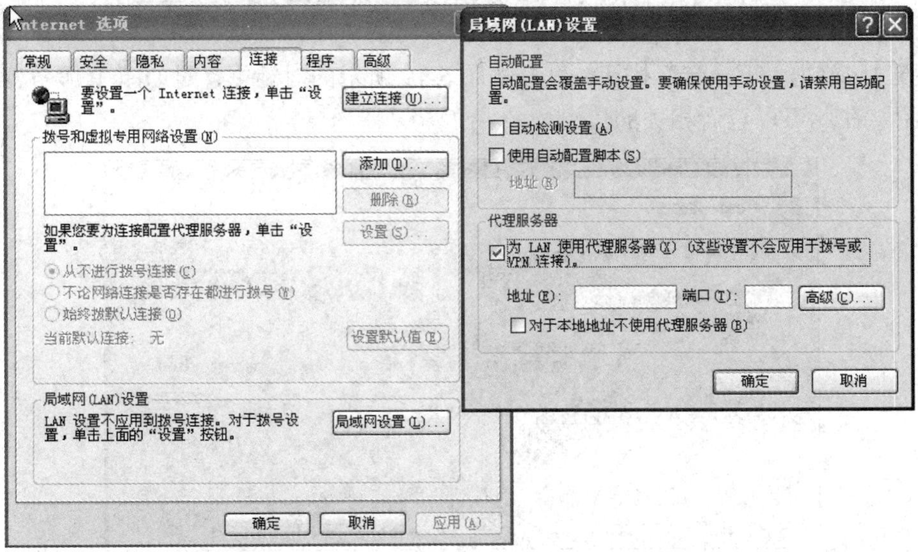

图 5-17　“局域网(LAN)设置”对话框

任务 2-3　配置 DHCP 服务器

1. 安装 DHCP 服务

本任务是在 Windows Server 2008 环境下完成。安装 DHCP 服务具体操作方式如下：

1) 安装前的准备工作

(1) DHCP 服务器本身必须采用固定的 IP 地址。

(2) 规划 DHCP 服务器的可用 IP 地址。

2) 安装 DHCP 服务

可以通过单击“服务器管理器”或“初始化配置任务”应用程序，打开“添加角色”向导来安装 DHCP 服务。安装 DHCP 服务的具体操作步骤如下：

步骤 1：在服务器中依次单击“开始”→“服务器管理器”命令打开服务器管理器窗口，选择左侧的“服务器角色”项，单击右侧的“添加角色”链接，在如图 5-18 所示的对话框中勾选“DHCP 服务器”复选框。

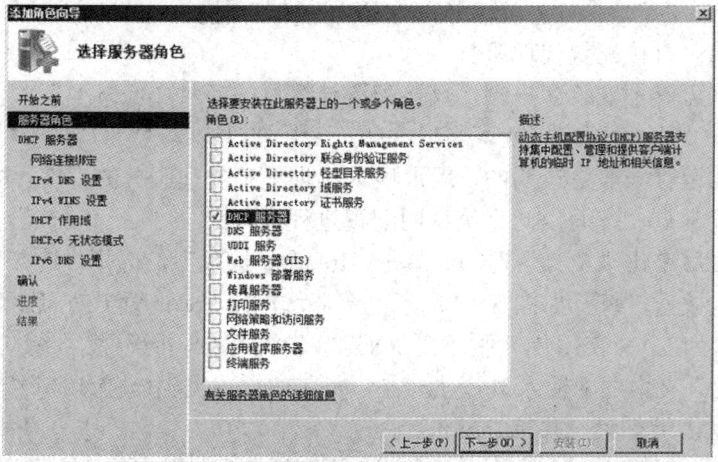

图 5-18　“选择服务器角色”对话框

步骤 2：单击“下一步”按钮，打开如图 5-19 所示的对话框，对 DHCP 服务器进行了简要介绍，在此可以查看相关的信息。

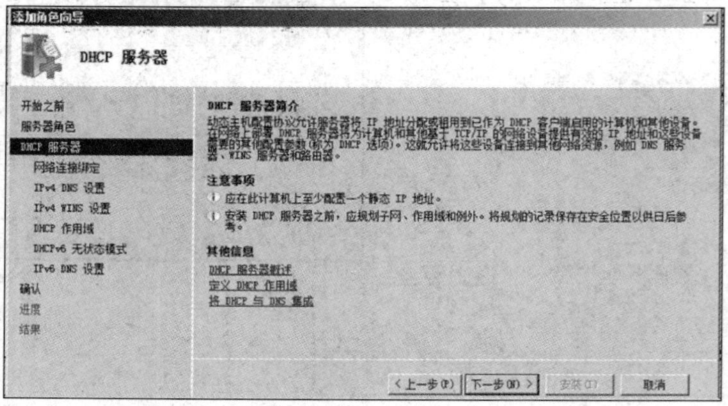

图 5-19　“DHCP 服务器”对话框

步骤 3：单击“下一步”按钮，继续操作，系统会检测到当前系统中已经具有静态 IP 地址的网络连接，每个网络连接都可用于为单独子网上的 DHCP 客户端提供服务，在此选择需要提供 DHCP 服务的网络连接，如图 5-20 所示。

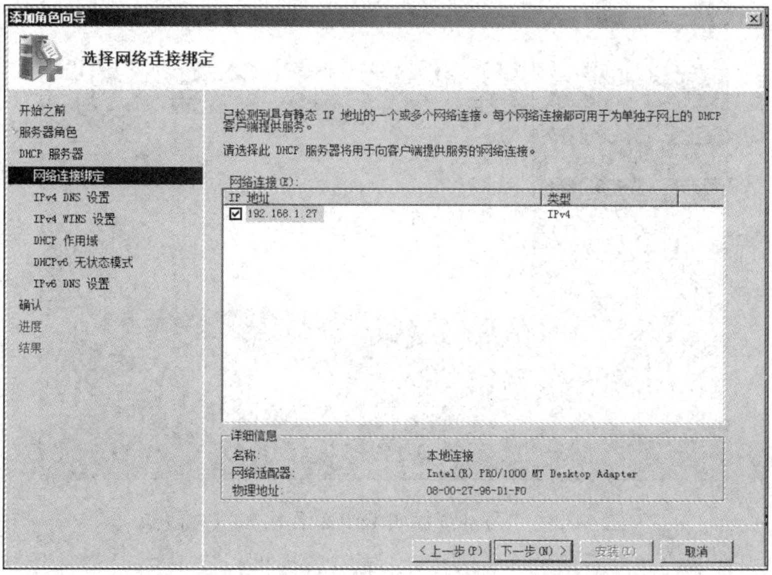

图 5-20　“选择网络连接绑定”对话框

步骤 4：单击“下一步”按钮，打开如图 5-21 所示的对话框，如果服务器中安装了 DNS 服务，就需要设置 IPv4 类型的 DNS 服务器参数，例如输入“www.info.com”作为父域，输入“192.168.1.27”作为 DNS 服务器地址。

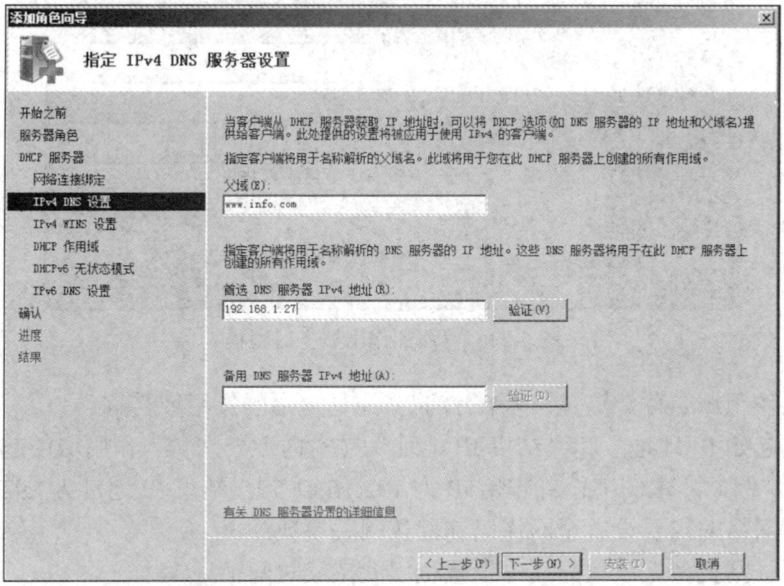

图 5-21　“指定 IPv4 DNS 服务器设置”对话框

步骤 5：单击“下一步”按钮，如果当前网络中的应用程序需要 WINS 服务，则选择“此网络上的应用程序需要 WINS”单选按钮，并且输入 WINS 服务器的 IP 地址。

步骤 6：单击“下一步”按钮，打开如图 5-22 所示的对话框，单击“添加”按钮来设置 DHCP 作用域。

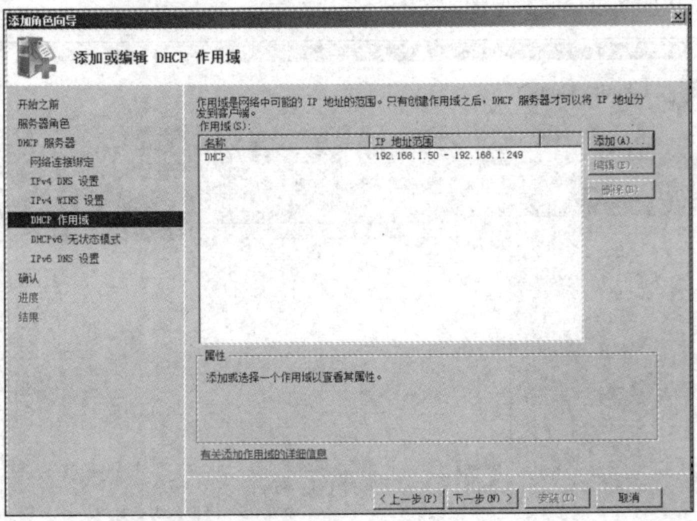

图 5-22　“添加或编辑 DHCP 作用域”对话框

此时将打开如图 5-23 所示的“添加作用域”对话框，在其中设置作用域的相关参数。

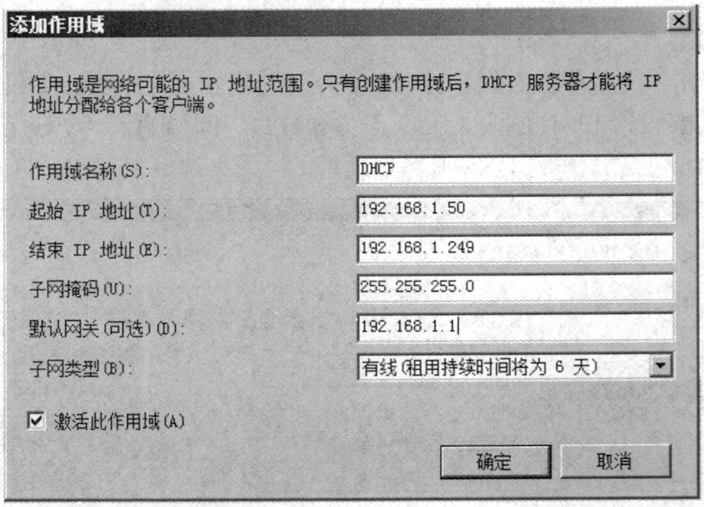

图 5-23　“添加作用域”对话框

(1) 输入作用域名称，这是出现在 DHCP 控制台中的作用域名称；

(2) 在“起始 IP 地址”和“结束 IP 地址”文本框中分别输入作用域的起始 IP 地址和结束 IP 地址。例如，本例中设置起始 IP 为 192.168.1.50，结束 IP 地址为 192.168.1.249；

(3) 根据网络的需要设置子网掩码和默认网关参数；

(4) 在“子网类型”下拉列表中设置租用的持续时间；

(5) 选择“激活此作用域”复选框，因为创建作用域之后必须激活作用域才能提供 DHCP 服务。设置完毕后，单击“确定”按钮，返回上级对话框，单击“下一步”按钮继续操作。

注意

在“子网类型”下拉列表中设置租用的持续时间有两个选项：

(1)“有线(租用持续时间将为 6 天)”：对于台式机较多的网络而言，租约期限应当相对较长一些，这样有利于减少网络广播流量，从而提高传输效率。

(2)“无线(租用持续时间将为 8 小时)”：对于笔记本电脑较多的网络而言，租约期限应当短一些，这样有利于在新的位置及时获取新的 IP 地址，特别是对于划分了较多 VLAN 的网络，如果原有 VLAN 的 IP 地址得不到释放，那么就无法获取新的 IP 地址，接入新的 VLAN。DHCP 服务会产生大量的广播包，而且租约越短，广播也就越频繁，网络传输效率就越低，所以通常将租约设置得稍长一些。

步骤 7：Windows Server 2008 的 DHCP 服务器支持用于 IPv6 客户端的 DHCPv6 协议，此时可以根据网络中使用的路由器是否支持该功能进行设置。如图 5-24 所示，根据网络的需要将其设置为“对此服务器启用 DHCPv6 无状态模式”。

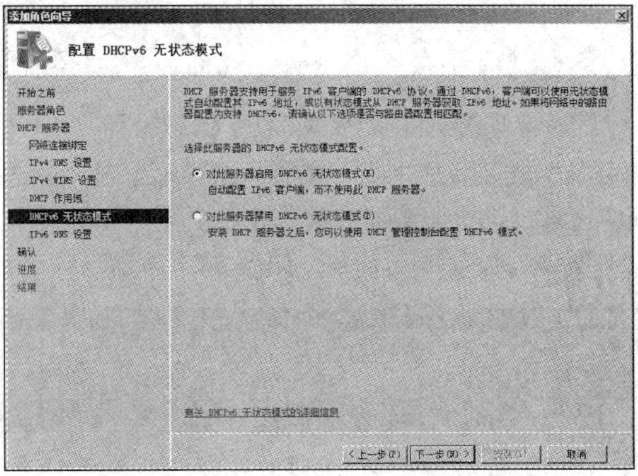

图 5-24　“配置 DHCPv6 无状态模式”对话框

步骤 8：单击“下一步”按钮，在如图 5-25 所示的对话框中，显示了 DHCP 服务器的相关配置信息，如确认安装，则可以单击“安装”按钮，开始进入安装过程。

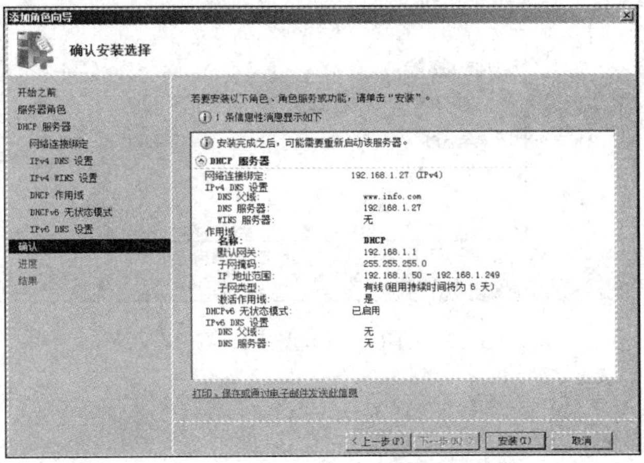

图 5-25　“确认安装选择”对话框

步骤 9： 在 DHCP 服务器安装完成之后，可以看到如图 5-26 所示的提示信息，此时单击“关闭”按钮，结束安装向导。

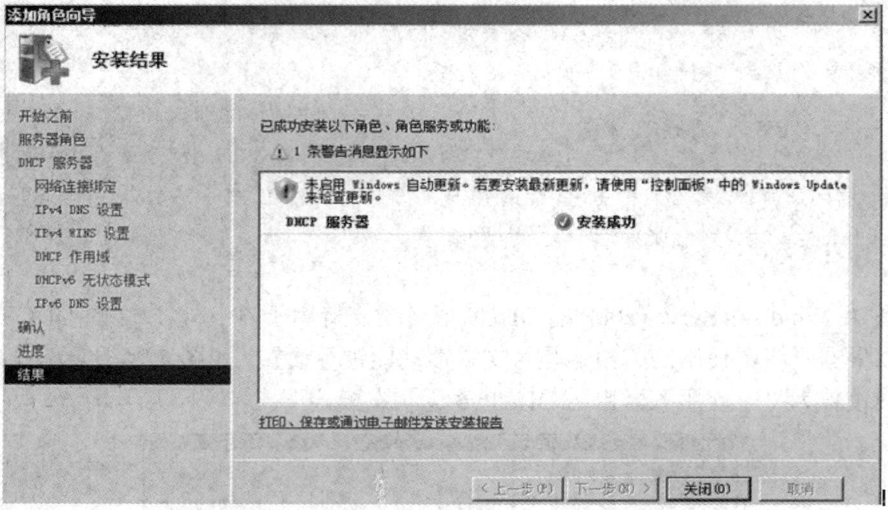

图 5-26　“安装结果”对话框

步骤 10： DHCP 服务器安装完成之后，在服务器管理器窗口中选择左侧的“角色”一项，即可在右部区域中查看到当前服务器安装的角色类型，如果其中有刚刚安装的 DHCP 服务器，则表示 DHCP 服务器已经成功安装，如图 5-27 所示。

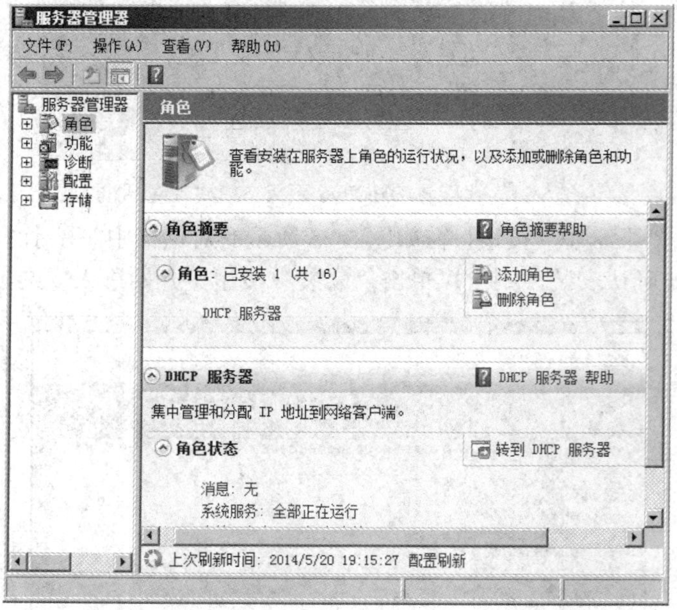

图 5-27　DHCP 服务器安装成功界面

2. DHCP 服务器管理

1) DHCP 服务器的启动与停止

在安装 DHCP 服务之后，可以在如图 5-27 所示的“服务器管理器”窗口中，单击右侧的“转到 DHCP 服务器”链接，打开如图 5-28 所示的 DHCP 服务器摘要界面，在其中可以启动与停止 DHCP 服务器，还可以查看事件以及相关的资源和支持。

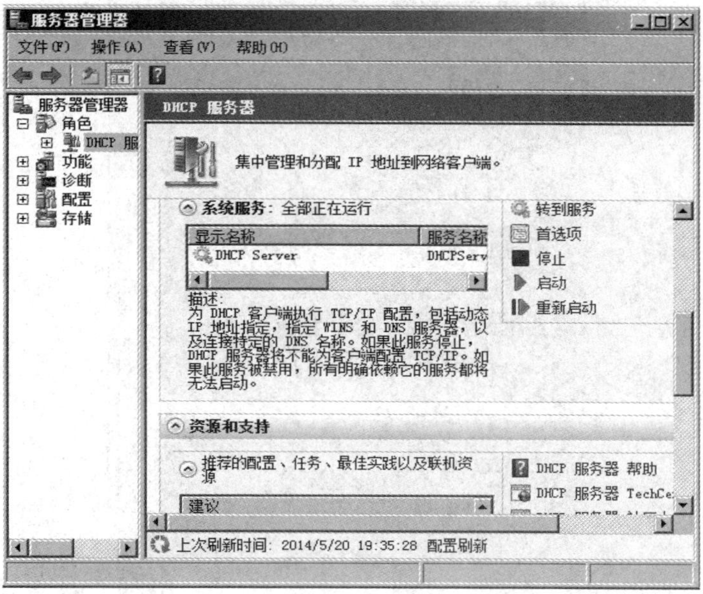

图 5-28　“DHCP 服务器”摘要界面

2) 修改 DHCP 服务器的配置

修改 DHCP 服务器配置的具体步骤如下：在服务器管理窗口左部目录树中“DHCP 服务器”名称下选中“IPv4”选项，单击右键，在弹出的快捷菜单中选择“属性”命令，如图 5-29 所示。

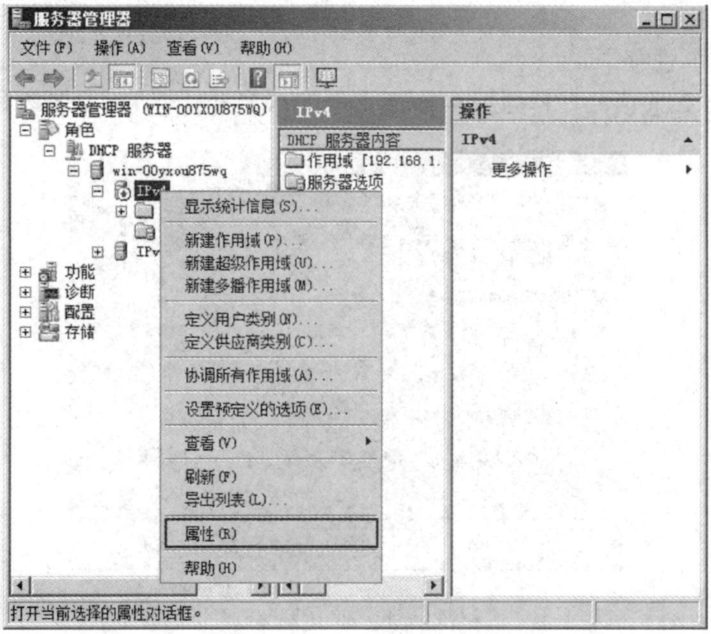

图 5-29　“IPv4”选项快捷菜单

打开如图 5-30 所示的“IPv4 属性”对话框，在不同的选项卡中可以修改 DHCP 服务器的设置，各选项卡的设置如下。

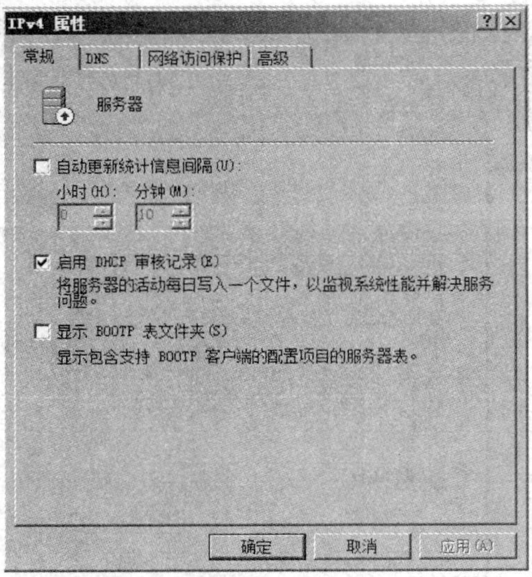

图 5-30　“IPv4 属性”对话框

(1) “常规”选项卡。

单击“常规”选项打开“常规”选项卡界面，其中的各项参数含义如下：

① “自动更新统计信息间隔”复选框：可以设置以小时和分钟为单位，服务器自动更新统计信息。

② “启用 DHCP 审核记录”复选框：DHCP 日志将记录服务器活动供管理员参考。

③ “显示 BOOTP 表文件夹”复选框：可以查看 Windows Server 2008 下建立的 DHCP 服务器的列表。

(2) “DNS”选项卡。

单击“DNS”选项，打开如图 5-31 所示“DNS”选项卡界面，各参数含义如下：

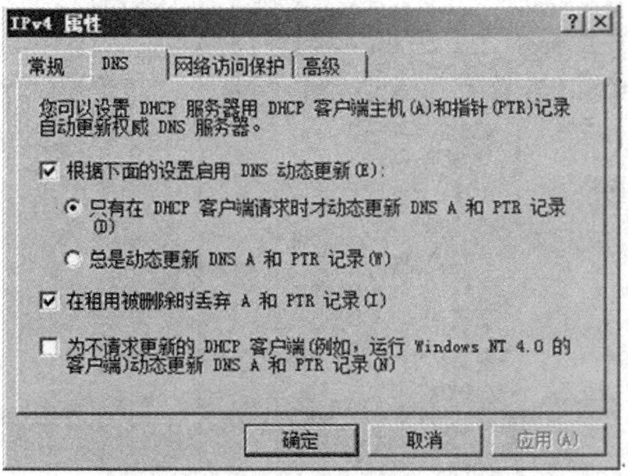

图 5-31　“IPv4 属性”对话框的“DNS”选项卡

① “根据下面的设置启用 DNS 动态更新”复选框：表示 DNS 服务器上该客户端的

DNS 设置参数如何变化。有两种方式：选择“只有在 DHCP 客户端请求时才动态更新 DNS A 和 PTR 记录(D)”单选按钮，表示 DHCP 客户端主动请求时，DNS 服务器上的数据才进行更新；选择“总是动态更新 DNS A 和 PTR 记录”单选按钮，表示 DNS 客户端的参数发生变化后，DNS 服务器的参数就发生变化。

② “在租用被删除时丢弃 A 和 PTR 记录(I)”复选框：表示 DHCP 客户端的租约失效后，其 DNS 参数也被丢弃。

③ “为不请求更新的 DHCP 客户端动态更新 DNS A 和 PTR 记录(N)”复选框：表示 DNS 服务器对非动态的 DHCP 客户端也能执行更新。

(3) “网络访问保护”选项卡。

单击“网络访问保护”选项，打开如图 5-32 所示的“网络访问保护”选项卡，各项参数含义如下：

① “网络访问保护设置”区域：对所有作用域可以启用或禁用网络访问保护功能。

② “无法连接网络策略服务器(NPS)时的 DHCP 服务器行为”区域：有 3 个单选按钮，分别是“完全访问”“受限访问”“丢弃客户端数据包”。

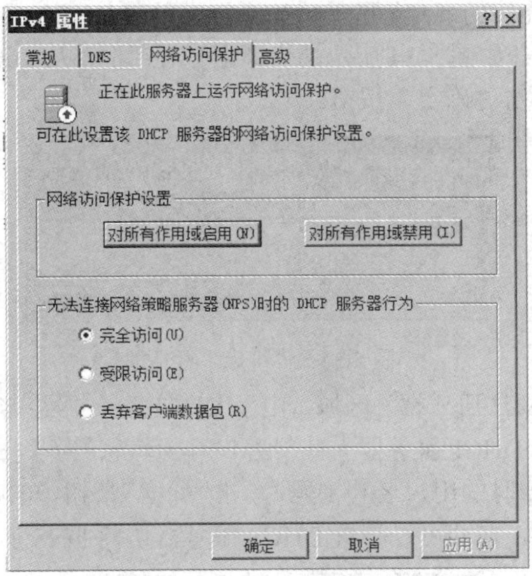

图 5-32　“IPv4 属性”对话框的“网络访问保护”选项卡

注意

网络访问保护是 Windows Server 2008 操作系统附带的一组新的操作系统组件，它提供一个平台，以确保专用网络上的客户端计算机符合网络管理员定义的系统安全要求。Windows Server 2008 中的网络访问保护使用 DHCP 强制功能，换言之，为了从 DHCP 服务器获得无限制访问 IP 地址配置，客户端计算机必须达到一定的相容级别，例如它可以要求计算机安装具有最新签名的防病毒软件，安装当前操作系统的更新并且启用基于主机的防火墙。通过这些强制策略，可以帮助网络管理员降低因客户端计算机配置不当所导致的一些风险，这些不当配置可使计算机暴露给病毒和其他恶意软件。对于不符合的计算机，网络访问 IP 地址配置限制其只能访问受限网络或是丢弃客户端的数据包。

(4) “高级”选项卡。

单击“高级”选项，打开如图 5-33 所示的“高级”选项卡，各项参数含义如下：

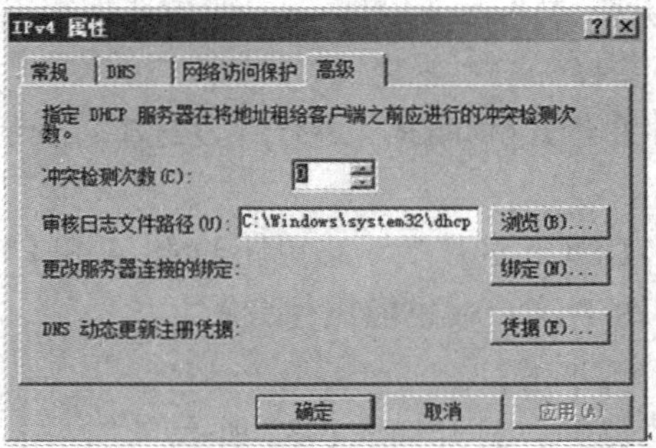

图 5-33 “IPv4 属性”对话框的“高级”选项卡

① “冲突检测次数”输入框：设置用于 DHCP 服务器在给客户端分配 IP 地址之前，对该 IP 地址进行冲突检测的次数，最高为 5 次。

② “审核日志文件路径(U)”文本框：在此可以修改审核日志文件的存储路径。

③ “更改服务器连接的绑定”区域：如果需要更改 DHCP 服务器和网络连接的关系，单击“绑定”按钮，打开如图 5-34 所示的“绑定”对话框，从“连接和服务器绑定”列表框中选中绑定关系后单击“确定”按钮。

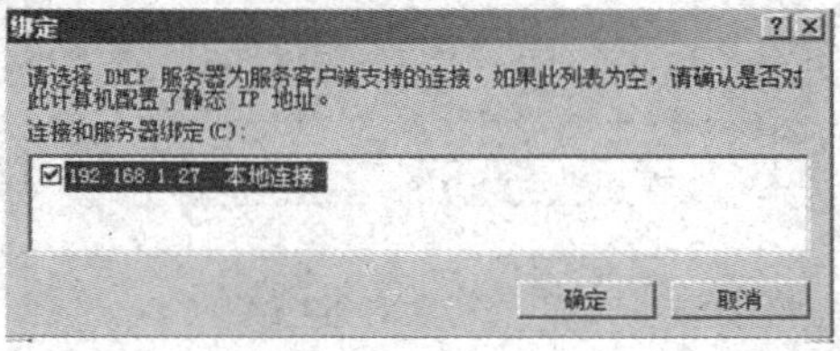

图 5-34 “绑定”对话框

④ “DNS 动态更新注册凭据”区域：由于 DHCP 服务器给客户端分配 IP 地址，因此 DNS 服务器可以及时从 DHCP 服务器上获得客户端的信息。为了安全起见，可以设置 DHCP 服务器访问 DNS 服务器时的用户名和密码。单击“凭据”按钮，出现如图 5-35 所示的“DNS 动态更新凭据”对话框，在此可以设置 DHCP 服务器访问 DNS 服务器的各项参数。

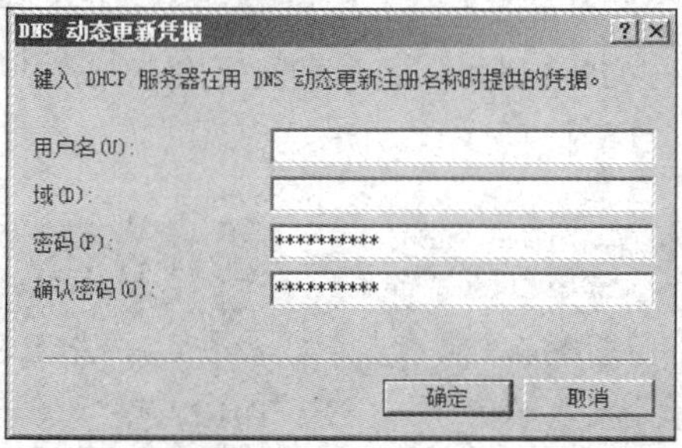

图 5-35 “DNS 动态更新凭据”对话框

3. 作用域配置

修改已建立好的作用域的配置参数的操作方法为：在 DHCP 管理窗口的左部目录树中右键单击“作用域[192.168.1.0]”，并在弹出的快捷菜单中选择“属性”命令，打开如图

5-36 所示的作用域属性对话框，在不同的选项卡中可以修改作用域的配置参数。

与 DHCP 服务器的配置选项卡相似，作用域共有 4 个选项卡，其中“DNS”选项卡和“网络访问保护”选项卡相同，这里不再介绍，其余不同的选项卡说明如下所述。

1) “常规”选项卡

“常规”选项卡如图 5-36 所示，具体参数如下：

(1) “起始 IP 地址(S)”和“结束 IP 地址(E)”文本框：在此可以修改作用域分配的 IP 地址范围，但“子网掩码”是不可编辑的。

(2) “DHCP 客户端的租用期限”区域：有两个单选按钮，选择“限制为(L)”单选按钮设置期限；选择“无限制(U)”单选按钮表示租约无期限限制。

(3) “描述”文本框：可以修改作用域的描述。

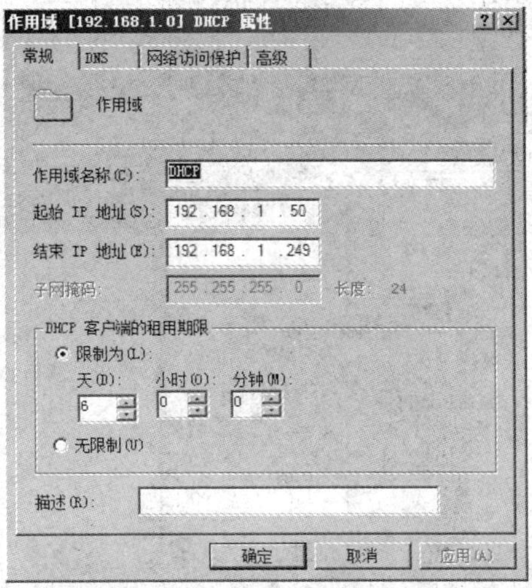

图 5-36 “作用域[192.168.1.0]DHCP 属性”对话框

2) “高级”选项卡

“高级”选项卡如图 5-37 所示，具体参数如下：

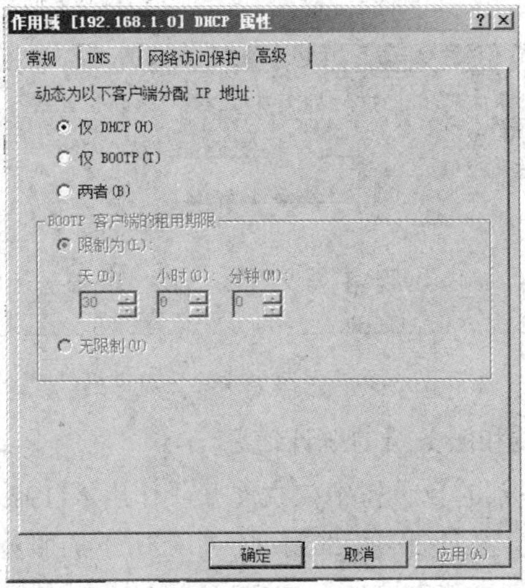

图 5-37 “作用域[192.168.1.0]DHCP 属性”对话框的“高级”选项卡

(1) “动态为以下客户端分配 IP 地址”区域：有 3 个单选按钮，选择“仅 DHCP”单选按钮表示只为 DHCP 客户端分配 IP 地址，选择“仅 BOOTP”单选按钮表示只为 Windows NT 以前的一些支持 BOOTP 的客户端分配 IP 地址，选择“两者”单选按钮表示支持多种类型的客户端。

(2)“BOOTP 客户端的租约期限”区域：设置 BOOTP 客户端的租约期限，由于 BOOTP 最初被设计为无盘工作站，可以使用服务器的操作系统启动，这种启动方式目前已经很少使用，因此可以直接采用默认参数。

4. 修改作用域的地址池

修改已设置的作用域的地址池，其操作方法为：在 DHCP 管理窗口左部的目录树中右键单击“作用域[192.168.1.0]”，并在弹出的快捷菜单中选择“新建排除范围”命令，如图 5-38 所示。

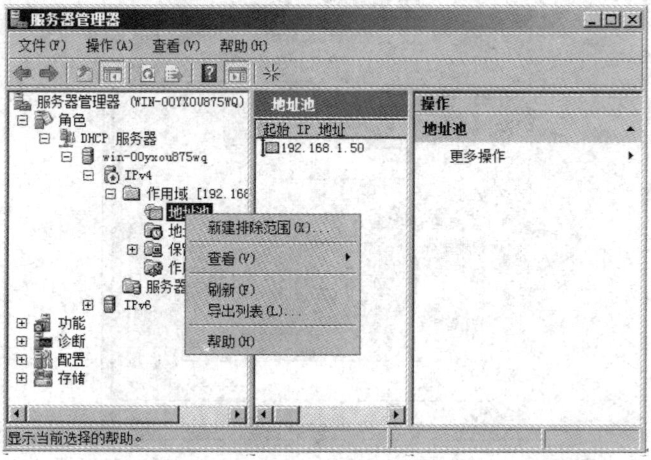

图 5-38　“作用域[192.168.1.0]”快捷菜单

在打开的如图 5-39 所示的“添加排除”对话框中，可以设置地址池中排除的 IP 地址范围。

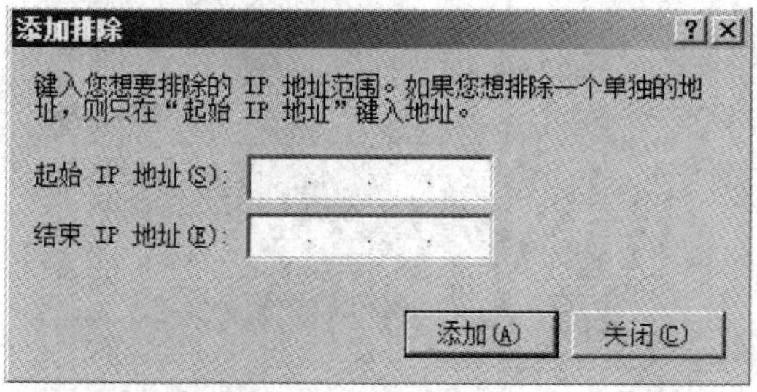

图 5-39　“添加排除”对话框

5. 显示 DHCP 客户端和服务器的统计信息

在 DHCP 管理窗口左部的目录树中依次展开“作用域[192.168.1.0]”→“地址租用”选项，可以查看已经分配给客户端的租约情况，如果所示的服务器为客户端成功分配了 IP 地址，则在“地址租用”列表栏下就会显示客户端的 IP 地址、客户端名、租约截止日期和类型信息。图 5-40 所示为没有地址租用的界面。

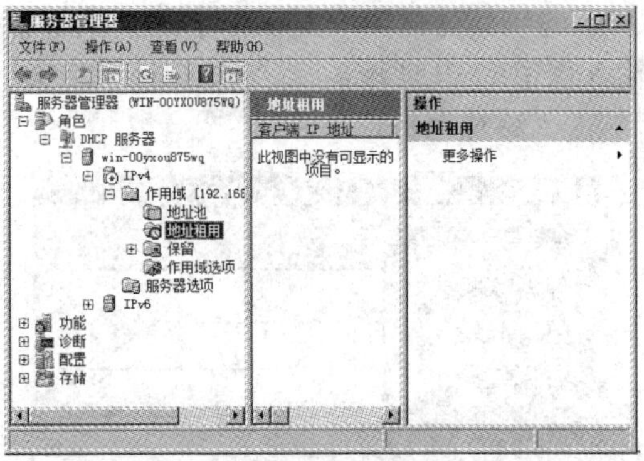

图 5-40　“服务器管理器”窗口的“地址租用”项

在 DHCP 管理窗口中，选中服务器管理器，鼠标右键单击，并在弹出的快捷菜单中选择“显示统计信息”命令，可以打开如图 5-41 所示的统计信息界面，其中显示了 DHCP 服务器的开始时间、使用时间、发现的 DHCP 客户端的数量等信息。

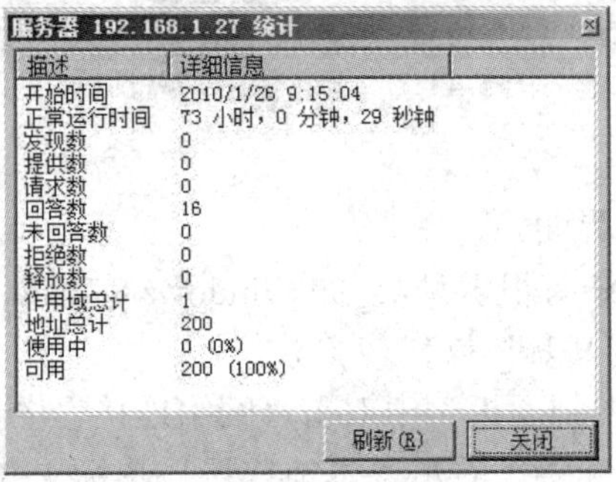

图 5-41　“服务器 192.168.1.27 统计”界面

6. 建立保留 IP 地址

对于某些特殊的客户端，如果需要一直使用相同的 IP 地址，可以通过建立保留来为其分配固定的 IP 地址，具体的操作方法如下：在 DHCP 管理窗口左部目录树依次展开“作用域[192.168.1.0]”→“保留”选项，单击右键，在弹出的快捷菜单中选择“新建保留”命令，如图 5-42 所示。

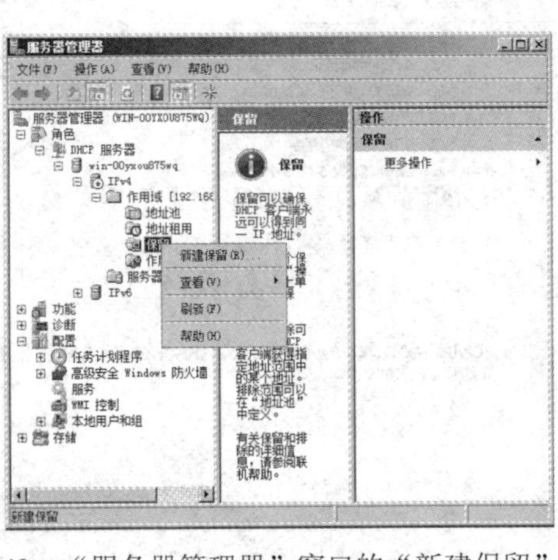

图 5-42　“服务器管理器”窗口的“新建保留”选项

在弹出的如图 5-43 所示的“新建保留”对话框中的“保留名称”文本框中输入名称，在“IP 地址”文本框中输入保留的 IP 地址，在“MAC 地址”文本框中输入客户端网卡的 MAC 地址，完成设置后单击“添加”按钮。

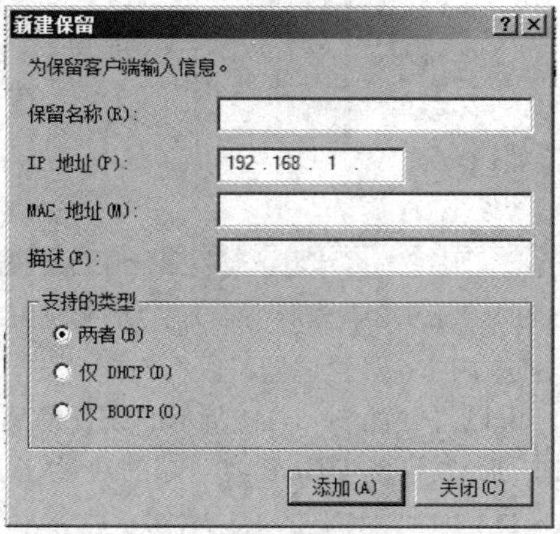

图 5-43　“新建保留”对话框

7. DHCP 客户端配置

配置方式一：采用图形界面。

DHCP 客户端的操作系统有很多种类，如 Windows 8/Vista 或 Linux 等，下面以 Windows 2008 客户端的设置为例说明其具体操作步骤。

(1) 在客户端计算机“控制面板”中双击“网络连接”图标，打开“网络连接”窗口，其中列出了所有可用的网络连接。右击“本地连接”图标，并在快捷菜单中选择“属性”项，弹出如图 5-44 所示的“本地连接 属性”对话框。

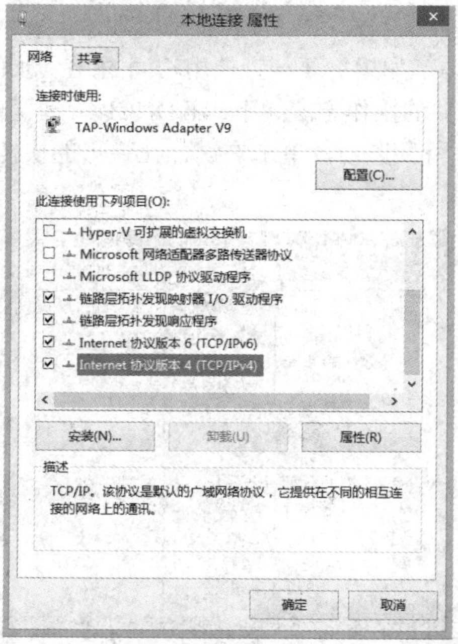

图 5-44　“本地连接 属性”对话框

(2) 在“此连接使用下列项目(O)”列表框中选择“Internet 协议版本 4(TCP/IPv4)”，单击“属性”按钮，弹出“Internet 协议版本 4(TCP/IPv4)属性”窗口，分别选择“自动获得 IP 地址”和“自动获得 DNS 服务器地址”单选按钮，然后单击“确定”按钮，保存对设置的修改即可。

配置方式二：命令方式。

在局域网中的任何一台 DHCP 客户端上，可以进入 DOS 命令提示符界面，利用 ipconfig 命令的相关操作查看 IP 地址的相关信息。

(1) 执行 C:\ipconfig/renew 可以更新 IP 地址。

各命令解析如下：

```
C:\>ipconfig/renew
```

Windows IP Configuration Ethernet adapter 本地连接:

```
Connection-specific DNS Suffix   . :
IP Address. . . . . . . . . . . . : 192.168.1.50          /IP 地址
Subnet Mask . . . . . . . . . . . : 255.255.255.0         /子网掩码
Default Gateway . . . . . . . . . : 192.168.1.1           /默认网关
```

(2) 执行 C:\ipconfig/all 可以看到 IP 地址、WINS、DNS、域名是否正确。

```
C:\>ipconfig/all
Windows IP Configuration
Host Name . . . . . . .: Win2008                          /主机名称
Primary Dns Suffix   . .; cninfo.com                      /主 DNS 后缀
   Node Type . . . . . . . . . . . . : Hybrid             /节点类型
```

节点类型有 3 种：Hybrid(混合)、Broadcast(广播)、Unknown(未知)。

```
IP Routing Enabled. . . . . . . . : No                    /IP 路由启用
WINS Proxy Enabled. . . . . . . . : No                    /WINS 代理服务启用
DNS Suffix Search List. . . . . . : info.com              /DNS 后缀搜索列表
```

(3) 要释放地址使用 C:\ipconfig/release 命令。

任务 2-4 快速恢复多机系统

经常因为误删除一些系统或者应用软件内的重要文件，导致系统及应用程序出现非法操作的提示或者根本不能正常运行，如宕机、中病毒、资料被破坏、系统崩溃等情况在实训室可能会常有发生，如何在最短的时间内恢复到正常状态？在网络专业实训室中安装软件时可能需要重新启动计算机，如果像通用机房一样还原到初始状态则会影响软件的安装。本部分介绍使用 Pro Magic 6.0 来即时恢复多种操作系统。

1. 安装软件

首先下载 Pro Magic 6.0 软件或更高版本的软件，然后双击下载文件，将文件自解压缩到一个文件夹内，然后找到 SETUP 文件直接双击安装，根据安装向导一步一步安装下去，在安装过程中 Pro Magic 6.0 会询问“是否要对硬盘执行扫描及碎片整理”，建议一定要做，保证计算机处于正常状态。扫描磁盘及整理磁盘碎片后，Pro Magic6.0 会出现一个请先“重新启动计算机”的对话框，选择“完成”。

计算机重新启动后，接下来系统会需要确认硬盘分析的状况是否正确，如果正确请单击“正确”，如果不正确请单击“放弃”。

电脑重新启动，出现操作者“使用模式”界面，则 Pro Magic 6.0 安装完成，但该软件安装与其他软件安装存在一定的区别，后面将以实例加以说明。

2. 模式

软件安装完成后，有“使用者操作模式”和“管理者操作模式”两种。

1) 使用者操作模式

用户在开启计算机出现 Pro Magic 6.0 的画面后，选择菜单后进入到操作系统，这就是“使用者操作模式”，在这个模式下所做的操作都可以被还原。

(1) “启动”选项。进入 Windows 操作系统时首先要选择“启动”选项。该选项有“不还原”及“保留前次系统状态”的意思，当选择进入“启动”选项时，系统会接续及保留前次关机前操作系统的状态与信息，不做任何更改。一般情况下，如果操作系统没有任何不良问题，请选择“启动”选项。

(2) “临时储存”选项。此选项为“多时间还原点的设定”，在需要使用时光回溯功能时，就必须选择“临时储存”选项。在设定还原时间点时，选择“临时储存”选项，输入注释的对话框，即可完成一个时间还原点的设定。

注意

该还原点会记录储存点的时间及注释信息，方便日后查找。同时，临时储存点并没有总个数的限制，只要硬盘空间足够，即可存放多个储存点。临时储存点没有一天只能设定一次的功能限制，在设定“临时储存”后，系统就可以恢复到一分钟前、一小时前、一天前、一月前，甚至一年前。

(3) “还原”选项。该选项是还原操作系统到健康、正常的状态，当操作系统出现问题时选择“还原”选项，系统就会将出现问题的操作系统恢复到正常的系统状态或所需要时间点的状态。

注意

如果设定了临时储存点，在选择“还原”选项时，就会出现“时间点”的选项供选择。

(4) “储存”选项。操作系统使用过一段时间新添了应用软件、文件或是更改了操作系统的设定时，选择“储存”选项，就可以把当前的系统数据状态完全地保留下来，日后选择“还原”选项时，就可以恢复到目前的系统状态。

注意

选择“储存”选项后，曾经做过的临时储存点将全部消失，仅剩下当前的还原点。

2) 管理者操作模式

在“使用者操作模式”界面下按<F10>键，通过管理者密码审核进入到Pro Magic的管理群组或是操作系统，由管理者操作模式进入操作系统时不受Pro Magic 6.0保护，这称为“管理者操作模式”。

管理群组的菜单，Pro Magic 6.0的所有功能都在此菜单下设定，因此管理者拥有最高的权限。

(1) “安装”选项。单击Pro Magic 6.0“管理群组”下的“安装”选项，可以从这里进入到操作系统中，所有操作均不受Pro Magic 6.0保护，当然也就不能还原。

(2) “还原”选项。单击Pro Magic 6.0“管理群组”下的“还原”选项，则Pro Magic 6.0会将现在操作系统里的数据还原到还没有安装Pro Magic 6.0时的状态，当然如果曾使用过 Pro Magic 6.0“储存”功能则会还原到最后一次使用储存的状态。当电脑出问题时或使用Pro Magic 6.0里的“安装”“硬盘对拷”“分区属性”等功能时，必须先使用“还原”。

(3) “储存”选项。根据“管理群组”下的“储存“选项，将一些在Pro Magic 6.0使用者操作模式(使用者操作模式所做的任何操作都可以被还原的)下所安装的软件或修改的文件“储存”到受保护的状态，下次选择还原时就可以还原到最后一次“储存”的状态。

在该管理模式下还有“设定”“用户管理”等多个选项，在此不一一说明，可个人进行尝试。

(4) “设定”选项的CMOS保护。CMOS保护的功能是为防止CMOS被人非法修改，Pro Magic 6.0会在开机时自动侦测是否遭人修改，若遭到修改，则会出现遭到修改的对话框，此时要是选择“重新储存”的话，则会进入Pro Magic 6.0的管理者询问对话框，只要密码输入正确即完成CMOS的储存。若密码3次输入错误，则此次CMOS的修改为非法修改。

“CMOS保护”功能分为“基本”“完整”以及“不保护”3种。

① “基本”：该选项表示本系统会将您CMOS的一些基本功能(如电脑的开机顺序等)做一个备份，当电脑开机时 Pro Magic 6.0 若发现被保护的范围遭到不明修改的话，此时Pro Magic 6.0会出现是否要修复的询问对话框。

② “完整”：该选项表示本系统会将您CMOS的全部功能做一个备份，当电脑开机时Pro Magic 6.0若发现被保护的范围遭到不明修改，此时Pro Magic 6.0会出现是否要修复的询问对话框。

③ “不保护”：该选项表示Pro Magic 6.0不保护电脑CMOS。主要是因为研发主板的厂商多，并且研发的速度很快，又很难将市场上所有的主板都测试一遍，所以难免会有掌握不到的信息，因此也会出现设定了“基本”或“完整”保护时出现明明没有修改CMOS，而Pro Magic 6.0还一直会显示出“发现CMOS有修改…”的对话框的情况。若时常发生这样的状况，而每次都必须“重新储存”则非常麻烦，就可以设成“不保护”。

3. 实例操作

例如，一个20 GB的硬盘将安装3个操作系统，划分成4个分区，每个分区大小为5 GB。

(1) 利用 Fdisk 分区。因为本实例中需要安装 3 个操作系统，至少要有 3 个或 3 个以上的分区。首先利用 Fdisk 划分成主引导分区(C)5GB，扩展分区 15 GB；然后将扩展分区再分割成 3 个逻辑分区(D、E、F)。

(2) 安装第一个操作系统。在第一分区(C)内安装 Windows 操作系统，将其他分区(D、E、F)进行格式化。

(3) 安装 Pro Magic 6.0。在第一个操作系统下放入 Pro Magic 6.0 安装光盘，按照安装向导的引导完成 Pro Magic 6.0 的安装。

(4) 进入 Pro Magic 的管理群组中“用户管理”的“调整分区属性”，将“数据盘”改为“开机盘”。安装 Pro Magic 6.0 后，出现“使用者操作模式”，单击<F10>键进入“管理群组”，然后使用鼠标或是键盘上的方向键选择第 5 项的“用户管理”，在下级菜单中选择第 4 个选项“调整分区属性”，再利用键盘上的<PgUp>及<PgDn>将“user2”“user3”调整为“开机盘”，将“user4”调整为“共用盘”。

(5) 安装其他 2 个操作系统。

在“管理群组”中选择“安装”的选项，放入系统引导盘，选择“user2”，等待系统安装完成，安装完成后电脑会自动重启，当出现 Pro Magic 的使用者操作模式时，按<F10>键进入 Pro Magic 的管理群组，选择“安装”，继续安装操作系统，直到安装完毕。

(6) 如果第二个操作系统为 Windows 2000/XP，则重启电脑不会出现 Pro Magic 使用者操作模式的界面，此时应先将 Windows 2000/XP 安装完毕后，将 Pro Magic 再重新安装一次(运行 Setup.exe)即可；若是 Windows 98/Me 则不必。

任务 2-5　远程管理服务器

网络管理员不可能每时每刻都在机房值守，一旦服务器出现问题则需急急忙忙赶回来，如果出差外地则只能眼睁睁地看着服务器瘫痪，毫无办法。因此，对服务器进行远程管理可以大大减轻网络管理员的负担，同时也给网络管理带来了极大的方便，任找一台客户机使用其“远程桌面”就可以对服务器进行管理。

Windows Server 2008 不仅可以通过终端服务进行远程管理，还可以采用 HTML 方式。

1. 通过终端服务进行远程管理

1) 安装终端服务

Windows Server 2008 包含终端服务组件，但默认情况下没有安装，需要时才安装。

注意

安装终端服务组件前，需要准备好安装文件或安装光盘，并以管理员身份登录进行配置，否则将会没有安装的权限。

步骤 1： 依次单击“服务器管理器”→“角色”→“添加角色”，打开“添加角色向导”对话框，单击“下一步”，在“角色”中勾选“远程桌面服务”复选框。

步骤 2： 单击“下一步”按钮，勾选“远程桌面会话主机”和“远程桌面授权”复选框，如图 5-45 所示。

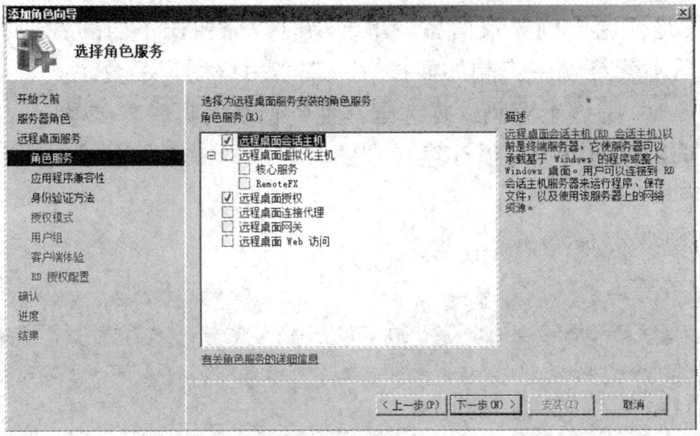

图 5-45　“选择角色服务”对话框

步骤 3： 单击“下一步”按钮，按照默认情况进行安装，直到安装完毕，重新启动计算机，则终端服务安装完成。

注意

Windows Serve 2008 终端服务器必须在 120 天内进行授权，否则在 120 天后就不能对服务器进行远程管理了。

2) 终端服务器配置

远程管理需要对终端服务器进行配置，其具体步骤如下所述。

步骤 1： 打开“管理工具”→“终端服务配置”对话框(或者单击“开始”→“运行”打开运行文本框，在该文本框中输入“Tscc.msc”，单击“确定”按钮)。

步骤 2： 单击左边窗口的“连接”项，右边窗口即出现可选的 RDP-Tcp 连接，鼠标右击“RDP-Tcp”，单击“属性”，打开“RDP-Tcp 属性”对话框。在“登录设置”选项卡中，可以设置终端用户的登录信息，如图 5-46 所示。

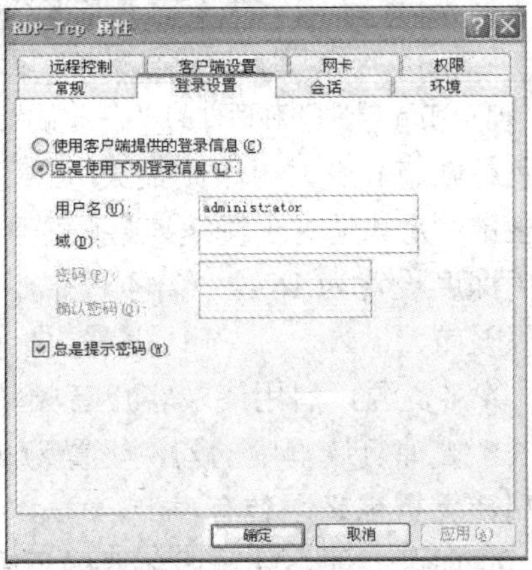

图 5-46　“RDP-Tcp 属性”对话框的“登录设置”选项卡

(1)　默认情况下选择“使用客户端提供的登录信息”单选项，在此情况下将根据客户端程序进行设置。

(2) 选择“总是使用下列登录信息”单选项时，需要在下面的各文本框中输入对应的信息，设置完成后不管终端用户端如何设置，都采用该用户名登录。

(3) 如果勾选“总是提示密码”复选框，则不管采用哪种方式登录，都要求提供密码。如果不选中该复选框，则用户可以在客户端的登录选择中输入登录用户名和密码以简化登录过程。

注意

为了提高安全性，一般不选用“总是使用下列登录信息”单选项，因为在只选择该选项的情况下，只要知道终端服务器的地址，并与终端服务器在同一网络内，就可以通过终端客户连接程序使用终端服务器。

步骤 3：依次对各选项卡进行设置。单击“客户端设置”选项卡，如图 5-47 所示。

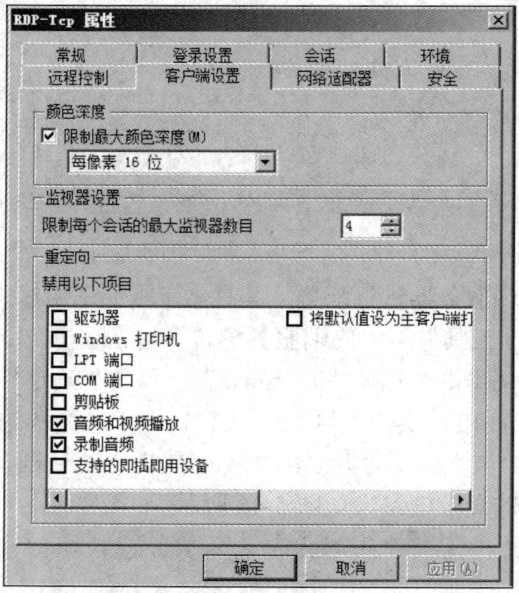

图 5-47 “RDP-Tcp 属性”对话框的“客户端设置”选项卡

(1) 颜色深度(可调整颜色分辨率)，选中“限制最大颜色深度”复选框，选择需要的值。限制颜色深度可以增强连接性能，尤其是对于慢速连接，并且还可以减轻服务器负载。“远程桌面”连接的默认最大颜色深度设置为 16 位；若不选中“限制最大颜色深度”复选框，则使用登录的客户端颜色进行设置。

(2) 重定向，为了节约服务器资源，启用终端客户音频默认为禁用。用户少时，可选中“音频和视频播放”复选框，去掉复选框中的勾，设置为非禁用选项，使终端客户能使用多媒体设备。当然，客户端计算机也必须装有声卡。

驱动器默认为非禁用项，此项可方便终端与服务器磁盘间文件的相互传送。启用后本地驱动器将作为网络驱动器显示在终端中。

Windows 打印机、剪贴板、COM 端口、LPT 端口等默认为非禁用项，可设置映射，但每设置一个都要占用一定的系统资源，所以一般用户最好禁用。

步骤 4： 安全设置。

(1) 设置用户对终端的配置权限：单击“权限”选项，选择组或用户，限制其对终端的配置权限。另外，由于只有 Administrators 和 Remote Desktop Users 组的成员可以使用终端服务连接与远程计算机连接，所以可对不同用户进行分组管理，对于安全性要求高的，可利用 NTFS 分区设置不同用户权限。

(2) 设置加密级别：单击“常规”项，可指定在终端服务会话期间，对于客户端与远程计算机之间发送的所有数据是否强制加密级别。加密级别分 4 个：符合 FIPS(最高级别的加密)、高(加密数据经过 128 位加密)、客户端兼容(加密数据经过客户端支持的最大密钥强度加密)和低(从服务器发送到客户端的数据不会被加密)。

步骤 5： 禁用或启用远程连接。

(1) 单击“控制面板”中的“系统”项，打开如图 5-48 所示的“系统属性”对话框。

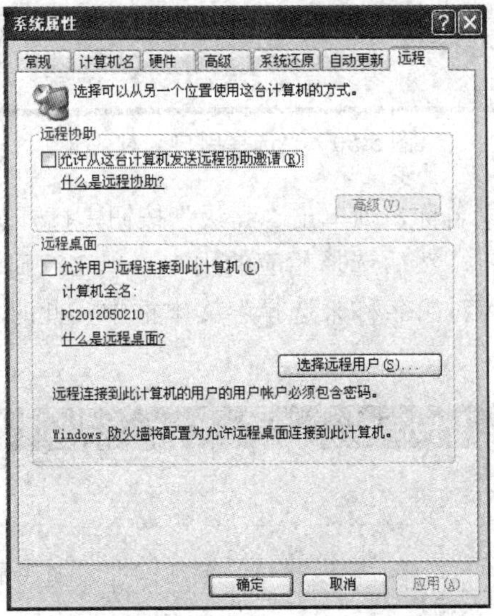

图 5-48　“系统属性”对话框

(2) 单击“远程”选项，在打开的“远程”选项卡上勾选“允许用户远程连接到此计算机”复选框。单击“选择远程用户”按钮，打开如图 5-49 所示的“远程桌面用户”对话框。

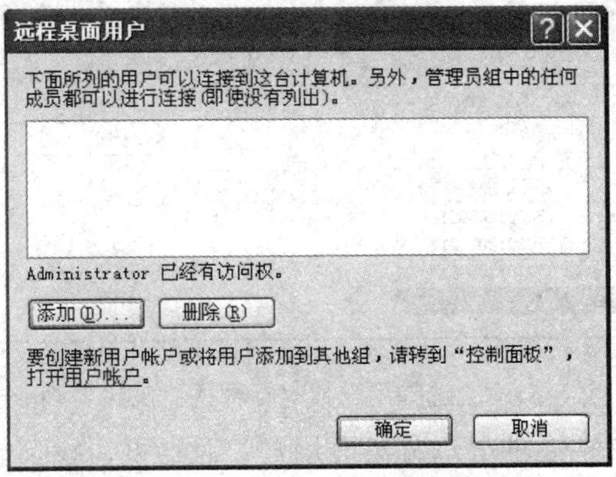

图 5-49　“远程桌面用户”对话框

(3) 单击图 5-49 中的“添加”按钮打开如图 5-50 所示的“选择用户”对话框，单击“对象类型”按钮以指定要搜索对象的类型，单击“位置”按钮以指定搜索位置，接下来在“输入对象名称来选择”文本框中，键入要搜索的对象的名称，并单击“检查名称”按钮，待找到用户名称后，单击“确定”按钮。

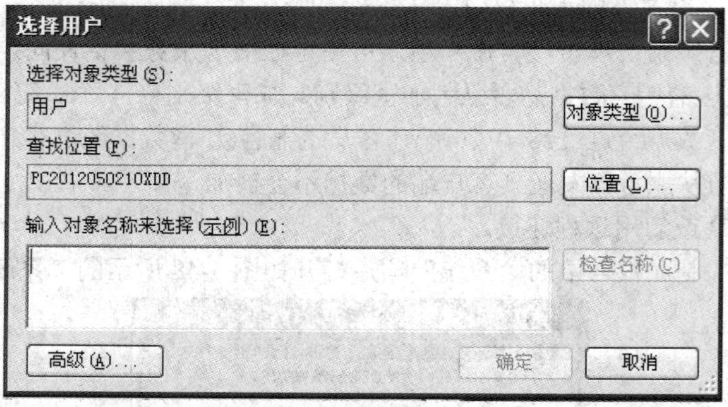

图 5-50　“选择用户”对话框

如果不知道确切的对象名称，则单击“高级”按钮，打开如图 5-51 所示的对话框，单击右边的“立即查找”按钮，然后选择相应的用户。单击“确定”，返回上一级对话框，找到的用户会出现在“输入对象名称来选择”文本框中，此时“确定”按钮呈黑色，单击“确定”按钮。

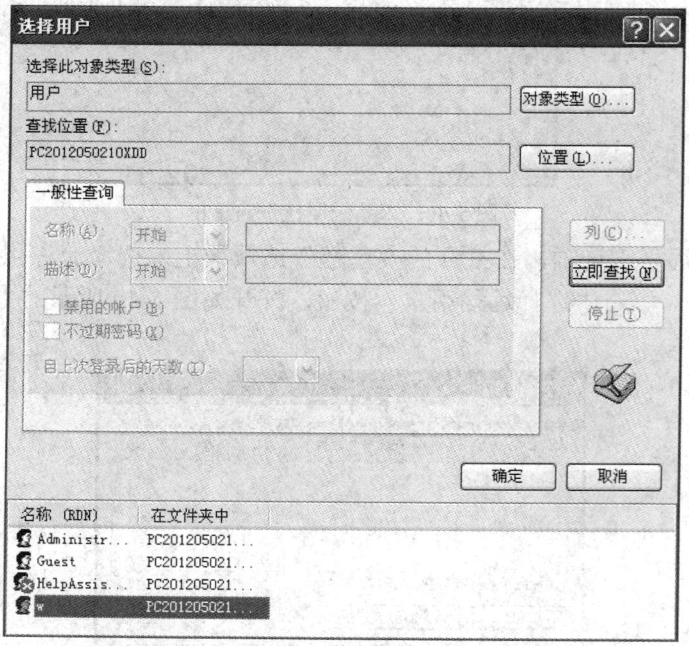

图 5-51　“选择用户”对话框的“高级”功能

(4) 返回到如图 5-52 所示的“远程桌面用户”对话框，找到的用户会出现在对话框中的用户列表中，单击“确定”按钮即可。

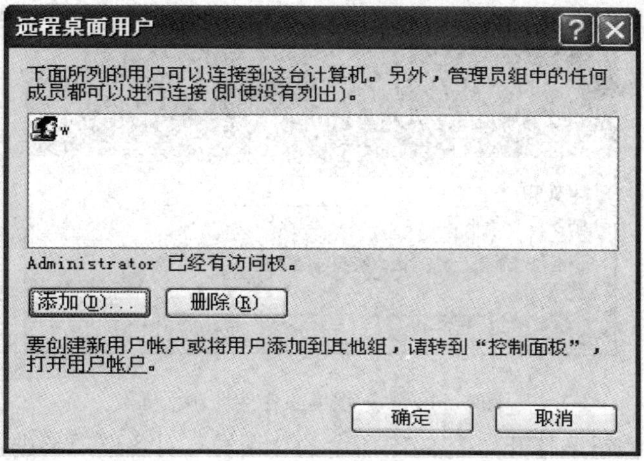

图 5-52　“远程桌面用户”对话框

3) 在 Windows 7 客户机上远程管理服务器

步骤 1： 添加程序与组件。默认情况下，Windows7 操作系统集成了“远程桌面连接”，直接使用即可。如果找不到该项，则需另外安装。如果客户使用的操作系统是 Windows 9X/2000，则需安装“远程桌面连接”客户端软件。

依次单击“开始”→“设置”→“控制面板”→“添加或删除程序”→“添加或删除 Windows 组件”，打开如图 5-53 所示的“Windows 组件向导”对话框。在该对话框中选中“远程桌面 Web 连接”项，单击“下一步”按钮，安装完成，然后在程序“附件”中就可以找到“远程桌面连接”的选项了。

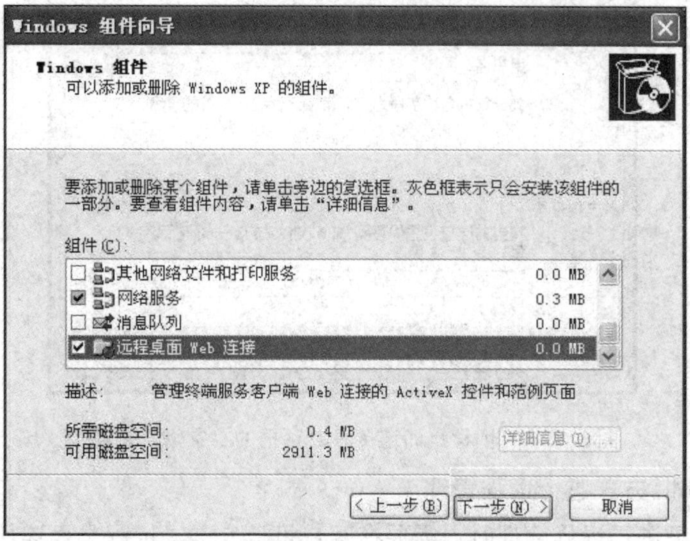

图 5-53　“Windows 组件向导”对话框

步骤 2： 远程桌面连接设置。

依次单击 这台电脑 ▸ 本地磁盘 (C:) ▸ ProgramData ▸ Microsoft ▸ Windows ▸ 「开始」菜单 ▸ 程序 ▸ Windows 附件，然后在“Windows 附件”下找到并单击“远程桌面连接”，打开如图 5-54 所示的对话框。

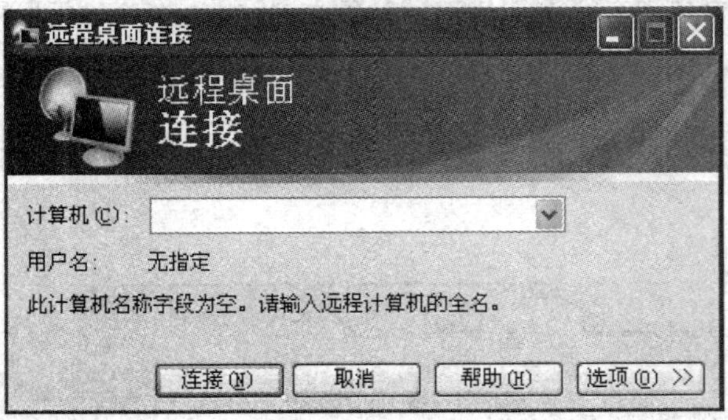

图 5-54　“远程桌面连接”对话框

单击“选项”按钮，打开如图 5-55 所示的对话框，对各选项卡进行设置。在“常规”选项卡中分别键入远程主机的 IP 地址(即在上面设置的终端服务器的 IP 地址)或域名、用户名、密码，然后单击“连接”按钮，连接成功后将打开“远程桌面”窗口，就可以看到远程计算机上的桌面设置、文件和程序，而该计算机会保持在锁定状态，如果没有密码，则任何人都无法使用它，也看不到对它所进行的操作。

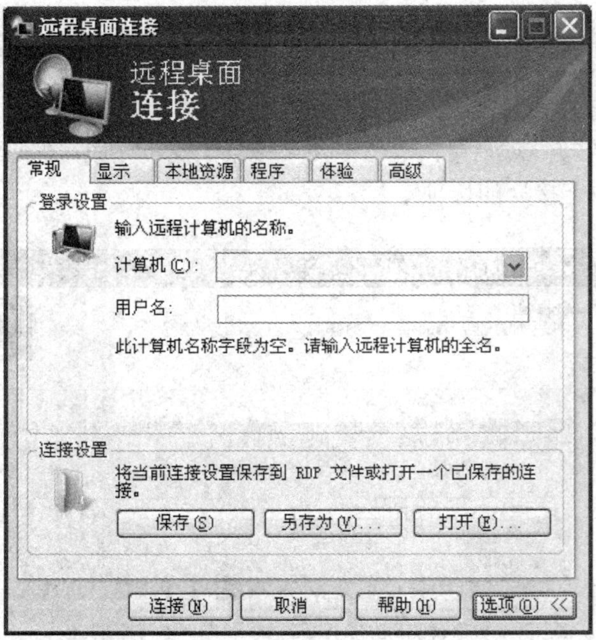

图 5-55　“远程桌面连接”对话框的“常规”选项卡

2. 通过 HTML 方式进行远程管理

通过终端服务进行远程管理时，需要在客户机上安装“远程桌面连接”，否则无法进行，这同样会给远程管理带来不便，如果当时没有安装文件就无法进行管理。

远程桌面还提供了一个 Web 连接功能，简称“远程桌面 Web 连接”，客户端不需要安装专用的客户端软件就可以使用“远程桌面”功能，因此对客户端的要求更低，使用也更灵活，几乎任何可运行 IE 浏览器的计算机都可以使用“远程桌面”功能。

1) 服务器端设置——添加程序与组件

在需要管理的 Windows Server 2008 服务器上，依次单击“开始”→“设置”→“控制面板”→“添加或删除程序”→“添加或删除 Windows 组件”，打开“Windows 组件向导”对话框，打开“应用程序服务器”→“Internet 信息服务(IIS)”→“万维网服务”，选中“远程桌面 Web 连接”，连续单击“确定”按钮，返回 Windows 组件向导窗口，单击“下一步”按钮完成配置，如图 5-56 所示。

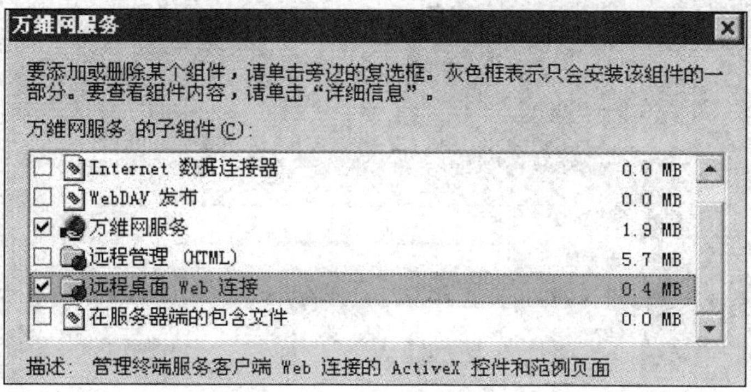

图 5-56　“万维网服务”窗口

2) 客户端设置——使用 IE 进行远程管理

打开 IE 浏览器，在“地址”栏中输入 HTTP://服务器/TSWEB，如服务器地址为 192.168.4.87，在“地址”栏中输入“http://192.168.4.87/tsweb/”，打开如图 5-57 所示的页面。

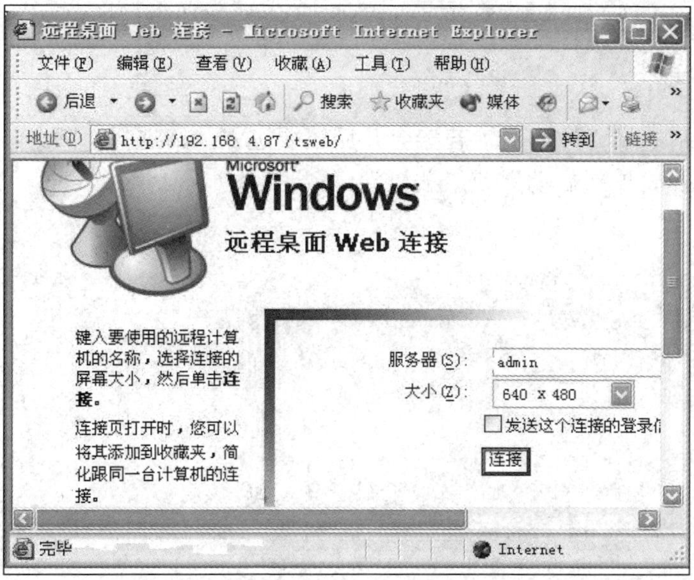

图 5-57　“远程桌面 Web 连接”的对话框

在“服务器”后的文本框中键入服务器名，在“大小(z)”后面的下拉列表中选择远程桌面的分辨率，建议选择“全屏”(否则远程桌面会显示在浏览器中)，回车后即可看到如图 5-58 所示的登录窗口，键入用户名与密码即可进入远程桌面。

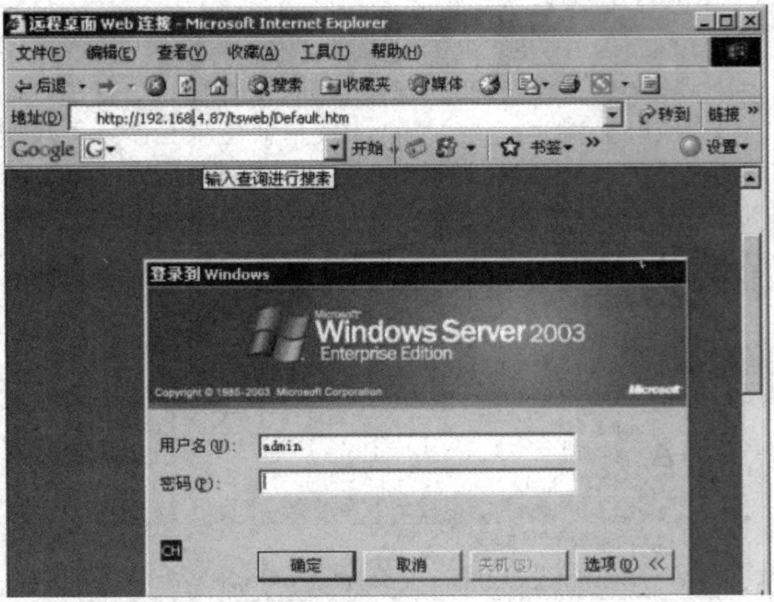

图 5-58　“登录到 Windows”界面

注意

当第一次在客户端使用 IE 进行远程管理时，提示要求安装 Remote Desktop ActiveX Control 控制，选取“总是信任 Microsoft Windows Publisher”复选框，然后单击“是”。

3) 退出远程管理

若要退出，请选择“注销”，若一会儿后还要进入，请选择“断开”。当然如果权限足够大，还可选择“重新启动”或“关机”。

注意

在使用时，不要直接关掉“远程桌面 Web 连接”的浏览器窗口，否则远程桌面相当于“断开”，并未注销。

任 务 拓 展

拓展任务：动态分配同网段的两段网址

1. 任务拓展

拓展任务描述和任务分析如表 5-4 所示。

表 5-4　拓展任务描述和任务分析

任 务 描 述
要在一台服务器上动态分配 192.168.1.1～192.168.1.30、192.168.1.40～192.168.1.80 的地址，该如何设置动态分配的地址范围
任 务 分 析
该任务是设置动态地址分配范围，与普通设置不同的是，该地址范围是同一网段但不连接的两段网络地址，而同一网段的地址不能同时添加两次，那么常用的添加方式不可能完成。我们发现，该两段地址只是中间有部分间隔，还是具有连续性的，可以分解为以下两个步骤完成： (1) 添加 192.168.1.1～192.168.1.80 的地址； (2) 排除 192.168.1.31～192.168.1.39

2. 拓展任务完成过程提示

步骤 1：设置动态分配的地址范围，打开如图 5-59 所示的界面。

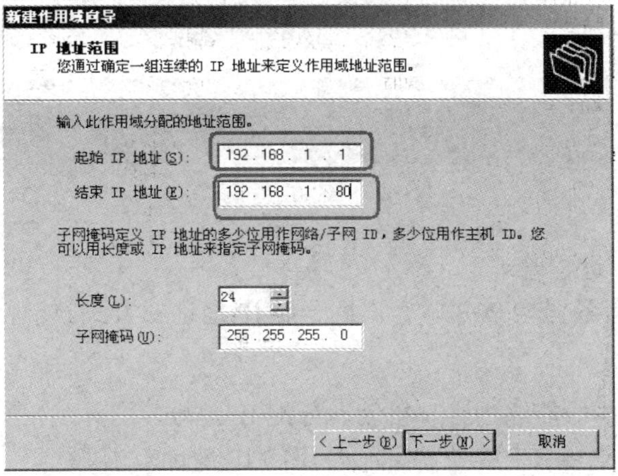

图 5-59　“IP 地址范围”对话框

步骤 2：添加排除在外的地址范围，打开如图 5-60 所示的界面。

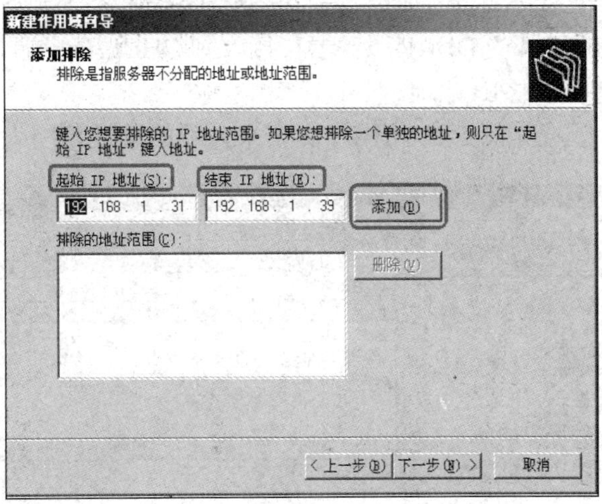

图 5-60　“添加排除”对话框

步骤 3：单击“添加”按钮，打开如图 5-61 所示的界面。

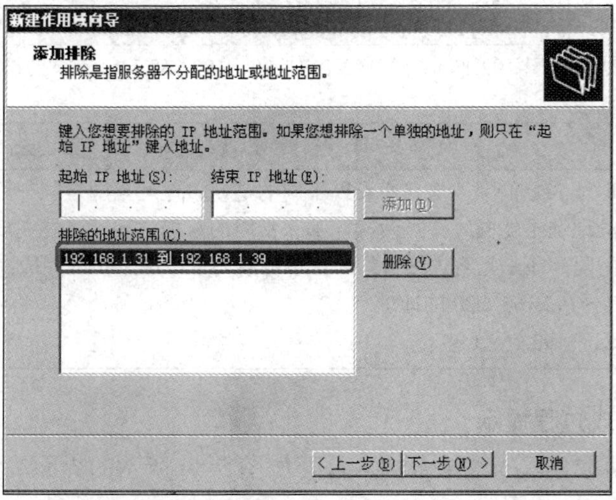

图 5-61　“添加排除”对话框

练　习　思　考

一、简答题

1. 为什么要进行远程管理？
2. 简述 DHCP 服务器为 DHCP 客户机分配 IP 地址的方式。

二、填空题

1. _________服务器能够为客户机动态分配 IP 地址。
2. _________就是 DHCP 客户机能够使用的 IP 地址范围。
3. DHCP 是_________的简称，用于网络中计算机_________，是一个简化主机 IP 地址分配管理的 TCP/IP 协议标准。
4. DHCP 服务器安装好后并不是立即就可以给 DHCP 客户端提供服务，它必须经过一个_______步骤。未经此步骤的 DHCP 服务器在接收到 DHCP 客户端索取 IP 地址的要求时，并不会给 DHCP 客户端分派 IP 地址。
5. DHCP 地址池配置如图 5-62 所示，可用来分配的地址范围为_________。

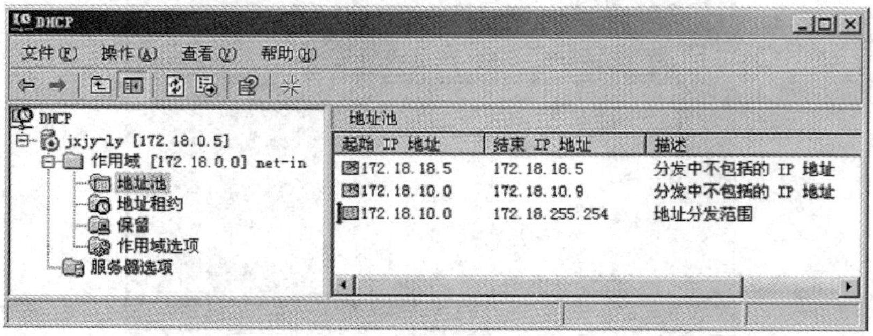

图 5-62　DHCP 地址池配置

三、选择题

1. 下面________属性 DHCP 服务器不可以在 DHCP 作用域中设定。

A. IP 地址　　B. DNS 服务器　　C. 网关地址　　D. 计算机名

2. 在安装 DHCP 服务之前，在 Windows Server 2008 的计算机上设置不对的是________。

A. 静态 IP　　B. 动态 IP　　C. 子网掩码　　D. 网关

3. 使用“DHCP 服务器”功能的好处是________。

A. 降低 TCP/IP 网络的配置工作量

B. 增加系统安全与依赖性

C. 对那些经常变动位置的工作站 DHCP 能迅速更新位置信息

D. 以上都是

4. 要实现动态 IP 地址分配，网络中至少要求有一台计算机的网络操作系统中安装________。

A. DNS 服务器　　B. DHCP 服务器　　C. IIS 服务器 D. PDC 主域控制器

5. 以下关于 DHCP 技术特征的描述中，错误的是________。

A. DHCP 是一种用于简化主机 IP 地址配置管理的协议

B. 在使用 DHCP 时，网络上至少有一台 Windows Server 2008 服务器上安装并配置了 DHCP 服务，其他要使用 DHCP 服务的客户机必须配置 IP 地址

C. DHCP 服务器可以为网络上启用了 DHCP 服务的客户端管理动态 IP 地址分配和其他相关环境配置工作

D. DHCP 降低了重新配置计算机的难度，减少了工作量

6. 下列关于 DHCP 配置的描述中，错误的是________。

A. DHCP 服务器不需要配置固定的 IP 地址

B. 如果网络中有较多可用的 IP 地址并且很少对配置进行更改，则可适当地增加地址租约期限长度

C. 释放地址租约的命令是“ipconfig/release”

D. 在管理界面中，作用域被激活后，DHCP 才可以为客户机分配 IP 地址

7. 通过 Web 管理交换机，在 URL 栏中输入________。

A. 交换机的用户名　　B. 交换机的 MAC 地址

C. 交换机的 IP 地址　　D. 交换机的端口号

8. DHCP 是动态主机配置协议，其作用是________。

A. 动态分配确定地址范围的地址　　B. 动态分配所有的地址

C. 把地址永久配置给主机　　D. 以上都不是

四、操作题

1. 某单位使用 DHCP 服务器分配 IP 地址，配置 DHCP 服务器创建作用域的要求如下。

(1) IP 地址范围为 192.168.1.1～192.168.1.255；

(2) 服务器地址为 192.168.1.1；

(3) DHCP 客户端默认网关地址为 192.168.1.255；

(4) DNS 服务器地址为 192.168.1.88。

2. 完成一个 DHCP 服务器配置，使其可以出租的 IP 地址为 192.168.0.1～192.168.0.100(但不含有 192.168.0.10～192.168.0.19 范围内的 IP 地址)，另外，将 192.168.0.1 保留给 MAC 地址为 00-c0-9f-21-5c-06 的服务器。

3. 使用 Pro Magic 软件安装多个操作系统，并通过“设定”“用户管理”等选项对系统进行管理。

第3部分 管 理 网 络

不管是对等网络、家庭局域网、办公局域网还是实训室局域网，都需要加强局域网中数据、安全管理，提高网络管理技能。

项目 6　管理网络服务器

服务器是局域网的重要设备之一。例如，公司要在网上公布信息，需要配置 Web 服务器；要方便传送文件，需要配置 FTP 服务器。针对这些服务器的一般应用，可利用 Internet 信息服务 IIS 来配置，包括增加 Web、FTP 站点，设置访问权限等。除此之外，还需要解析域名的 DNS 服务器、管理邮件的邮件服务器、负责文件存储的文件服务器等。

当然，网络中的服务器需要进行详细规划后才能合理利用，本项目将详细介绍各服务器的配置与管理。

学习目标

知识目标	• 了解 DNS、FTP、Web 服务的含义和作用； • 熟悉各服务安装前的准备工作； • 学会分析 DNS 查询过程并熟悉其查询模式、解析方式
技能目标	• 能顺利、熟练完成 DNS、FTP、Web 服务的配置和管理； • 能正确配置虚拟目录
态度目标	• 认真分析任务目标，做好服务器整体规划； • 耐心细致
相关知识点	• DNS、FTP 的工作原理、工作方式和组成； • IIS 的概念和特点、Web 服务器的作用、FTP 的含义和使用； • IIS、DNS、FTP 的定义
技能考核点	• 顺利完成 Web、DNS、FTP 服务器的安装，检验安装是否正确，安装是否合理； • 是否能正确配置各服务器，使得其实现相应功能

项目描述

公司为了满足信息化建设需求，需要配置服务器完成网页发布、文件传输、邮件发送等功能，及时向员工发布公司的决策和运营状况，以实现公司与客户之间的正常通信，保证公司业务正常开展。

项目分解

本项目的主要任务如表 6-1 所示。

表 6-1　任务分解表

任务名称	操作环境描述	主要子任务
任务 1　配置 Web 服务器	公司的本月工作重点、出勤考核情况、生产进度以及一些规章制度等公司文件都在内部网站上发布，让每个员工了解公司的经营状况；该网站是该公司的工作平台，所有的工作力求通过网络传递，逐步实现无纸化办公，建设节约型公司；网站也是对外宣传的窗口，其内容需要不断丰富与更新	(1) 架设 Web 服务器； (2) 配置和管理 Web 服务器
任务 2　配置 FTP 服务器	为了节约个人电脑空间及提高办公效率，蝴蝶软件公司决定在服务器上设立一些公用的文件夹(如共享软件)，员工需要时直接到服务器上取就可以，大大节省了网络搜索时间和网络资源；有紧急任务时员工可以在家完成任务，然后传回公司；有时文件比较大，邮件的附件不能满足要求	(1) 安装准备； (2) 架设 FTP 服务器； (3) 配置和管理 FTP 服务器，即配置默认站点，添加新的 FTP 站点，管理 FTP 站点，设置用户访问权限，设置拒绝不受欢迎用户的 IP 地址，分别设置 FTP 站点允许、拒绝用户上载文件，在一台服务器上配置多个 FTP 站点，测试； (4) 用 Serv-U 建立和配置 FTP 服务器
任务 3　配置 DNS 服务器	计算机的记忆功能强，可以使用数字的 IP 地址(使用点分十进制法来表示)在网络上进行通信。人虽然比较灵活，但一堆毫无意义的数据对人来说非常枯燥难记，此时如果能够提供一种方法把 IP 地址转换为有意义的名称，就会让工作更为简单	(1) 做好安装准备； (2) 做好预备工作，架设 DNS 服务器； (3) 配置和管理 DNS 服务器，即创建正向区域，创建反向区域，添加主机记录和指针，给 Web 服务器创建别名，测试； (4) 设置客户端 DNS； (5) 检测 DNS 设置

知 识 链 接

【链接 1】　IIS

IIS 是英文 Internet Information Service 的缩写，是微软出品的架设 Web、FTP、SMTP 服务器的一套整合软件，集成在 Windows 操作系统中。

【链接 2】　DNS 的组成、地址解析方式及解析过程

1. DNS 的组成

DNS 是域名服务(Domain Name Service)的缩写，是一种层次结构的计算机和网络服务命名系统。DNS 采用分层管理的方式管理着整个 Internet 上的主机名和 IP 地址。一个完整的域名空间应该包括根域、顶级域、二级域、子域和主机 5 部分，如图 6-1 所示。完整的域名书写是从最低层开始，逐渐走向最高层，如 www.tsinghua.edu.cn。

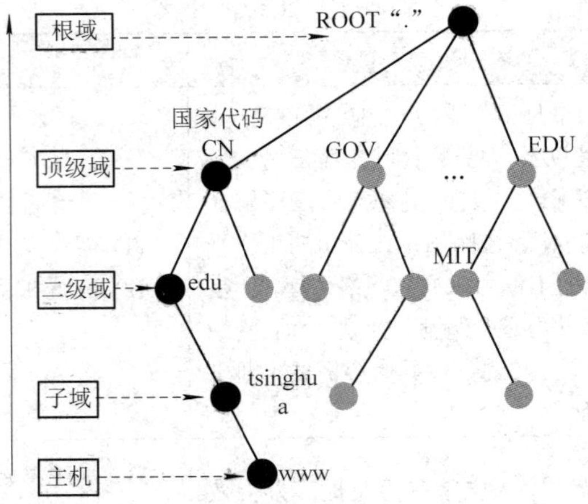

图 6-1　域名空间示意图

(1) 根域是域名空间的最高层，根名为空；

(2) 顶级域指示国家或主机所属单位的类型，如表 6-2 所示；

(3) 二级域表明顶级域内的特定组织；

(4) 子域是各组织单位根据需要创建的名称；

(5) 主机表示特定资源的名称，如 WWW 表示 Web 服务器，FTP 表示 FTP 服务器，SMTP 表示电子邮件发送器等。

表 6-2　顶 级 域 名

域名代码	含　　义	地区代码	国家或地区
EDU	教育机构	CN	中国
COM	商业组织	AU	澳大利亚
GOV	政府部门	JP	日本
NET	网络支持中心	KR	韩国
MIL	军事部门	RU	俄罗斯
ORG	其他组织	UK	英国
INT	国际组织	DE	德国
FIRM	商业公司	HK	中国香港
STORE	商品销售企业	CA	加拿大
WEB	与 WWW 相关的单位	BR	巴西
ARTS	文化和娱乐单位	FR	法国
INFO	提供信息服务的单位	MO	中国澳门

2. DNS 的地址解析方式

外网中，使用 TCP/IP 通信协议的网络通过用户名称来定位计算机和服务；内网中，计算机用 IP 地址来标识成域名。因此，内网与外网之间通信，需要将用户名转换成 IP 地址，这就需要 DNS 服务器来完成地址解析。

通常 DNS 地址解析有如下 3 种方法：

1) 递归查询(Recursive Query)

递归查询是指客户机发出查询请求后，若客户机直接连接的 DNS 服务器中没有客户所需要查询的数据，则会向其他服务器查询，不管经历多少个节点，一直查询到 DNS 服务器返回客户机所需的数据(IP 地址)或通知客户机找不到数据为止。

2) 迭代查询(Iterative Query)

迭代查询是指客户机发出查询请求后，若该 DNS 服务器中不包含所需数据，它会告诉客户机另外一台 DNS 服务器的 IP 地址，使客户机自动转向另外一台 DNS 服务器查询，以此类推，直到查询到数据，否则由最后一台 DNS 服务器通知客户机查询失败。

3) 反向查询(Reverse Query)

反向查询是指客户机利用 IP 地址查询其主机完整域名(Fully Qualified Domain Name，FQDN)。

3. DNS 的解析过程

蝴蝶软件公司网络内部的员工需要连接到 www.tsinghua.edu 网站，下面具体分析域名解析过程。

1) DNS 工作过程

(1) 客户机提出域名解析请求，并将该请求发送给本地的域名服务器。

(2) 当本地的域名服务器收到请求后就先查询本地的缓存，如果有该记录项，则本地的域名服务器直接返回查询的结果。

(3) 如果本地的缓存中没有该记录，则本地域名服务器直接把请求发给根域名服务器，然后根域名服务器再返回给本地域名服务器一个所查询域(根的子域)的主域名服务器的地址。

(4) 本地服务器再向上一步返回的域名服务器发送请求，然后接受请求的服务器查询自己的缓存，如果没有该记录，则返回相关下级的域名服务器的地址。

(5) 重复第(4)步，直到找到正确的记录。

(6) 本地域名服务器把返回的结果保存到缓存，以备下一次使用，同时将结果返回给客户机。

2) 解析

要与 www.tsinghua.edu 通信，首先需要获取该主机的 IP 地址，这就需要使用域名服务器。具体解析过程如图 6-2 所示。

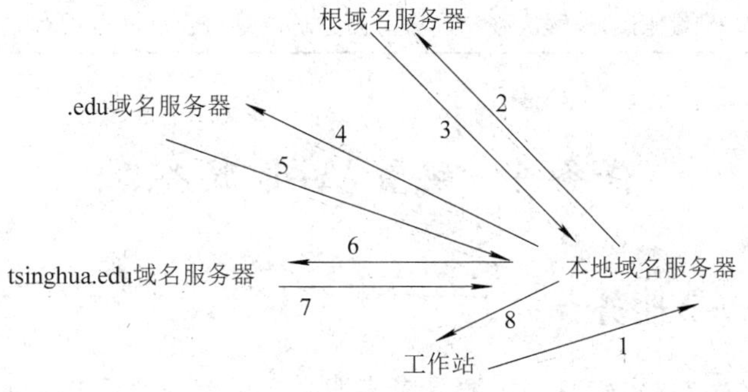

图 6-2 域名解析过程

图 6-2 中各数字标识的步骤含义如表 6-3 所示。

表 6-3 域名解析过程

步骤	含 义
1	工作站向本地域名服务器查询 www.tsinghua.edu 的 IP 地址，本地域名服务器先查询自己的数据库，没有发现相关记录
2	本地域名服务器向根域名服务器发出查询 www.tsinghua.edu IP 地址的请求
3	根域名服务器给本地域名服务器返回一个指针信息，指向.edu 域名服务器
4	本地域名服务器向.edu 域名服务器发出查询 tsinghua.edu 的 IP 地址的请求
5	.edu 域名服务器给本地域名服务器返回一个指针信息，指向 tsinghua.edu 域名服务器
6	本地域名服务器向 tsinghua.edu 域名服务器发出查询 www.tsinghua.edu 的 IP 地址的请求
7	tsinghua.edu 域名服务器给本地域名服务器返回 www.tsinghua.edu 的 IP 地址，本地域名服务器将 www.tsinghua.edu 的 IP 地址发送给解析器
8	解析器使用 IP 地址与 www.tsinghua.edu 进行通信，返回主页信息

任 务 实 施

任务实施流程如表 6-4 所示。

表 6-4 任务实施流程

实 施 流 程
1．阅读【知识链接】中的知识介绍，如果不够，则利用网络查找参考资料学习相关知识。 2．认真阅读任务，明确任务。 3．填写材料和设备清单，准备并领取实验工具与材料。 4．根据【任务实施】中任务的先后顺序与步骤，完成具体安装或配置任务，在每个小任务完成后测试任务完成情况，保证任务 100%完成。 5．检查服务器当前工作是否正常。 6．按照操作步骤或操作说明配置 Web、FTP、DNS 服务器。 7．用实际应用检验服务器配置是否成功，如果不成功，查找出现问题的原因并找出故障的解决办法。配置 Web 服务器后，检验能否查看已创建的网页。 8．填写测试报告。 9．记录操作过程中出现的问题和解决办法，思考问题解决是否合适，有没有更好的办法

任务 1 配置 Web 服务器

任务 1-1 架设 Web 服务器

Web 服务器对性能要求较高，主要是考虑服务器的稳定性和以后数量的增长性。为了提高系统的稳定性，还是推荐使用高性能的服务器。在部署 Web 服务器之前，应做好以下准备：

(1) 设置 Web 服务器的 IP 地址为静态 IP 地址，并设置好 Web 服务器的子网掩码、网关等信息。

(2) 确定 Web 域名，这里设置域名为 tc.edu.cn。

本项目主要介绍采用 Windows Server 2008 系统 IIS 集成的功能来构建蝴蝶软件公司的内部网站。

在服务器上通过“服务器管理器”安装 Web 服务器，其安装步骤如下所述。

步骤 1：以管理员的身份登录服务器，依次单击“开始”→“控制面板”→“管理工具”，打开服务器管理器。

右键单击“服务器管理器”下面的“角色”，在快捷菜单中选择“添加角色”命令，如图 6-3 所示。在打开的“选择服务器角色”对话框中，勾选其中的“Web 服务器(IIS)”复选框，如图 6-4 所示。

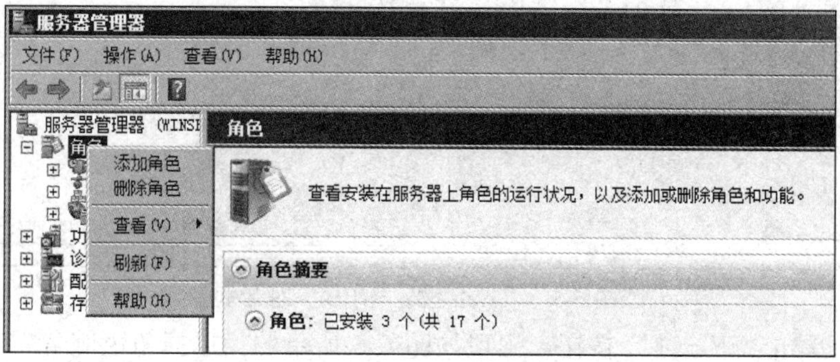

图 6-3 “服务器管理器”对话框

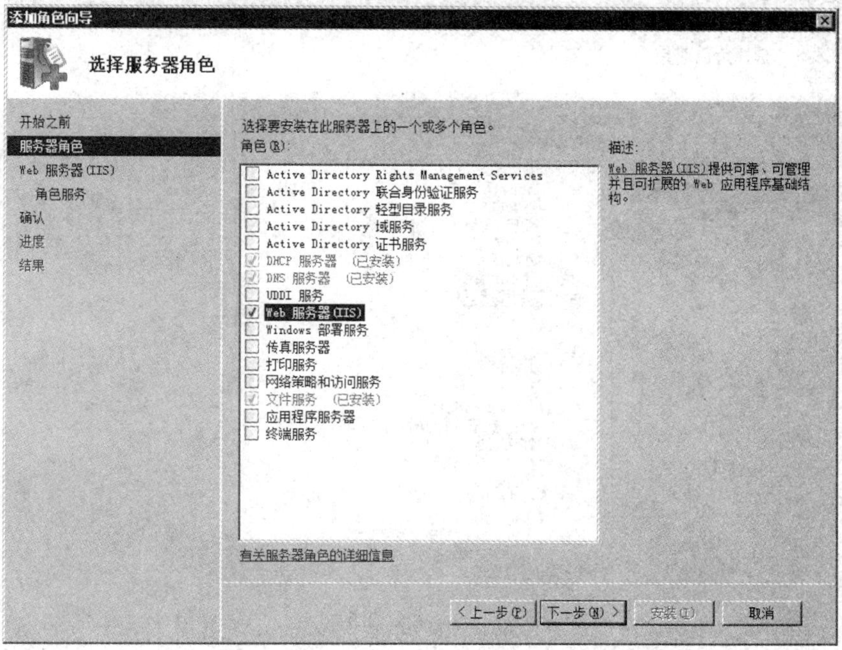

图 6-4 “添加角色向导”对话框

步骤 2：单击“下一步”按钮，打开如图 6-5 所示的“Web 服务器(IIS)”对话框，出现“Web 服务器简介”，其中是对 Web 服务器进行的简单介绍。

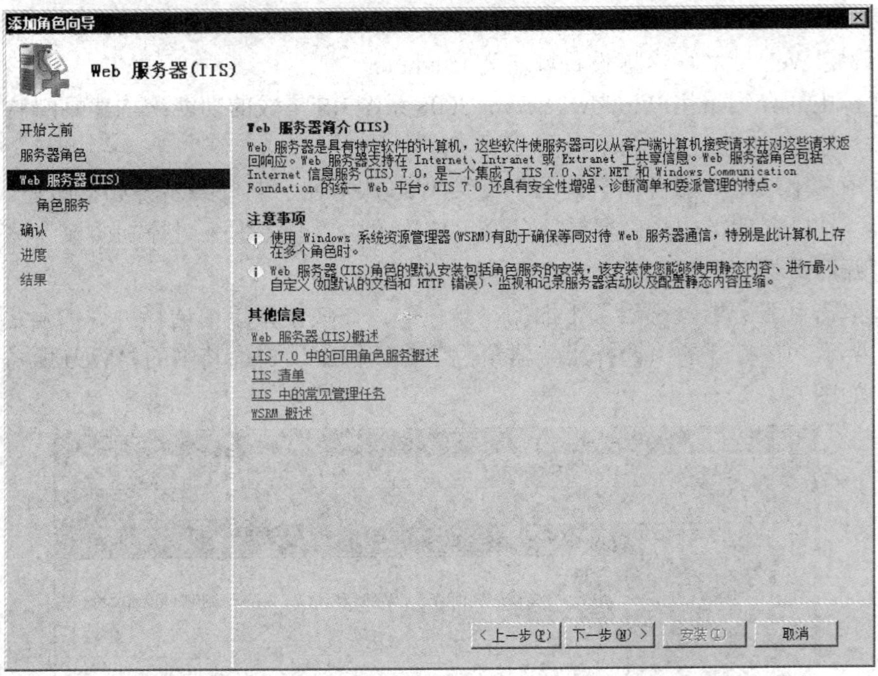

图 6-5　“Web 服务器(IIS)”对话框

步骤 3：单击“下一步”按钮，出现如图 6-6 所示的“选择角色服务”对话框，在该对话框中对 Web 服务器的角色进行选择。

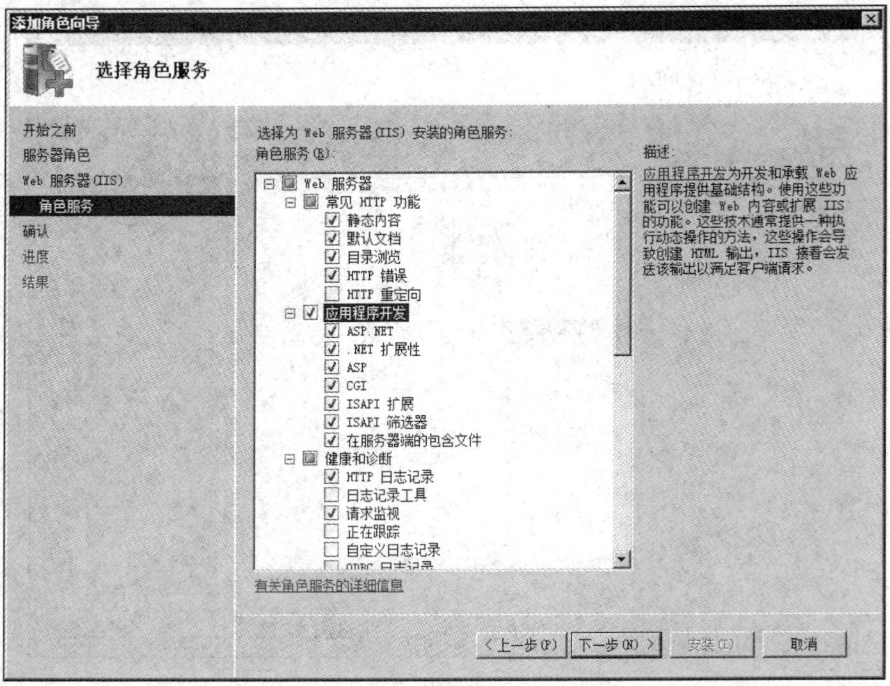

图 6-6　“选择角色服务”对话框

步骤 4：单击“下一步”按钮，出现如图 6-7 所示的“确认安装选择”对话框。

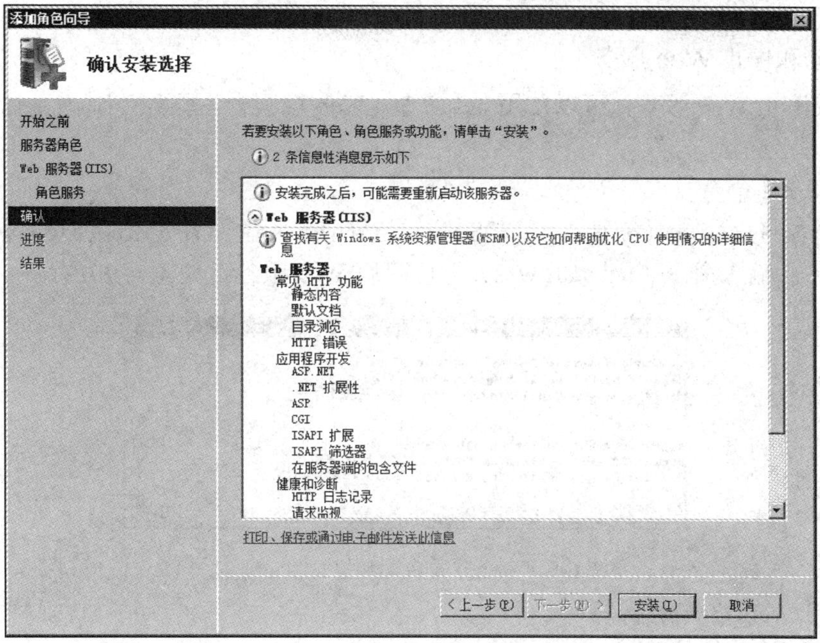

图 6-7　“确认安装选择”对话框

步骤 5：单击“安装”按钮开始安装 Web 服务器，安装完成后出现如图 6-8 所示的“安装结果”对话框，最后单击“关闭”按钮完成 Web 服务器的安装。

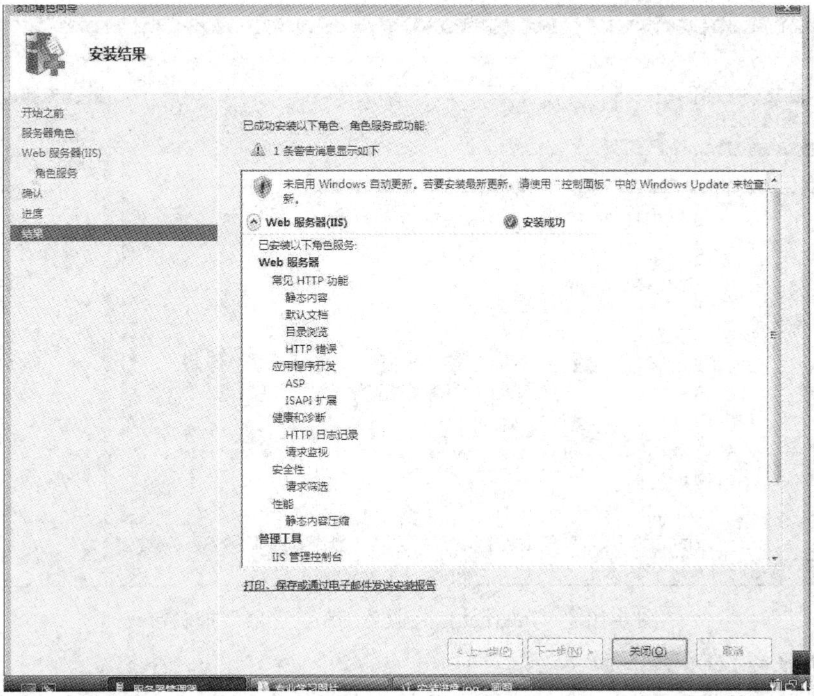

图 6-8　“安装结果”对话框

任务 1-2　配置和管理 Web 服务器

1. 启动和停止 Web 服务

启动或停止 Web 服务，可以使用 net 命令、Web 控制台、服务控制台和服务器管理器 4 种常用方法。

1) 使用 net 命令

以管理员身份登录服务器，在 DOS 命令提示符下，输入命令“net stop w3svc”可停止 Web 服务，输入命令“net start w3svc”可启用 Web 服务，如图 6-9 所示。

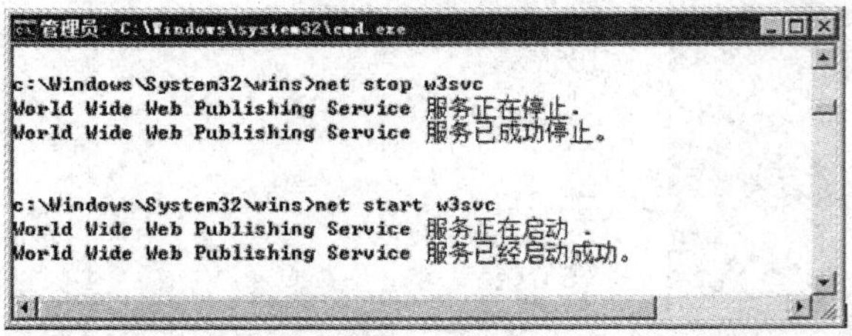

图 6-9　命令方式启动和停止 Web 服务

2) 使用 Web 控制台

以管理员的身份登录服务器，通过“开始”菜单下的“管理工具”打开“Internet 信息服务(IIS)管理器”控制台，如图 6-10 所示。

管理员可通过右键单击 Web 服务器，在弹出的快捷菜单中选择“所有任务”中的“启动”或“停止”来启动或停止 Web 服务的操作。

图 6-10　“Internet 信息服务(IIS)管理器”控制台

3) 使用服务控制台

以管理员的身份登录服务器，通过“开始”菜单下的“管理工具”打开如图 6-11 所示的“服务”控制台。管理员可通过单击“停止”“启动”“重新启动”等命令来完成启动或停止 Web 服务的操作。

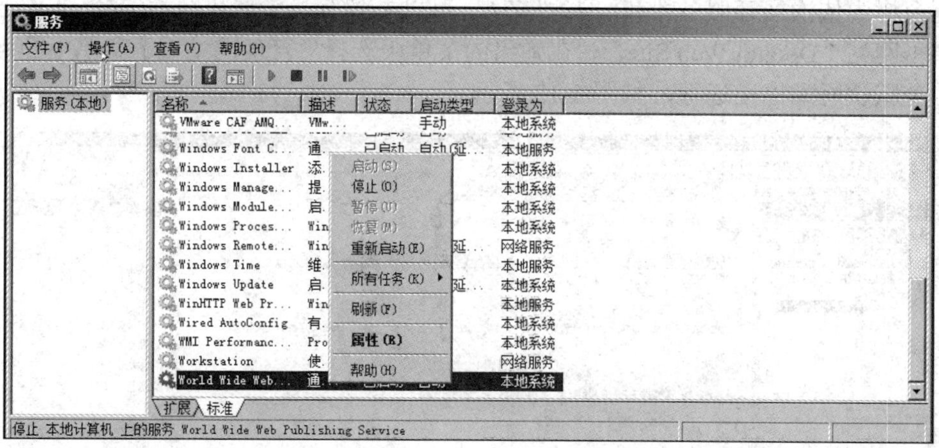

图 6-11 “服务”控制台

4) 使用服务器管理器

以管理员的身份登录服务器，通过“开始”菜单下的“管理工具”打开如图 6-12 所示的服务器管理器。管理员可通过单击“停止”“启动”“重新启动”等按钮来完成启动或停止 Web 服务的操作。

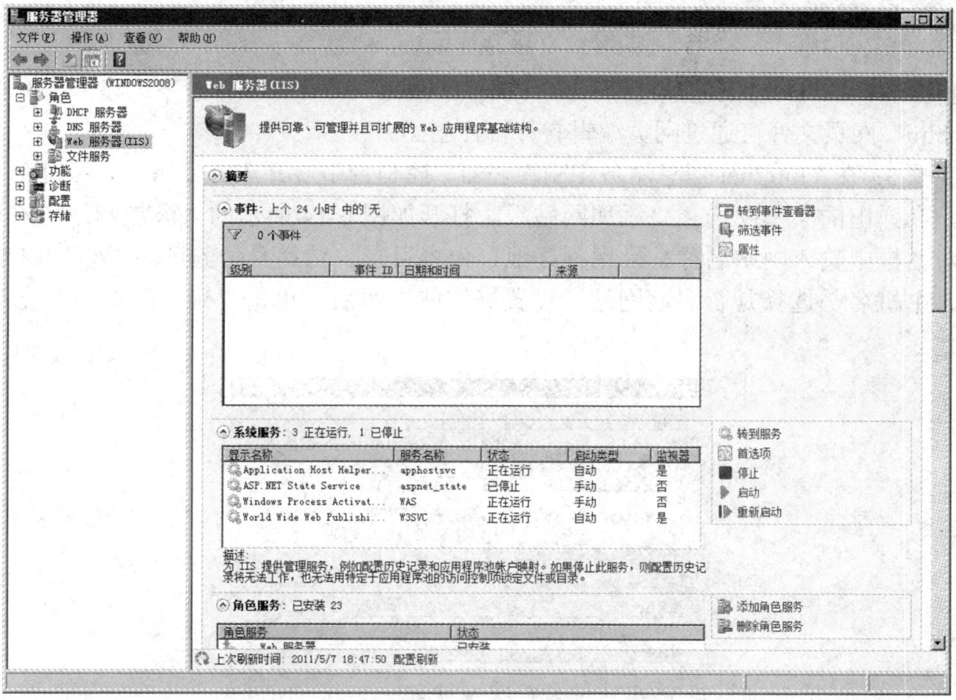

图 6-12 “服务器管理器”对话框

2. 创建使用 IP 地址访问的 Web 网站

下面以在 Web 服务器上创建一个名为“shil”的网站为例，说明用户如何通过使用 IP 地址访问该网站，具体操作步骤如下所述。

步骤 1： 以管理员的身份登录服务器，打开“Internet 信息服务(IIS)管理器”控制台，在控制台树中依次展开服务器和“网站”节点。可以看到有一个默认网站(Default Web Site)。右键单击网站“Default Web Site”，在弹出的菜单中选择“管理网站”子菜单中的“停止”选项，使默认网站停止运行，如图 6-13 所示。

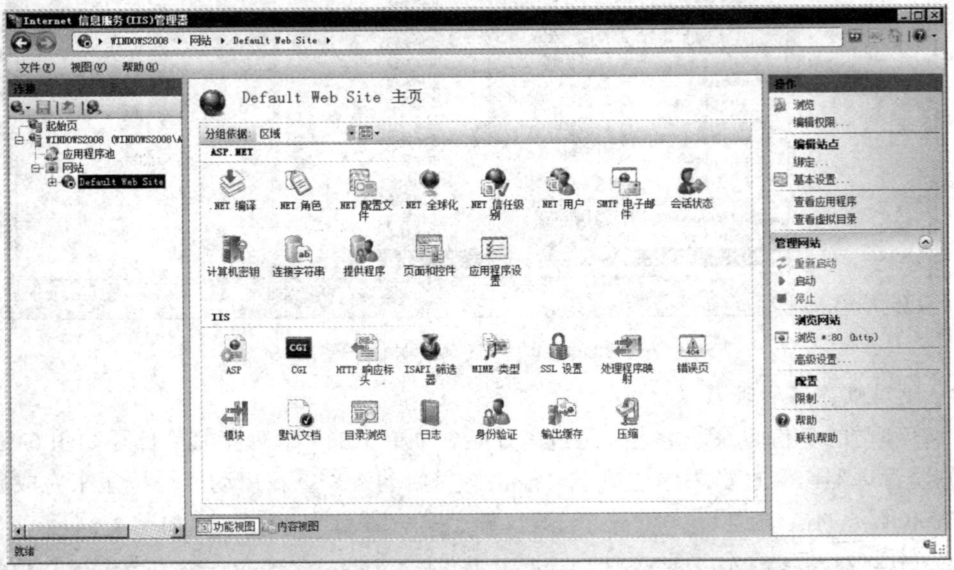

图 6-13　“Default Web Site”主页

步骤 2： 在 D 盘下创建网站存储目录“D:\web”，并在该目录下创建一个网页文件 index.htm。网页文件可通过网页编辑软件自行创建。

步骤 3： 在“Internet 信息服务(IIS)管理器”控制台中展开服务器节点，右键单击“网站”，在弹出的菜单中选择“添加网站”，打开如图 6-14 所示的“添加网站”对话框。在该对话框中输入网站名称、应用程序池、内容目录、传递身份验证、类型、IP 地址、端口、主机名，选择是否启动网站。设置好这些参数后，单击“确定”按钮，完成网站的创建。

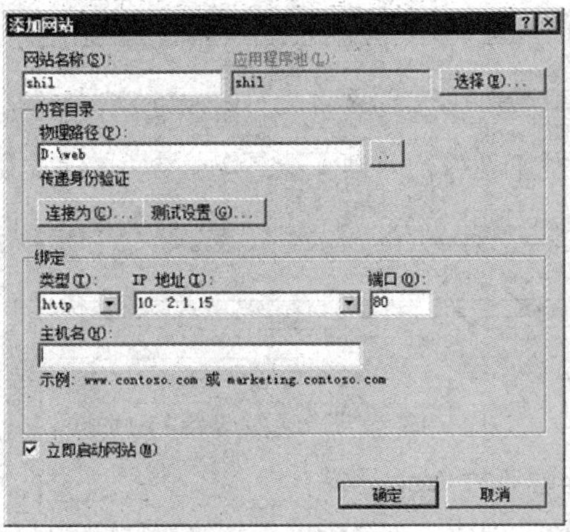

图 6-14　“添加网站”对话框

步骤 4： 在客户端计算机中，打开浏览器，在浏览器的地址栏中输入网站的 IP 地址，访问刚创建的网站，如图 6-15 所示。

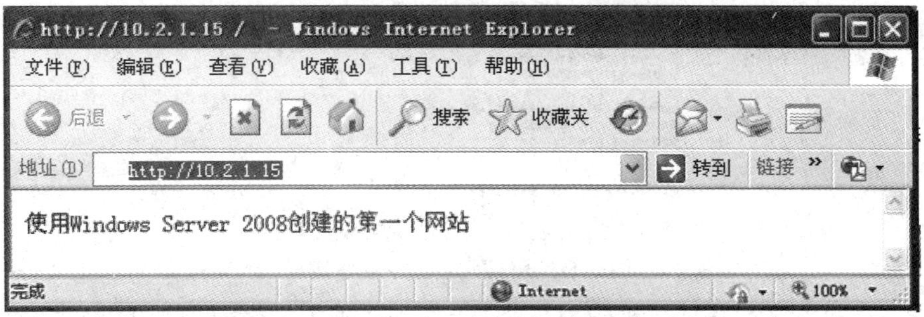

图 6-15　测试网站界面

3. 创建使用域名访问的 Web 网站

通过 IP 地址创建网站的方法虽然能完成网站的创建，但要记住这些 IP 地址非常困难，而且人们日常访问网站时，习惯采用域名的方式访问。使用域名创建网站的具体步骤如下所述。

步骤 1： 在 Web 服务器上打开“Web”控制台，依次展开服务器和“正向查找区域”节点，右键单击“tc.cn”，在弹出的菜单中选择“新建别名”，在图 6-16 所示的对话框中的“别名”处输入“www”，在“目标主机的完全合格的域名(FQDN)”中输入 Web 服务器所在主机的域名“windows2008.tc.cn”，单击“确定”按钮完成设置。

步骤 2： 在客户端设置 DNS 服务器的 IP 地址为本地 Web 服务器的 IP 地址，如图 6-17 所示。

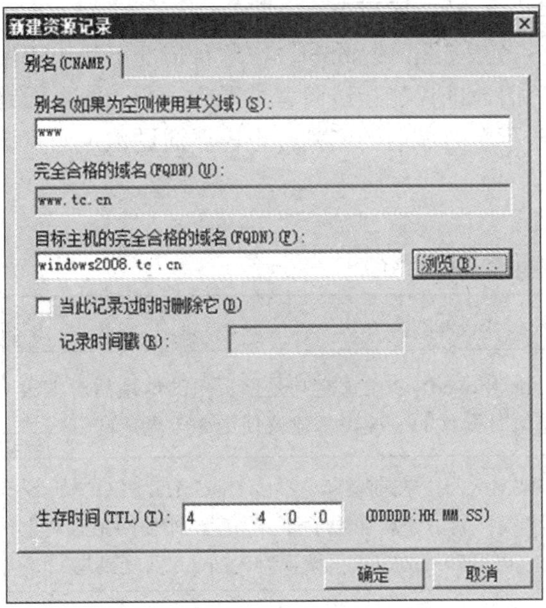

图 6-16　“新建资源记录”对话框

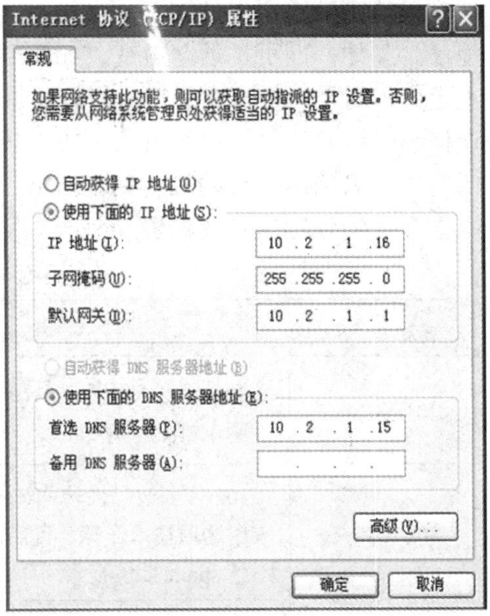

图 6-17　客户端 IP 地址配置对话框

步骤 3： 在客户端通过“nslookup”命令测试是否能够解析刚刚创建的别名记录，如

图 6-18 所示。

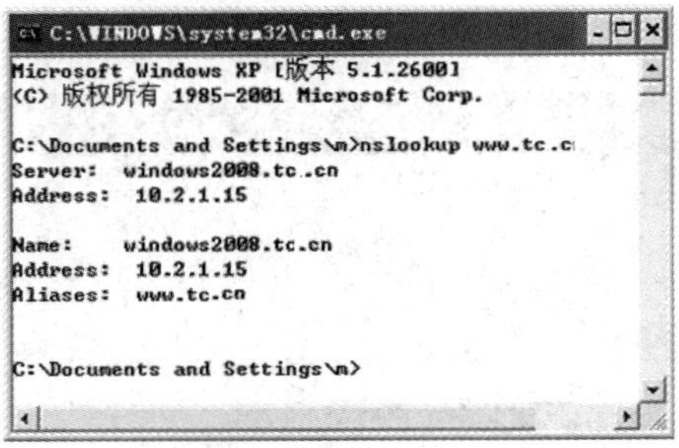

图 6-18　测试别名记录创建情况

步骤 4：打开客户端计算机的浏览器，在浏览器的地址栏中输入 http：//www.tc.cn，显示所创建的网站，如图 6-19 所示，说明创建成功。

图 6-19　测试网站创建情况

4. 重定向 Web 网站主目录

重定向是通过各种方法将各种网络请求重新定个方向。在网站的建设过程中，时常会遇到需要网页重定向的情况。例如，网站调整，如改变网页目录结构，网页被移到一个新地址。又如，网页扩展名改变，如需要把.php 改成.html 或.shtml。在这种情况下如果不做重定向，则用户收藏夹或搜索引擎数据库中的旧地址只能让访问客户得到一个 404 页面错误信息，访问流量白白丢失。再如，某些注册了多个域名的网站，也需要通过重定向将访问这些域名的用户自动跳转到主站点。

常用的重定向方式见表 6-5。

表 6-5　常用的重定向方式

重定向方式	说　明
301 redirect	301 代表永久性转移(Permanently Moved)。301 重定向是网页更改地址后对搜索引擎友好的最好方法。只要不是暂时搬移的情况，都建议使用 301 重定向方式
302 redirect	302 代表暂时性转移(Temporarily Moved)。在前些年，不少 Black Hat SEO 曾广泛应用这项技术作弊。目前，各大主要搜索引擎均加强了打击力度，即使网站客观上不是 spam(欺骗搜索引擎的信息)，也很容易被搜索引擎误判为 spam 而受到惩罚
meta fresh	在 2000 年前比较流行，现在已很少用。该方式通过网页中的 meta 指令，在特定时间后重定向到新的网页。如果延迟的时间太短(约 5 秒之内)，会被判断为 spam

下面以将上面创建的网站重定向到“tc.edu.cn”为例，具体说明重定向的详细操作步骤。

步骤 1：在“Internet 信息服务(IIS)管理器”控制台中依次展开服务器和网站节点，单击“shil”网站，在“分组依据”中找到“HTTP 重定向”，如图 6-20 所示。

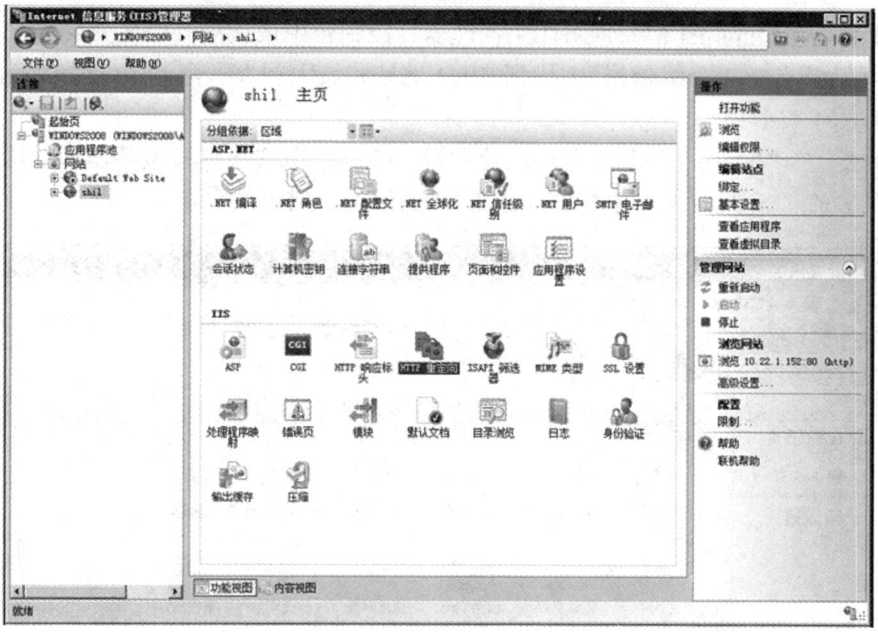

图 6-20　“Internet 信息服务(IIS)管理器”控制台的“shil 主页”

步骤 2：双击“HTTP 重定向”，在弹出的如图 6-21 所示的界面中，选择“将请求重定向到此目标”下的文本框，并设置目标网站路径为 http://tc.edu.cn，单击右侧“操作”区域中的“应用”按钮完成设定。

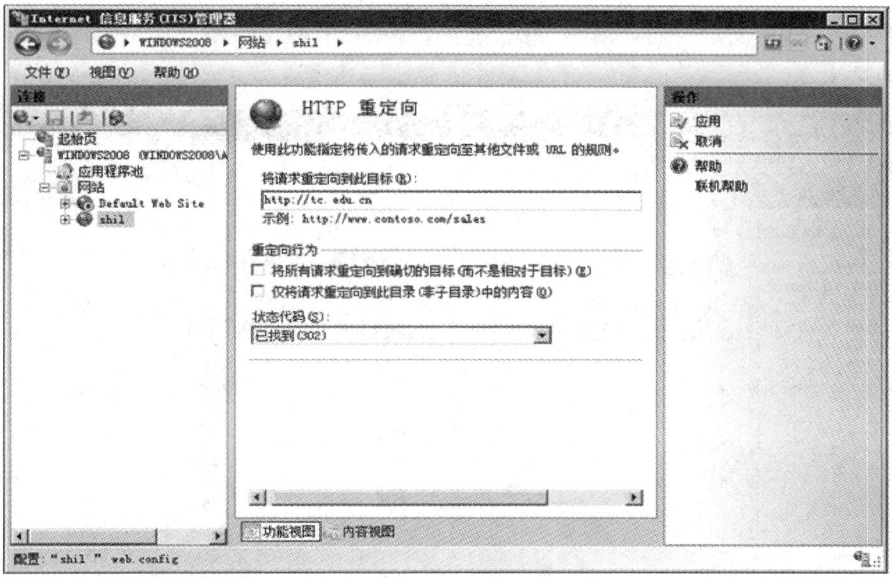

图 6-21　“HTTP 重定向”对话框

步骤 3: 在客户端输入“http://www.tc.edu.cn”时，Web 网站将重定向到“http://tc. edu.cn”。

5. 禁止某客户端访问网站的错误反馈设置

下面以禁止 IP 地址为 10.2.1.15 的客户端访问网站为例，介绍禁止某客户端访问网站的具体操作步骤。

步骤 1: 在“Internet 信息服务(IIS)管理器”控制台中依次展开服务器和网站节点，单击“shil”网站节点，在“分组依据”中找到“IPv4 地址和域限制”项，限制 IP 地址为“10.2.1.15”的计算机访问 Web 站点。

步骤 2: 在“Internet 信息服务(IIS)管理器”控制台中依次展开服务器和网站节点，单击“shil”，在“分组依据”中找到如图 6-22 所示的“错误页”。

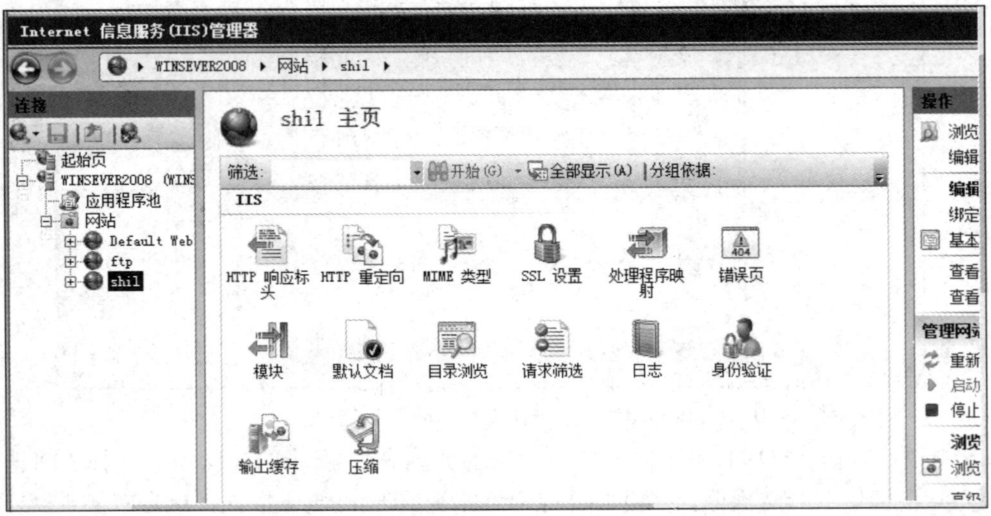

图 6-22　“shil 主页”的“错误页”

步骤 3: 双击“错误页”图标，打开如图 6-23 所示的“错误页”设置界面，可看到一些默认错误。

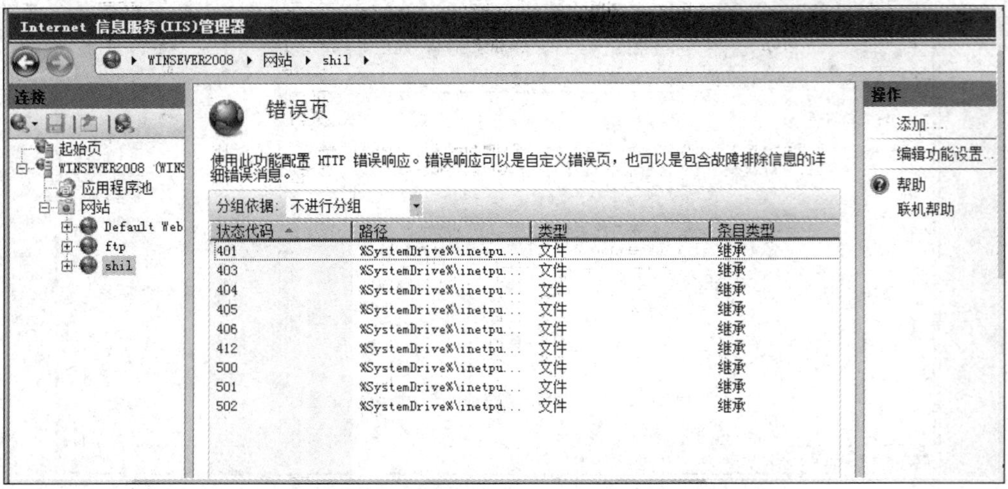

图 6-23　“错误页”设置界面

步骤 4：单击图 6-23“操作”区域中的“添加”按钮，打开如图 6-24 所示“添加自定义错误页”对话框，在“状态代码”中输入 403，在“响应操作”选项域中选择“将静态文件中的内容插入错误响应中”单选按钮。如果不勾选“尝试返回使用客户端语言的错误文件”复选框，则需在“文件路径”文本框中手动输入文件的路径。如果勾选这个复选框，则在右侧会显示“设置”按钮，单击“设置”按钮，打开“设置本地化的自定义错误路径”对话框，选择文件的路径，如“C:\inetpub\zh-CN\403.htm”。单击“确定”按钮完成设置。

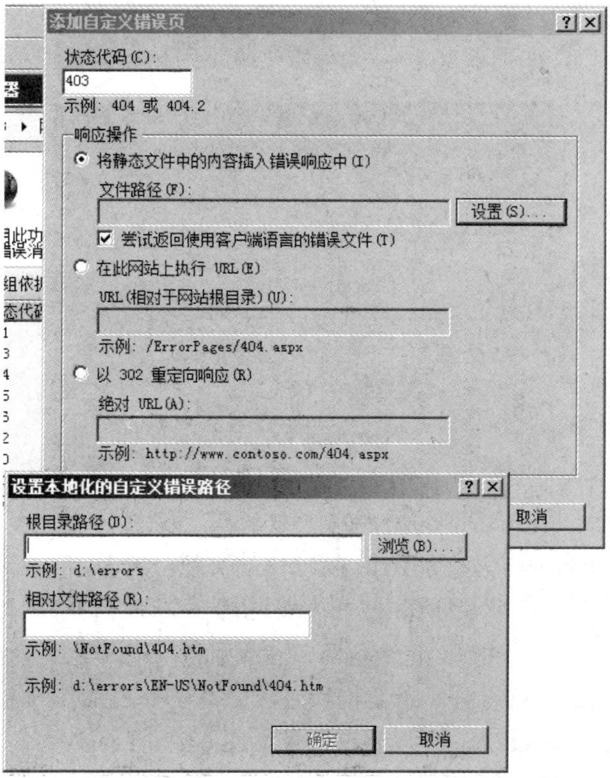

图 6-24　“添加自定义错误页”对话框

步骤 5：在“10.2.1.15”计算机上访问网站，看到如图 6-25 所示的错误信息。

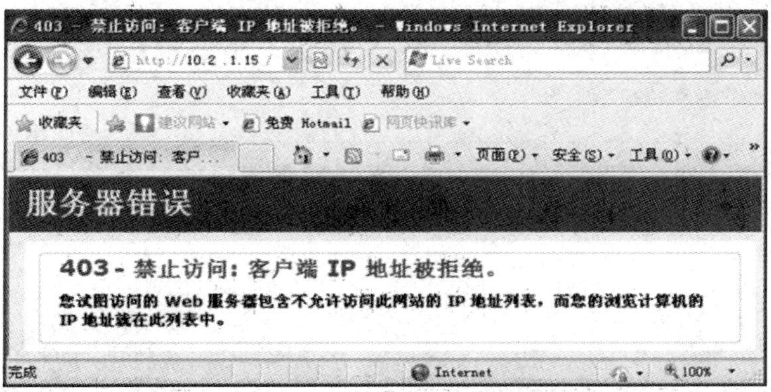

图 6-25　服务器错误信息页

6. 创建 Web 网站虚拟目录

为 Web 网站创建虚拟目录，本实例中命名为“xuni”，其主目录为“D:\xuni”，具体步骤如下：

步骤 1：创建虚拟目录“D:\xuni”，在该目录下创建虚拟目录使用的网页文件“index.htm”。

步骤 2：在“Internet 信息服务(IIS)管理器”控制台中展开服务器和“网站”节点，右键单击名为“shil”的网站，在弹出的菜单中选择“添加虚拟目录”，打开“编辑虚拟目录”对话框，在该对话框中可以指定虚拟目录的别名和物理路径。这里设置别名为“xuni”，物理路径为“d:\xuni”，如图 6-26 所示。单击“确定”按钮完成虚拟目录的创建。

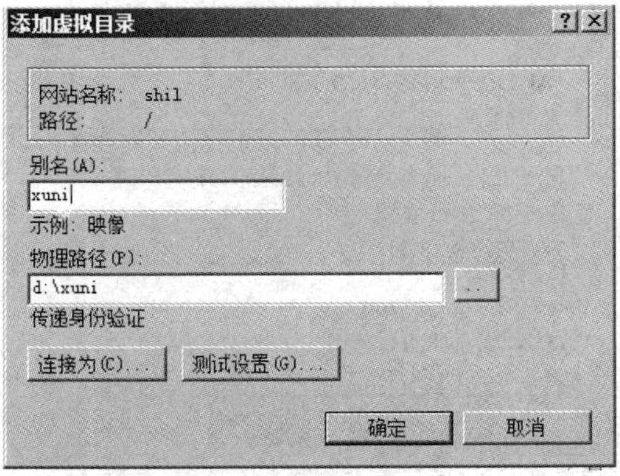

图 6-26　“编辑虚拟目录”对话框

步骤 3：返回“Internet 信息服务(IIS)管理器”控制台界面，可以看到虚拟目录添加后的效果。如果某项前有虚拟目录标识，表明这是一个虚拟目录。

步骤 4：访问虚拟目录。打开 IE 浏览器，在地址栏中输入 http://服务器 IP 地址或主机名/别名，然后回车，则可以看到目录结构和内容。本任务是在客户端 IE 浏览器的地址栏中输入“http://www.tc.edu.cn/xuni”，测试效果如图 6-27 所示。

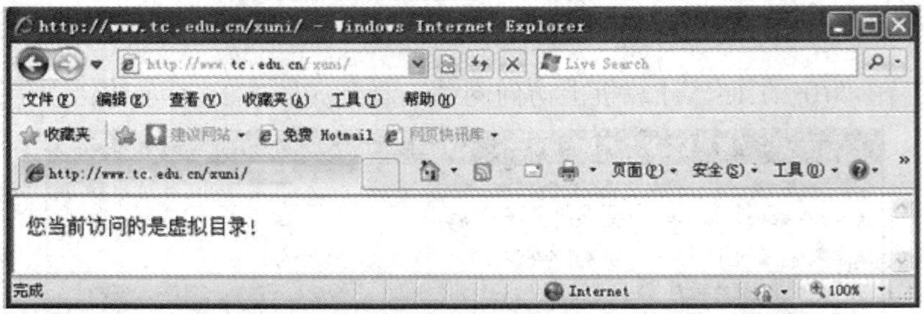

图 6-27　测试效果图

注意

虚拟目录可与原网站文件不在同一个文件夹，甚至在不同的磁盘或不同的计算机上，与访问同一个文件夹一样方便。

任务 2 配置 FTP 服务器

根据蝴蝶软件公司的需求，可用 IIS 集成的 FTP 服务来解决这些问题，其依据如下。

(1) FTP 服务能提供比邮件附件大的文件传输服务。

(2) 前面建立的 Web 服务器采用的是 IIS 工具，FTP 服务器也用 IIS 工具建立，有利于后期的维护与管理。

任务 2-1 安装准备

在安装 FTP 服务器之前，首先应当准备好以下安装条件：

(1) 设置 FTP 服务器的 TCP/IP 属性，为 FTP 服务器手工编制一个 IP 地址、子网掩码、默认网关和 DNS 服务器。

(2) 将 FTP 服务器部署在 tc.edu.cn 域中。

任务 2-2 架设 FTP 服务器

目前有两个版本的 FTP 服务器可供安装，其中一个内置在 Windows Server 2008 的 Internet 信息服务(IIS 7.0)中，它与旧版本的 FTP 服务器相同，并未对 FTP 服务功能进行更新，功能较少，仍然需要老版本 IIS 6.0 的管理器来进行管理。另一个版本需从微软网站下载。可通过关键词“Microsoft FTP Service for IIS 7.0”来查找与下载这个版本的安装文件，该版本的功能较强。

在服务器上通过“服务器管理器”安装 FTP 服务器，具体步骤如下。

步骤 1：以管理员身份登录服务器，通过“开始”菜单下的“管理工具”打开服务器管理器，单击“服务器管理器”左侧的“角色”节点，然后单击下方的“Web 服务器(IIS)”按钮，打开如图 6-28 所示的“Web 服务器(IIS)”对话框。

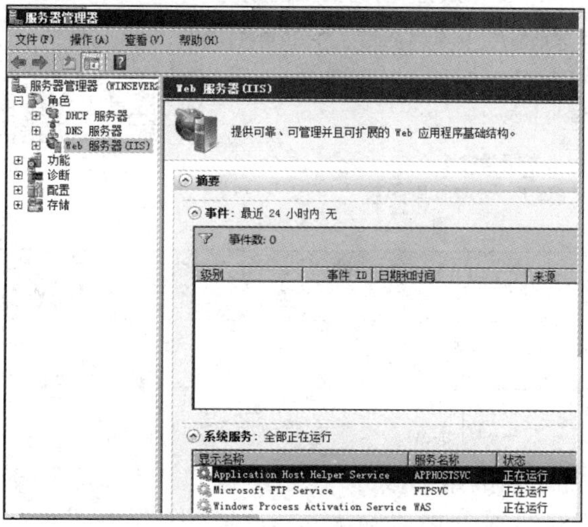

图 6-28 “Web 服务器(IIS)”对话框

步骤 2： 单击“添加角色服务”按钮，出现如图 6-29 所示的“选择角色服务”对话框。

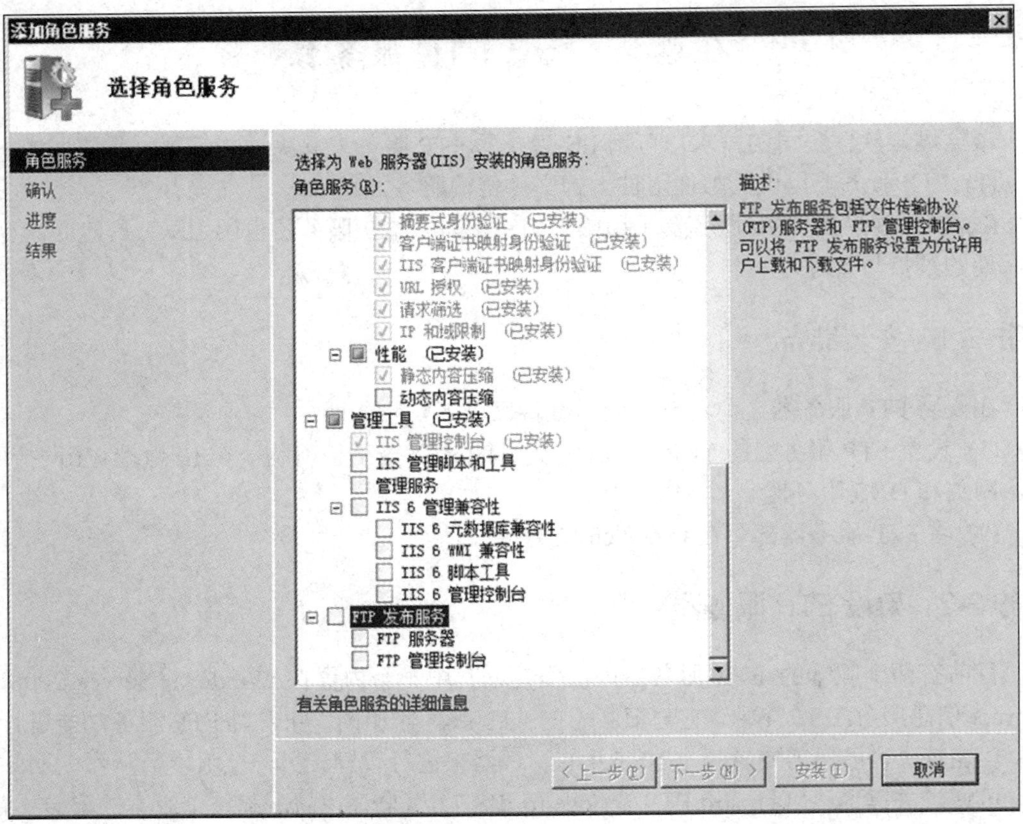

图 6-29　“选择角色服务”对话框

步骤 3： 勾选“FTP 发布服务”复选框，打开如图 6-30 所示的对话框。

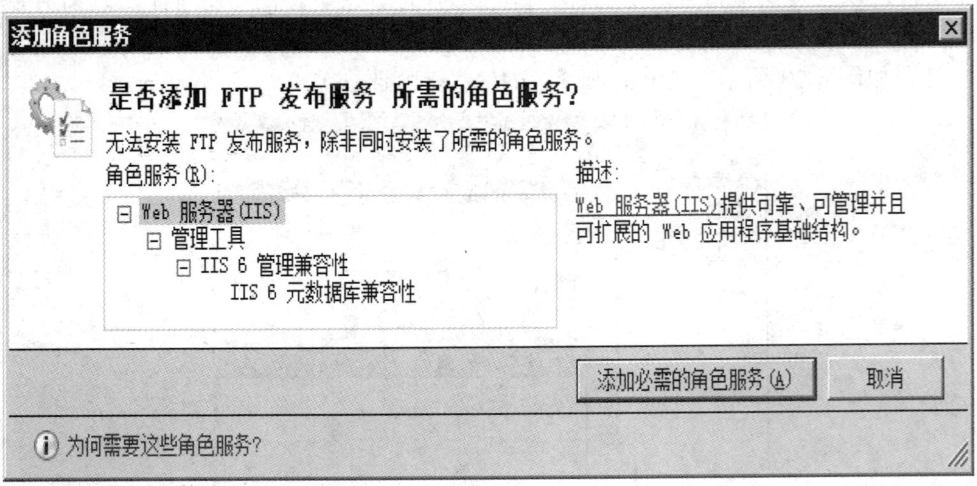

图 6-30　“添加角色服务”对话框

步骤 4： 单击“添加必需的角色服务”按钮，返回“选择角色服务”界面，并单击“下一步”按钮，打开如图 6-31 所示的“确认安装选择”对话框。

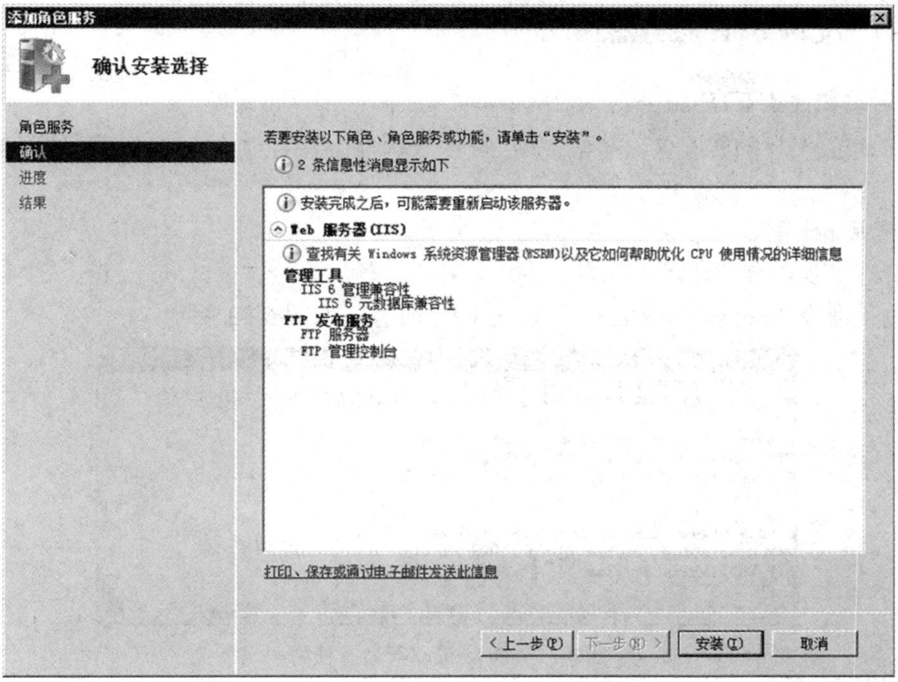

图 6-31　“确认安装选择”对话框

步骤 5：单击“安装”按钮，开始安装 FTP 服务器，安装完成后出现如图 6-32 所示的“安装结果”对话框，单击“关闭”按钮，完成 FTP 服务器的安装。

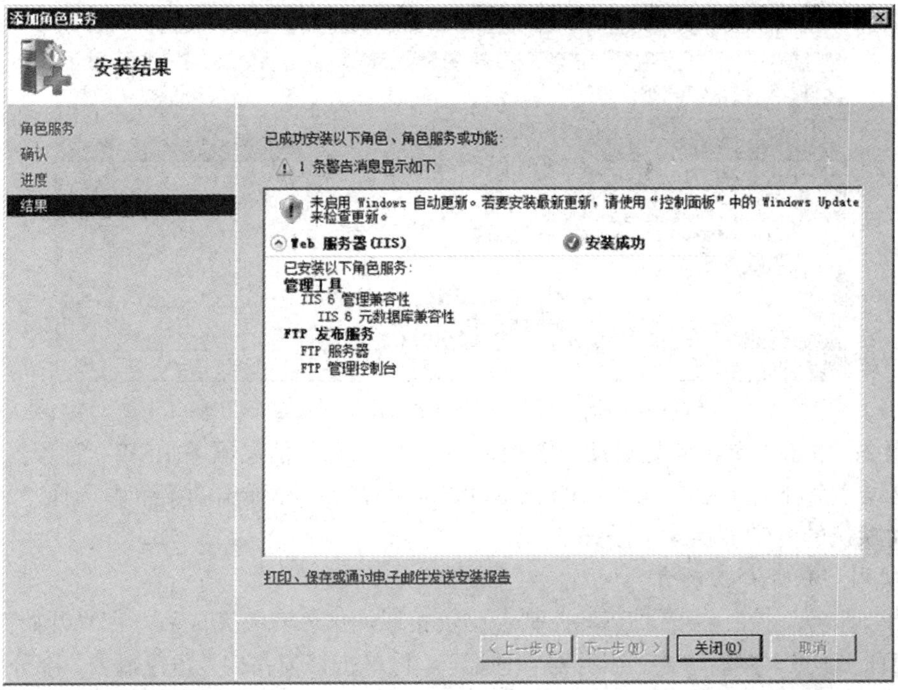

图 6-32　“安装结果”对话框

任务 2-3　配置 FTP 服务器

1. 启动和停止 FTP 服务

要启动或停止 FTP 服务，通常使用 net 命令、“IIS”控制台、“服务”控制台 3 种常用方法。

1) 使用 net 命令

以管理员身份登录服务器，在命令提示符下，输入命令“net stop msftpsvc”停止 FTP 服务，输入命令“net start msftpsvc”启用 FTP 服务，如图 6-33 所示。

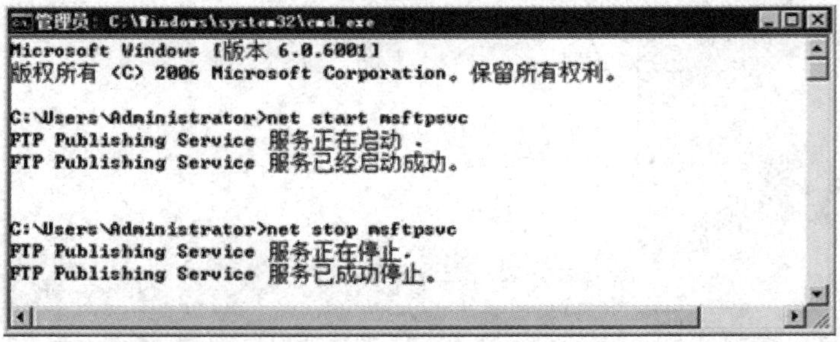

图 6-33　DOS 提示符命令使用

2) 使用“IIS”控制台

在此介绍的 IIS 7.0 服务器中内嵌了 FTP 服务器软件，默认情况下是不会启动 FTP 服务的。启动 FTP 服务的具体操作步骤如下所述。

步骤 1：选择“开始”→“管理工具”→“Internet 信息服务(IIS)管理器”，打开如图 6-34 所示的“IIS 信息服务(IIS)管理器”窗口，在“连接”窗格中选择“FTP”节点。

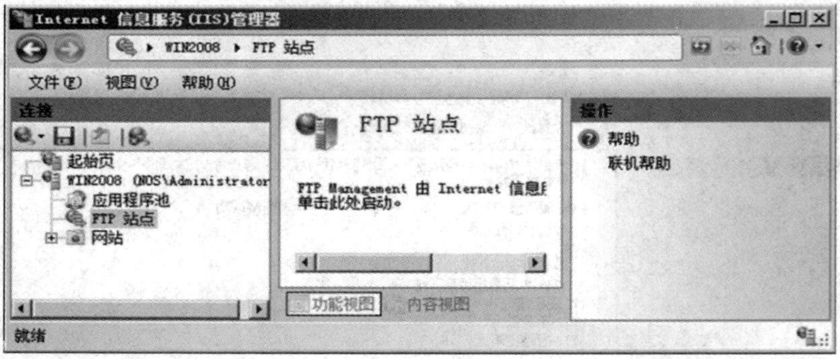

图 6-34　“IIS 信息服务(IIS)管理器”对话框 FTP 站点

步骤 2：单击“单击此处启动”链接，弹出“Internet 信息服务(IIS)7.0 管理器”窗口，在“FTP 站点”下，右键单击“Default FTP Site”站点，在弹出的菜单中选择“启动”命令，启动默认的 FTP 站点，如图 6-35 所示。

3) 使用“服务”控制台

使用“服务”控制台与“IIS”控制台比较相似，角色安装完成后，在“开始”菜单上单击“管理工具”，然后单击“服务器管理器”，再单击该窗格中“角色摘要”部分中“Web 服务器(IIS)”，再在“系统服务”下，单击“FTP 发布服务”，然后单击“启动”，即可开启 FTP 服务。

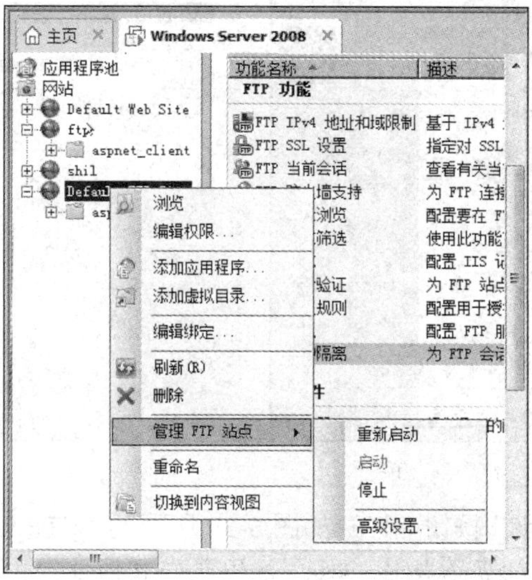

图 6-35　“Default FTP Site”站点

2. 创建 FTP 服务站点

步骤 1： 依次展开“Internet 信息服务(IIS)管理器”→“Test 本地计算机”→“FTP 站点”→右键单击 FTP 站点，选择“新建”→“FTP 站点”，打开 FTP 站点创建向导。

步骤 2： 单击“下一步”按钮，打开“FTP 站点描述”对话框，在描述文本框中输入一些描述性信息，以便于各站点的识别，如图 6-36 所示。

步骤 3： 单击“下一步”按钮，打开“IP 地址和端口设置”对话框，在地址栏内输入服务器的 IP 地址，端口为默认端口，如图 6-37 所示。

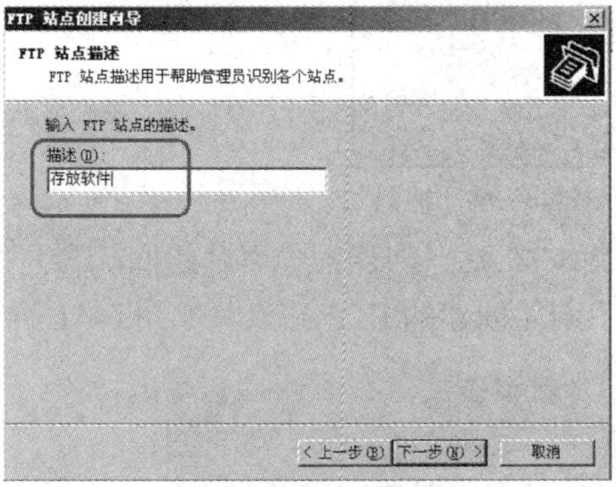

图 6-36　“FTP 站点描述”对话框

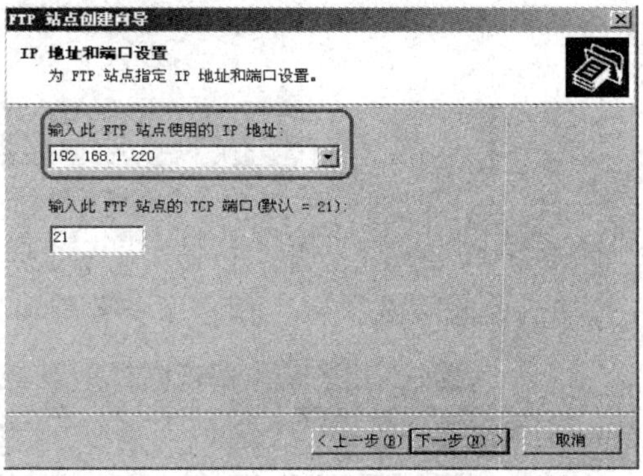

图 6-37　“IP 地址和端口设置”对话框

步骤 4： 单击“下一步”按钮，打开“FTP 用户隔离”对话框，选择默认的“不隔离用户”单选按钮，如图 6-38 所示。

注意

“FTP 用户隔离”——将用户限制在自己的目录中，防止用户查看或覆盖其他用户的内容，也就是说防止用户访问其他用户的 FTP 主目录。

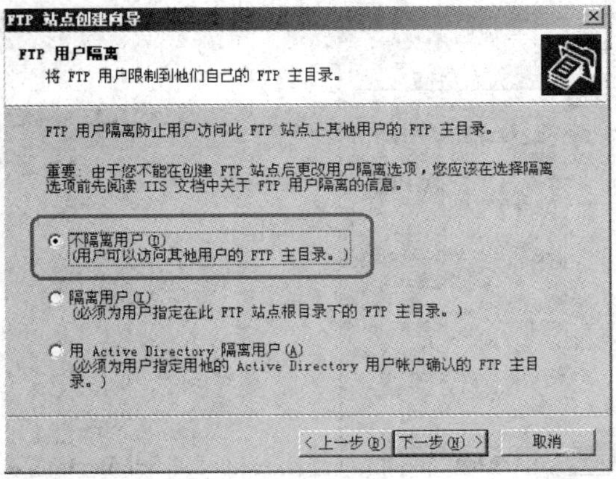

图 6-38　“FTP 用户隔离”对话框

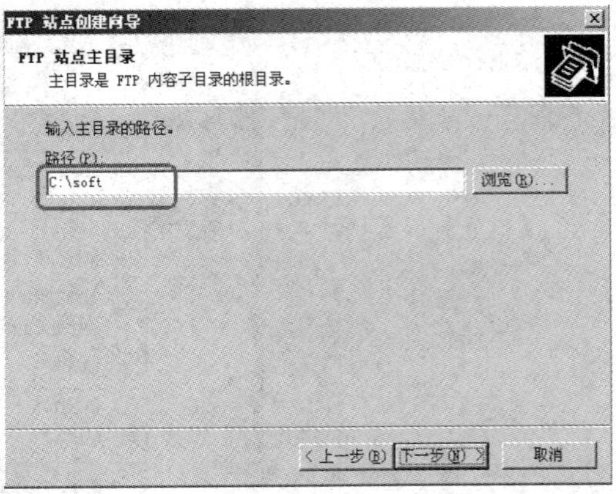

图 6-39　“FTP 站点主目录”对话框

步骤 5：单击“下一步”按钮，打开如图 6-39 所示的“FTP 站点主目录”对话框，FTP 主目录在本机上则采用“浏览”按钮选择，如果是在其他计算机上则使用“\\Server\目录”的形式选择。

步骤 6：单击“下一步”按钮，打开如图 6-40 所示的“FTP 站点访问权限”对话框，选取赋给用户的权限。

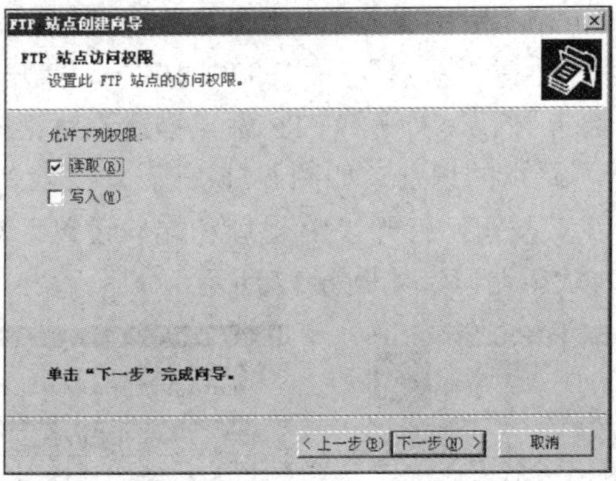

图 6-40　“FTP 站点访问权限”对话框

步骤 7：单击“下一步”按钮，显示“成功完成 FTP 站点创建向导”对话框，单击“完成”按钮。此时将在“应用程序服务器”窗口显示刚才创建的 FTP 站点，如图 6-41 所示。

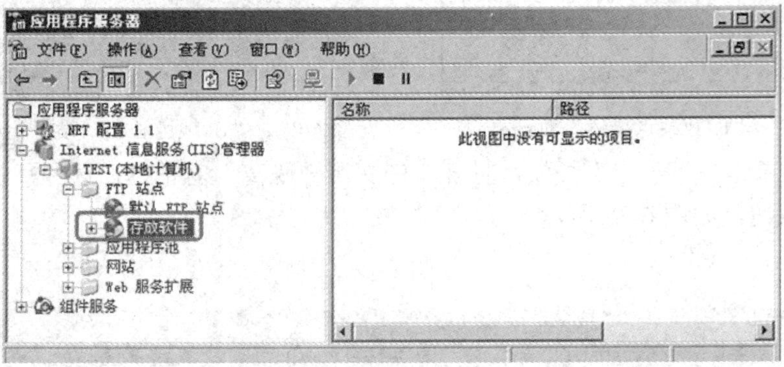

图 6-41　“应用程序服务器”窗口显示创建的 FTP 站点

步骤 8： FTP 服务器建立好后，测试一下是否访问正常。打开 IE 浏览器，在地址栏中输入“ftp://192.168.1.220/”后回车，如图 6-42 所示，说明 FTP 站点设置成功。蝴蝶软件公司的员工就可以下载软件了。

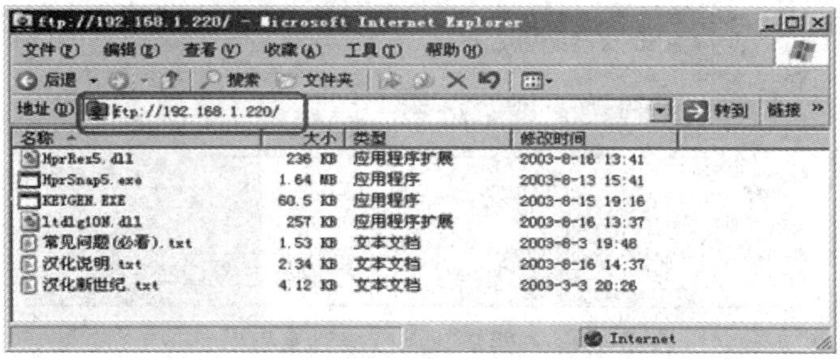

图 6-42　验证设置的 FTP 站点

3. 在 FTP 站点上创建虚拟目录

为 FTP 网站创建虚拟目录，给虚拟目录命名为“ftpxu”，其主目录为“D:\xuni”，具体操作步骤如下所述。

步骤 1： 创建虚拟目录“D:\xuni”，在该目录下创建虚拟目录使用的网页文件“xu.txt”。

步骤 2： 在“Internet 信息服务(IIS)管理器 7.0”控制台中展开服务器和“FTP 站点”节点，右键单击刚创建的 FTP 站点，在弹出的菜单中选择“新建”菜单下的“虚拟目录”，打开如图 6-43 所示的“虚拟目录创建向导”对话框。

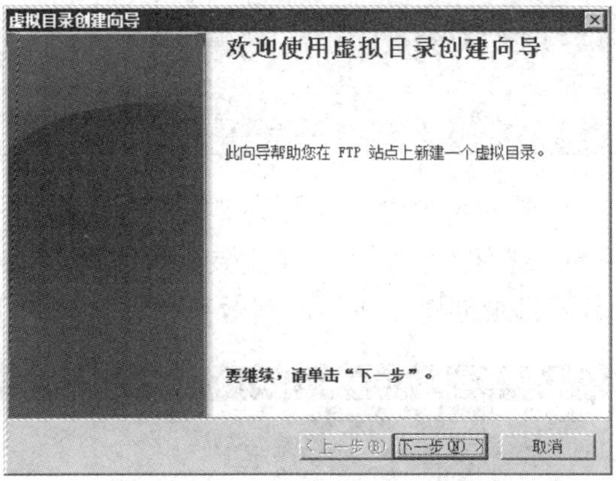

图 6-43　“虚拟目录创建向导”的对话框

步骤 3： 单击“下一步”按钮，打开如图 6-44 所示的“虚拟目录别名”对话框，在“别名”文本框中输入虚拟目录的别名“ftpxu”。

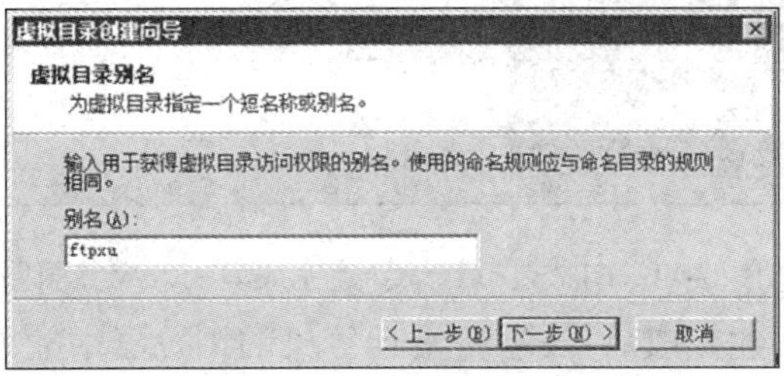

图 6-44　“虚拟目录别名”对话框

步骤 4： 单击“下一步”按钮，打开如图 6-45 所示的“FTP 站点内容目录”对话框，在其中的“路径”文本框中输入 FTP 虚拟目录的主目录“D:\xuni”。

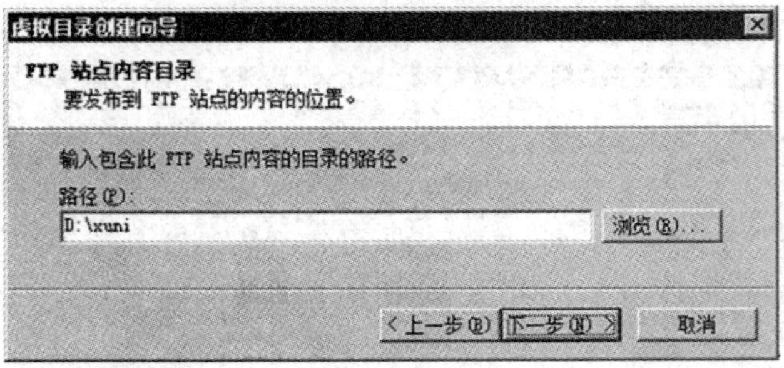

图 6-45　“FTP 站点内容目录”对话框

步骤 5： 单击“下一步”按钮，打开如图 6-46 所示的“虚拟目录访问权限”对话框，在其中的“允许下列权限”中选择默认设置，即允许读取 FTP 虚拟目录上的内容，而不允许写入，也就是说不允许向 FTP 虚拟目录上传内容。

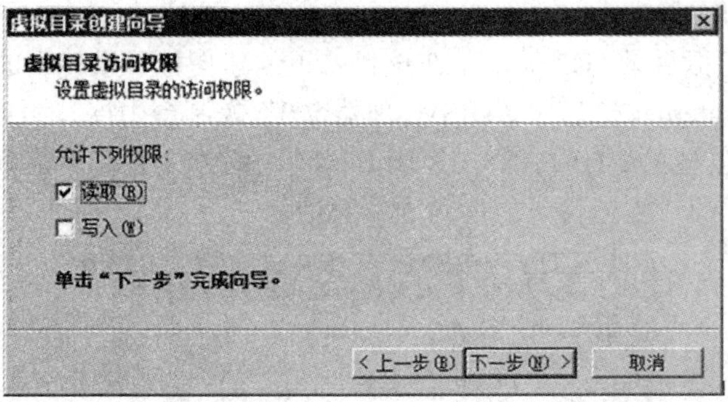

图 6-46　“虚拟目录访问权限”对话框

步骤 6： 单击“下一步”按钮，打开“完成安装”对话框，单击“确定”按钮完成 FTP 虚拟目录的配置，FTP 虚拟目录创建完成后，其效果如图 6-47 所示。

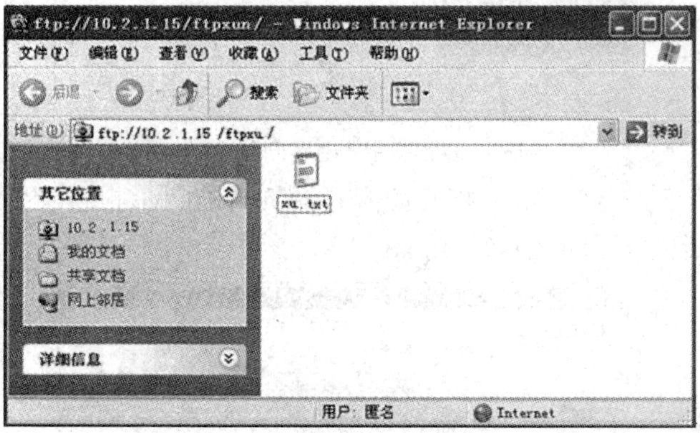

图 6-47　FTP 虚拟目录创建完成后的效果界面图

步骤 7： 虚拟目录创建完成后，在客户端计算机的浏览器中输入“ftp://10.2.1.15/ftpxu/”，其效果如图 6-48 所示。

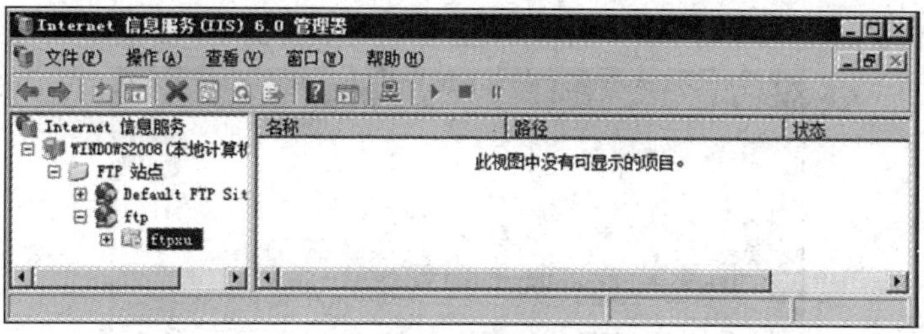

图 6-48　测试虚拟目录创建结果

任务 2-4　用 Serv-U 创建和配置 FTP 服务器

Serv-U 是一种被广泛运用的 FTP 服务器端软件，通过 Serv-U，用户能够将任何一台 PC 设置成一台 FTP 服务器，这样，用户或其他使用者就能够使用 FTP 协议，通过在同一网络上的任何一台 PC 与 FTP 服务器连接，进行文件或目录的复制、移动、创建和删除等操作。

1. 安装 Serv-U

步骤 1：双击下载的安装程序 su7201.exe，弹出“选择安装语言”对话框，如图 6-49 所示。

步骤 2：单击“确定”按钮，弹出“安装向导-Serv-U”对话框，如图 6-50 所示。

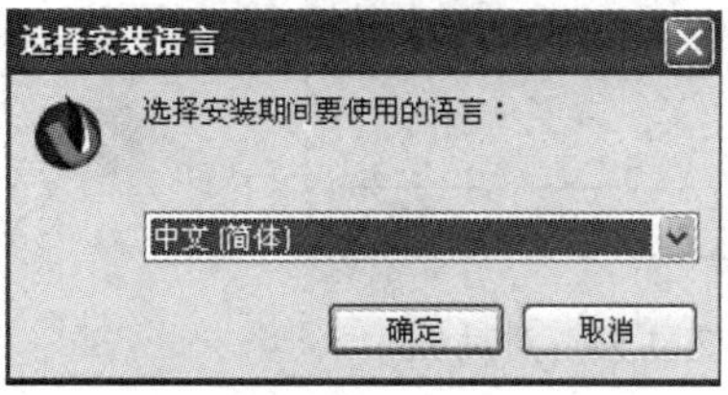

图 6-49　“选择安装语言”对话框

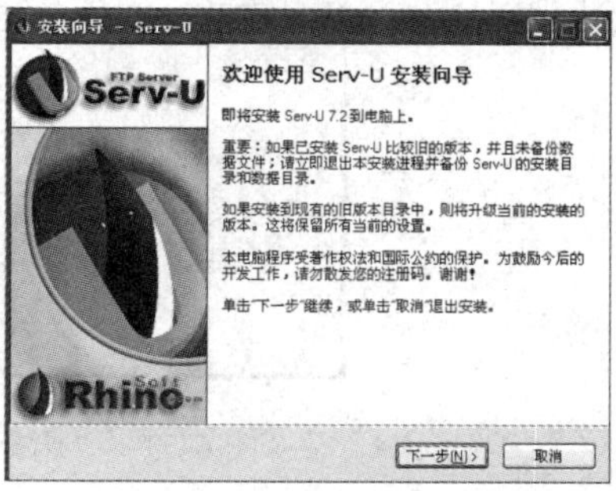

图 6-50　“安装向导-Serv-U”对话框

步骤 3：单击“下一步”按钮，弹出“许可协议”对话框，如图 6-51 所示。

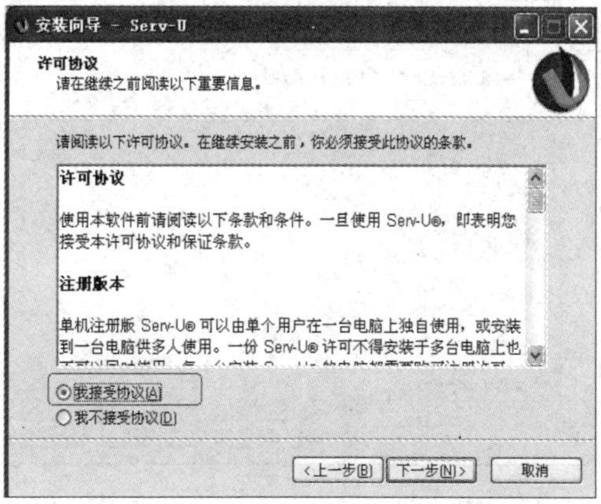

图 6-51　“许可协议”对话框

步骤 4：单击“下一步”按钮，弹出“选择目标位置”对话框，如图 6-52 所示。

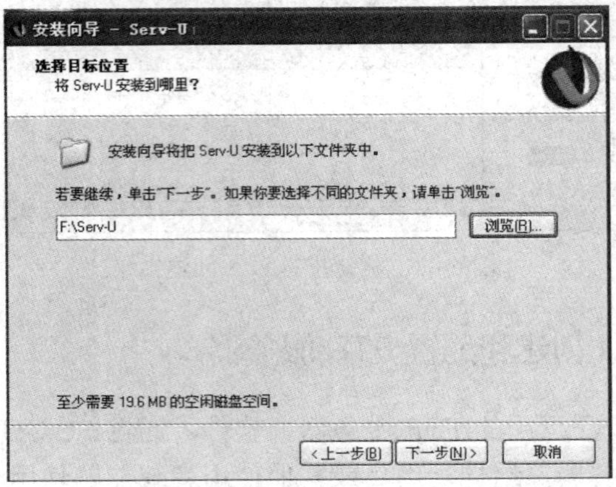

图 6-52　“选择目标位置”对话框

步骤 5：单击“下一步”按钮，弹出“选择开始菜单文件夹”对话框，如图 6-53 所示。

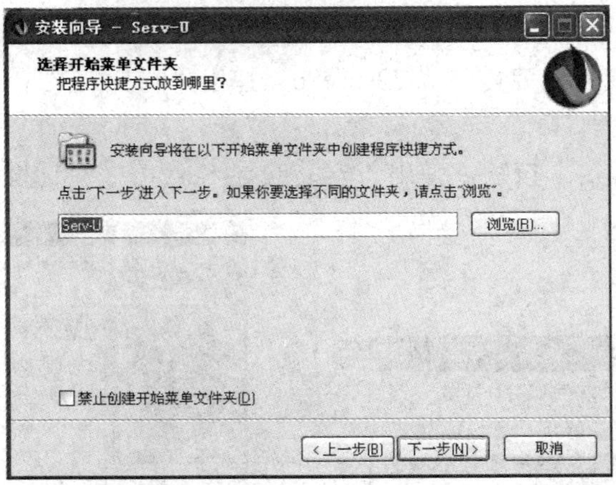

图 6-53　“选择开始菜单文件夹”对话框

步骤 6：单击“下一步”按钮，弹出“准备安装”对话框，如图 6-54 所示。

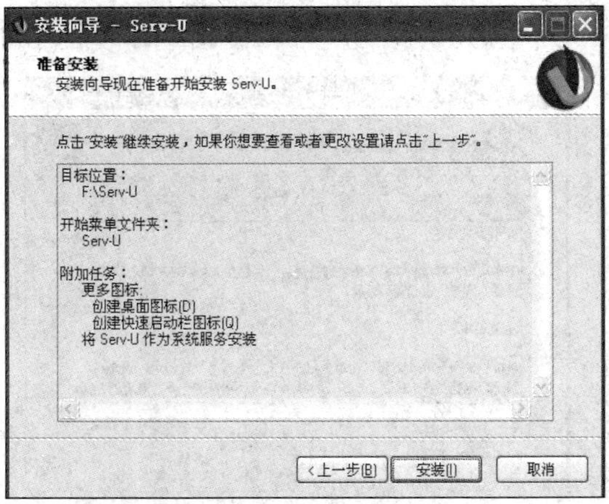

图 6-54　“准备安装”对话框

步骤 7：单击“下一步”按钮，弹出“正在安装”对话框，如图 6-55 所示。

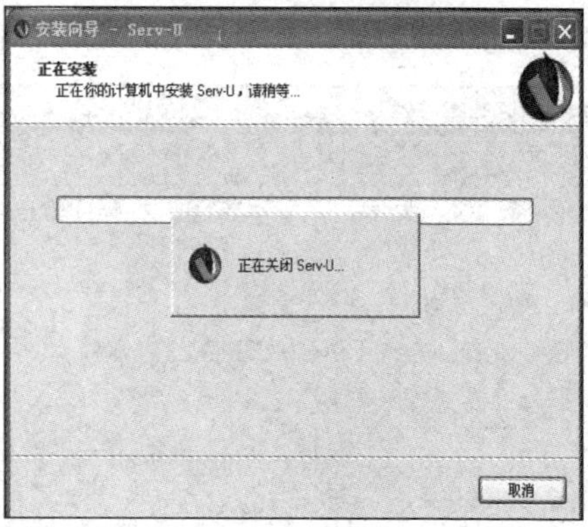

图 6-55　“正在安装”对话框

步骤 8：等待安装完成，弹出“完成 Serv-U 安装”对话框，如图 6-56 所示。

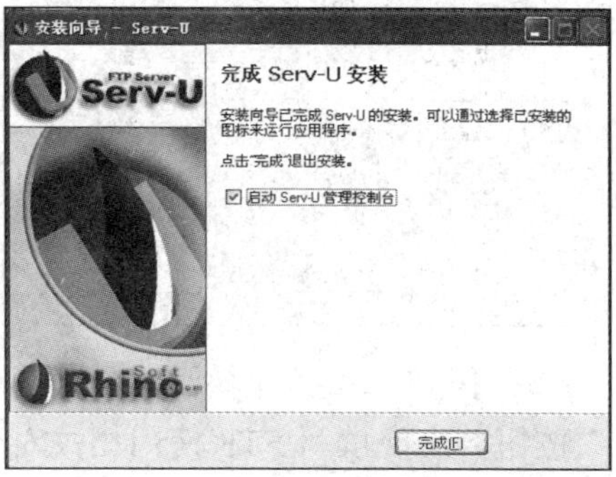

图 6-56　“完成 Serv-U 安装”对话框

此时桌面右下角显示图标，显示服务器已经联机。

2. 建立 FTP 服务器

步骤 1：启动 Serv-U 程序，打开如图 6-57 所示的“Serv-U 管理控制台-主页”窗口。

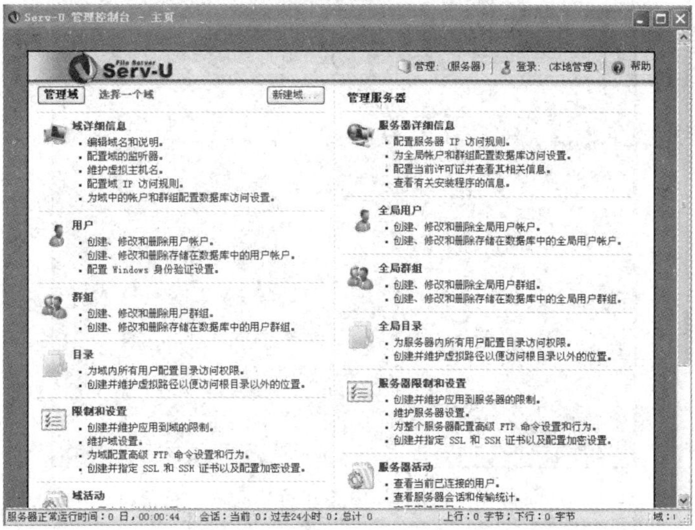

图 6-57　“Serv-U 管理控制台-主页”窗口

步骤 2：单击“管理域”，弹出如图 6-58 所示的“域向导-步骤 1 总步骤 3”对话框，输入域名名称和说明，勾选左下角的“启用域”复选框。

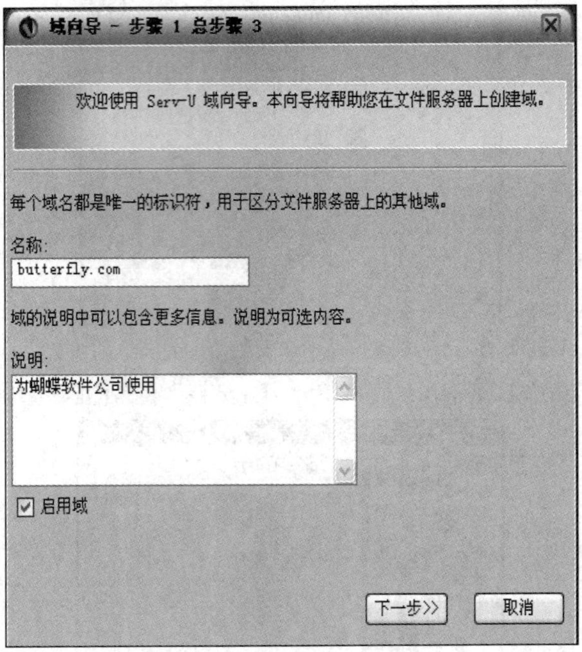

图 6-58　“域向导-步骤 1 总步骤 3”对话框

步骤 3：单击“下一步”按钮，出现填写 FTP 使用相关对外通信端口的信息，端口可以改动，本文保持默认值，如图 6-59 所示。

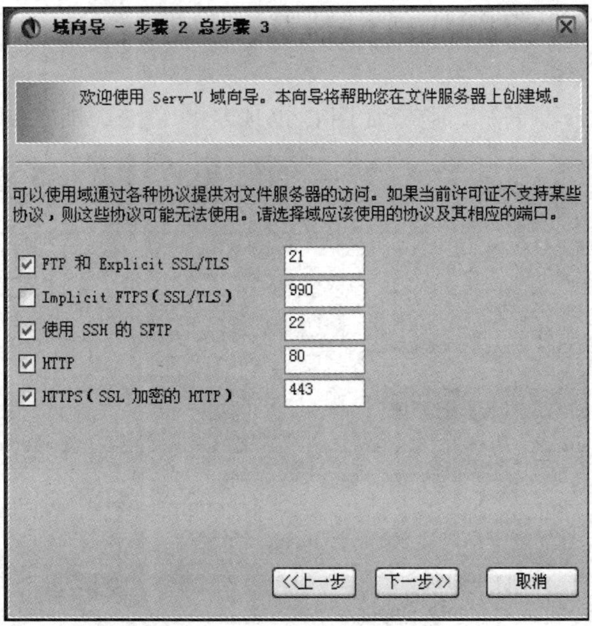

图 6-59　“域向导-步骤 2 总步骤 3”对话框

步骤 4：单击“下一步”按钮，填写服务器的 IP 地址，如图 6-60 所示。

步骤 5：单击“完成”按钮，出现用户创建提示框，如图 6-61 所示。

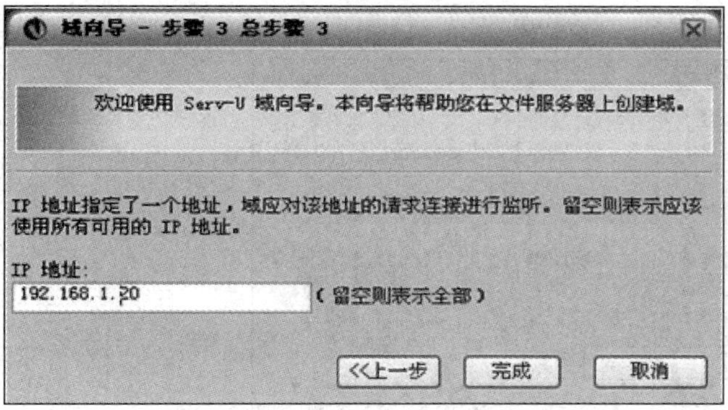

图 6-60　“域向导- 步骤 3 总步骤 3”对话框

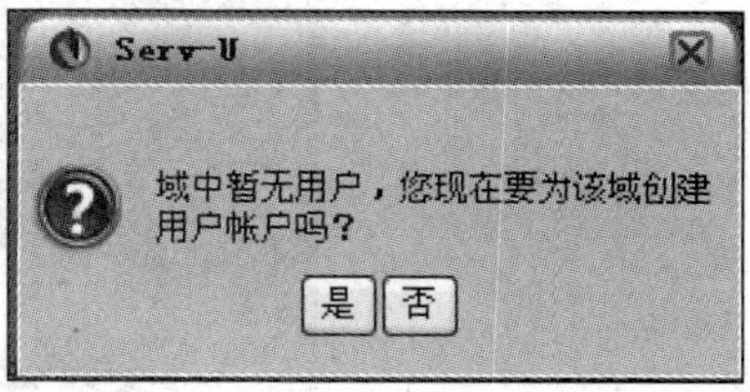

图 6-61　“Serv-U”用户创建提示框

步骤 6：单击“是”按钮，弹出用户创建对话框，如图 6-62 所示。

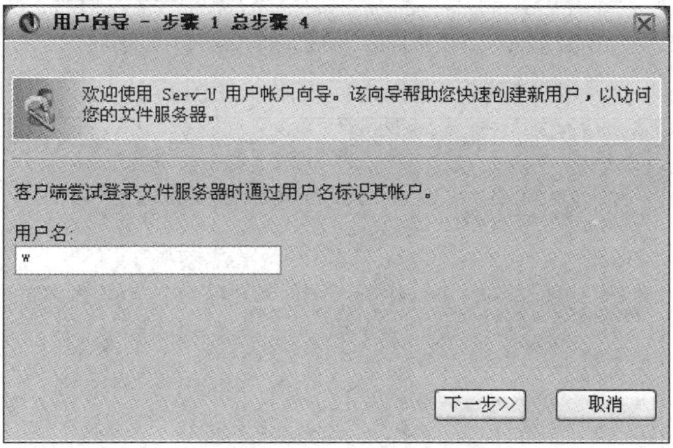

图 6-62　“用户向导-步骤 1 总步骤 4”对话框

步骤 7：单击“下一步”按钮，弹出密码设置对话框，如图 6-63 所示。

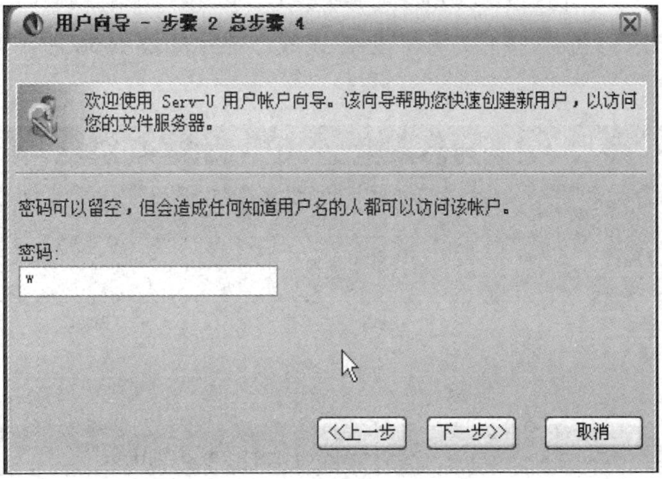

图 6-63　“用户向导-步骤 2 总步骤 4”对话框

步骤 8：单击“下一步”按钮，单击“浏览”按钮，选择服务器上的哪个文件夹可供账户访问，如图 6-64 所示。

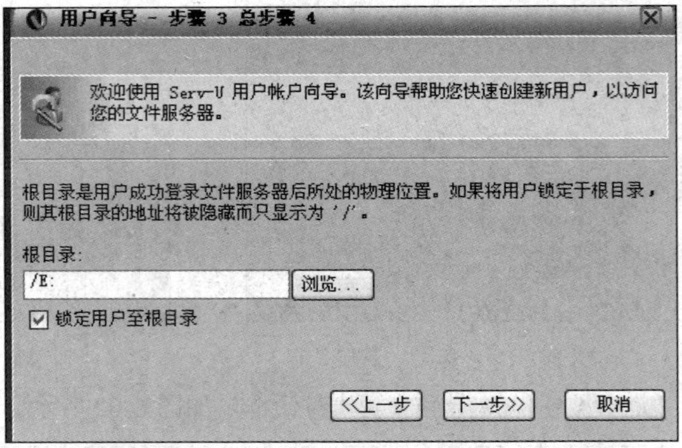

图 6-64　“用户向导-步骤 3 总步骤 4”对话框

步骤 9：单击“下一步”按钮，选择访问权限，如图 6-65 所示。

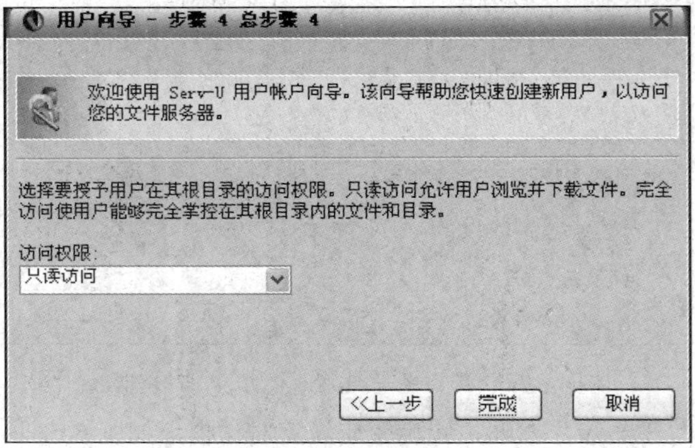

图 6-65　“用户向导-步骤 4 总步骤 4”对话框

步骤 10：单击“完成”按钮，用户创建完成，显示如图 6-66 所示的“Serv-U 管理控制台-用户”对话框。

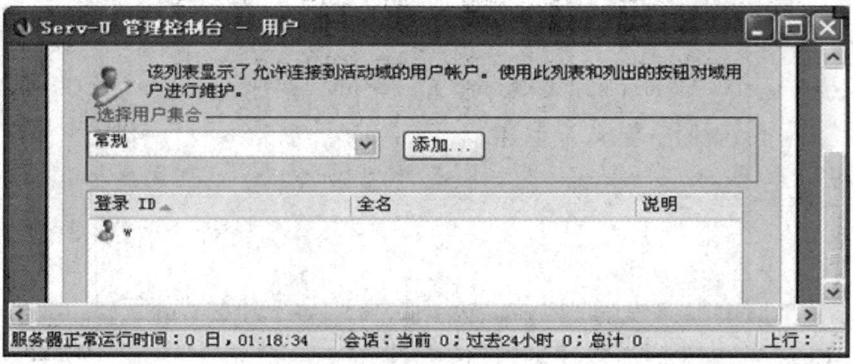

图 6-66　“Serv-U 管理控制台-用户”对话框

步骤 11： 测试。

(1) 打开 IE 浏览器，输入 ftp://192.168.1.20 并回车，弹出如图 6-67 所示的“登录身份”对话框。

(2) 输入用户名和密码后，单击“登录”按钮，打开如图 6-68 所示的窗口。

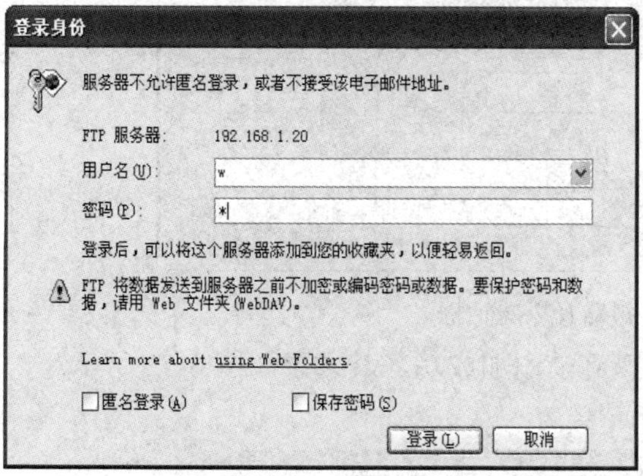

图 6-67　“登录身份”对话框

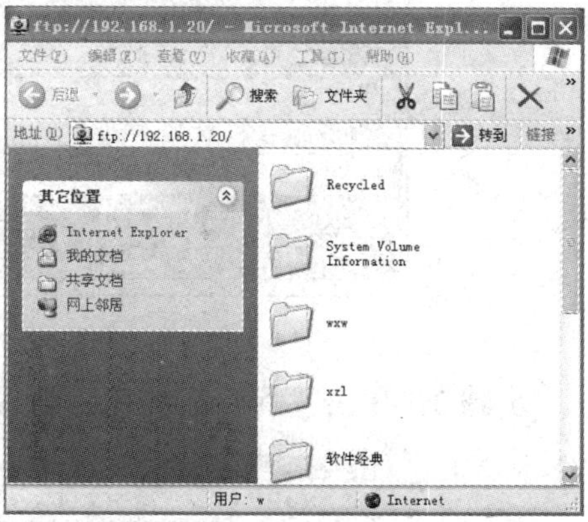

图 6-68　登录后显示目录图

(3) 从该目录上下载文件，但不能上传文件，否则会出现如图 6-69 所示的错误提示，因为服务器设置时给该用户设置的是只读权限。

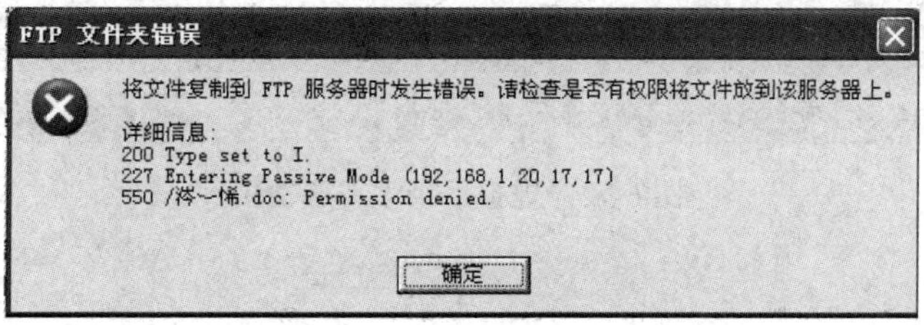

图 6-69　“FTP 文件夹错误”对话框错误提示信息

3. FTP 其他功能设置

下面以创建虚拟目录为例进行设置介绍。

步骤 1： 启动服务器，单击“目录”项，打开如图 6-70 所示的“Serv-U 管理控制台-目录”对话框。

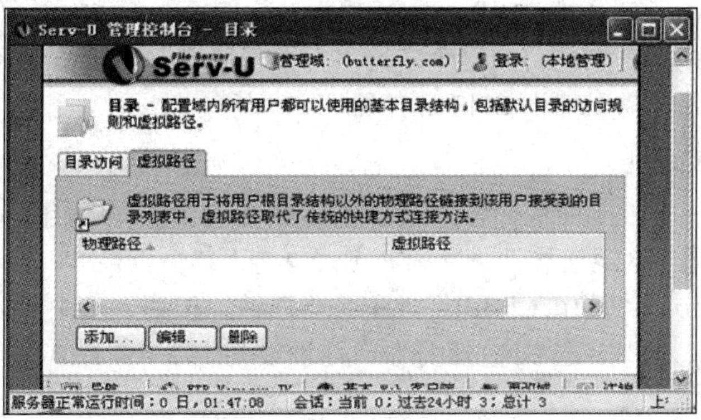

图 6-70　“Serv-U 管理控制台-目录”对话框

步骤 2：单击“添加”按钮，弹出如图 6-71 所示的“虚拟路径”对话框。

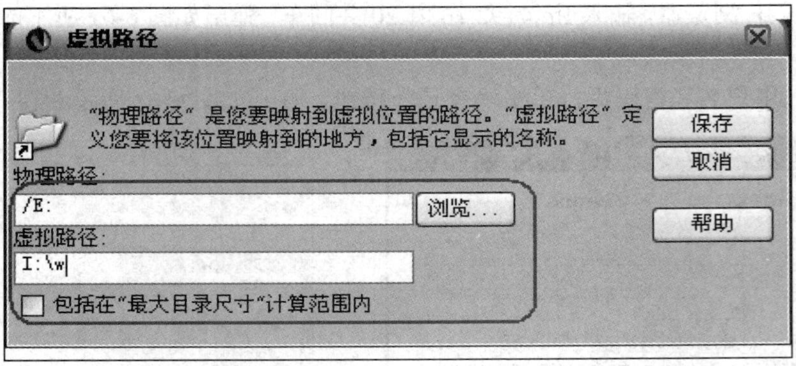

图 6-71　“虚拟路径”对话框

步骤 3：单击“保存”按钮，则将该虚拟目录添加成功，其效果如图 6-72 所示。

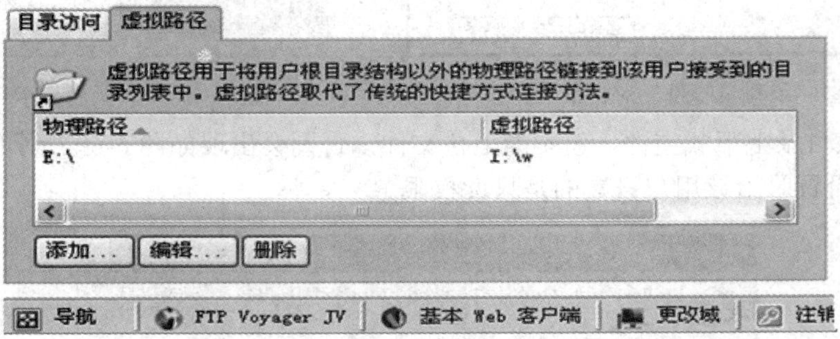

图 6-72　虚拟目录添加成功图

任务 3　配置 DNS 服务器

任务 3-1　安装准备

要记住枯燥的 Web 服务器 IP 地址数字非常难，如果能转换为有意义的字符或符号就很容易记住了。DNS 服务就是把 IP 地址转换为好记的字符或者有意义符号的服务。如访问 www.baidu.com 并不是直接访问这个字符串，而是通过 DNS 把它解析为 IP 地址，然后找到实际主机。因此，需要架设 DNS 服务器。

1. 配置静态 IP 地址

单击“开始”→“控制面板”，打开“网络和共享中心”对话框，单击左侧的“更改适配器设置”，选择“本地连接”→鼠标右键，单击“属性”菜单，打开“本地连接属性”对话框，选择“Internet 协议(TCP/IP)”，单击“属性”按钮，选中“使用下面的 DNS 服务器地址”单选项，在“首选 DNS 服务器”地址设为 192.168.1.20，单击“确定”按钮。

2. 设置 DNS

步骤 1：在 Windows 7 系统中，单击“开始”→“控制面板”→“系统和安全”→“系统”，打开如图 6-73 所示的“查看计算机的基本信息”界面。

图 6-73　“查看计算机的基本信息”界面

步骤 2：单击“更改设置”按钮，打开“系统属性”对话框，单击“更改”按钮，打开如图 6-74 所示的“计算机名/域更改”对话框。

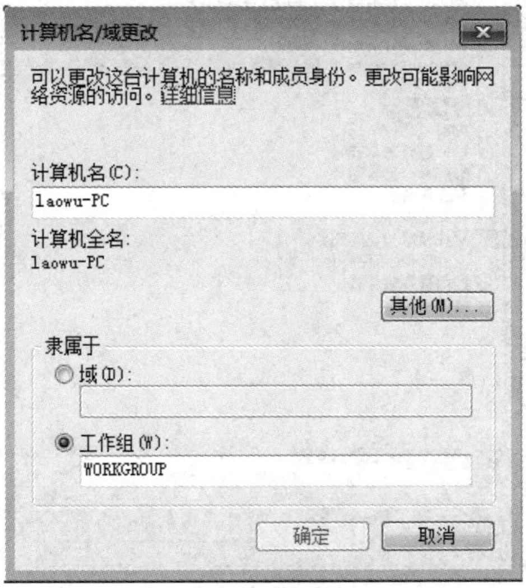

图 6-74　“计算机名/域更改”对话框

步骤 3：单击“其他”按钮，打开“DNS 后缀和 NetBIOS 计算机名”对话框，如图 6-75 所示。

步骤 4：连续单击“确定”按钮，弹出如图 6-76 所示的“计算机名更改”对话框。

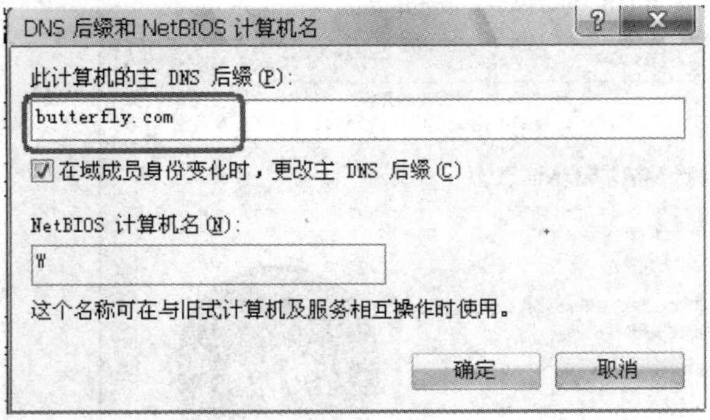

图 6-75　“DNS 后缀和 NetBIOS 计算机名”对话框

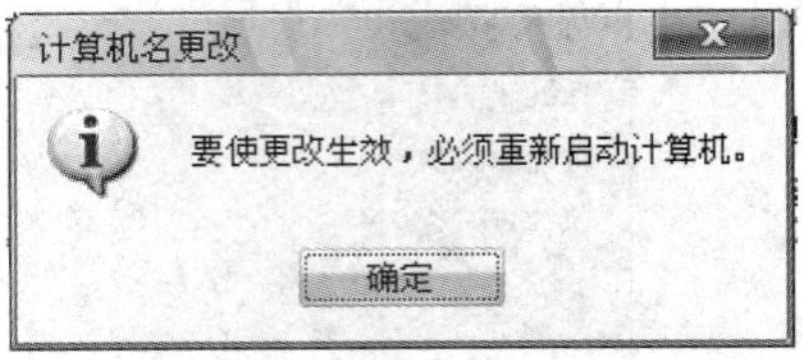

图 6-76　“计算机名更改”对话框

任务 3-2　架设 DNS 服务器

在服务器上通过“服务器管理器”安装 DNS 服务器的具体步骤如下所述。

步骤 1：以管理员的身份登录服务器，通过“开始”菜单下的“管理工具”打开服务器管理器，单击“服务器管理器”左侧的“角色”节点，然后单击右侧的“添加角色”按钮，打开“选择服务器角色”对话框，勾选其中的“DNS 服务器”复选框，如图 6-77 所示。

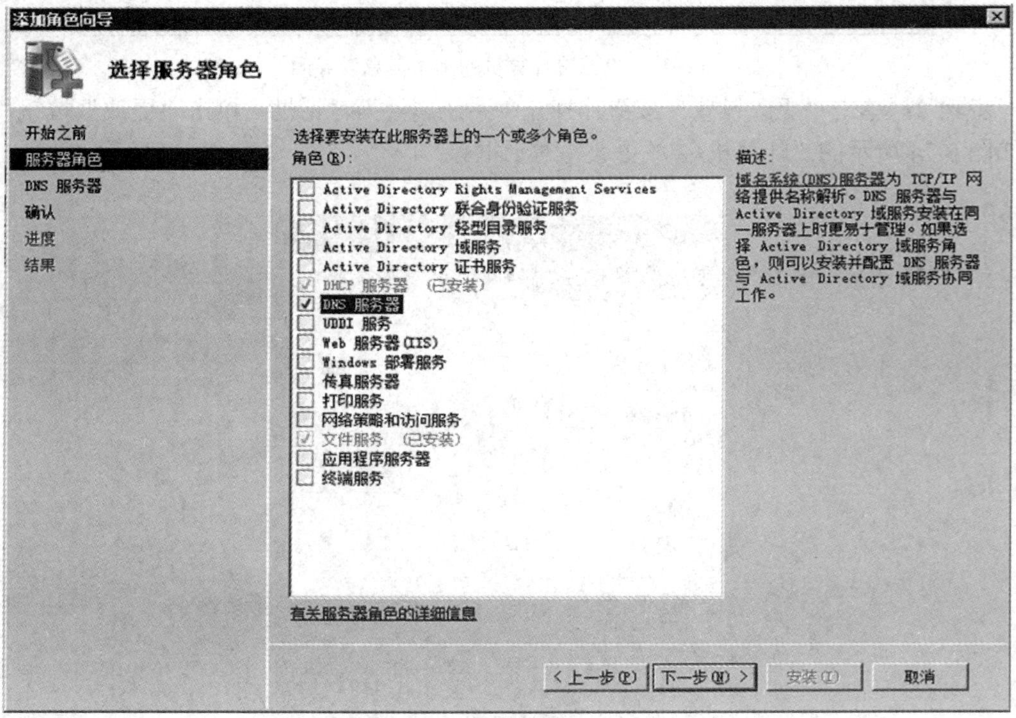

图 6-77　“选择服务器角色”对话框

步骤 2：单击“下一步”按钮，打开如图 6-78 所示的“DNS 服务器”对话框，该对话框中对 DNS 服务器进行了简单介绍。

步骤 3：单击“下一步”按钮，打开如图 6-79 所示的“确认安装选择”对话框。

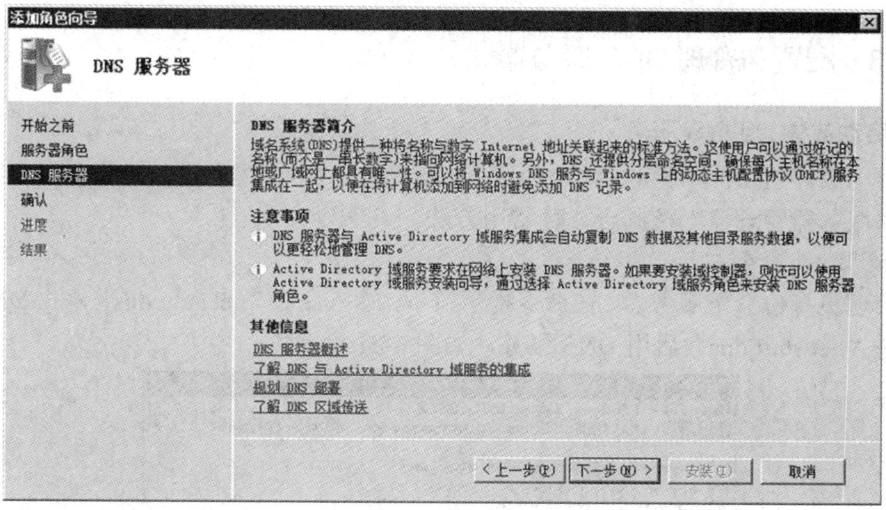

图 6-78　“DNS 服务器”对话框

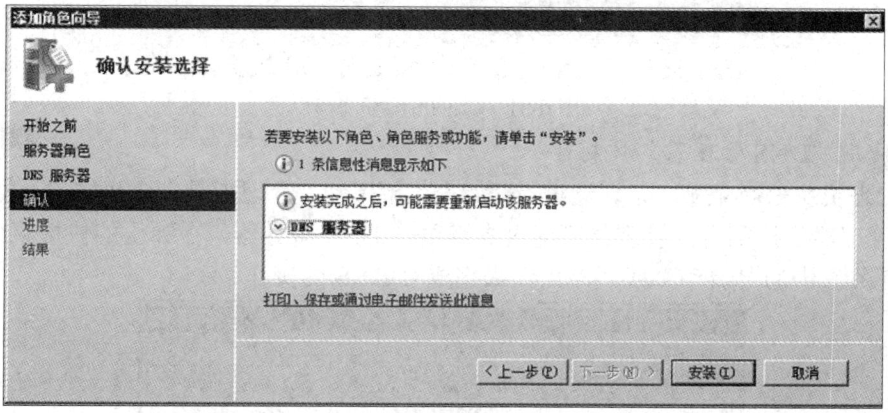

图 6-79　“确认安装选择”对话框

步骤 4：单击“安装”按钮开始安装 DNS 服务器，安装完成后打开如图 6-80 所示的“安装结果”对话框，最后单击“关闭”按钮，完成 DNS 服务器的安装。

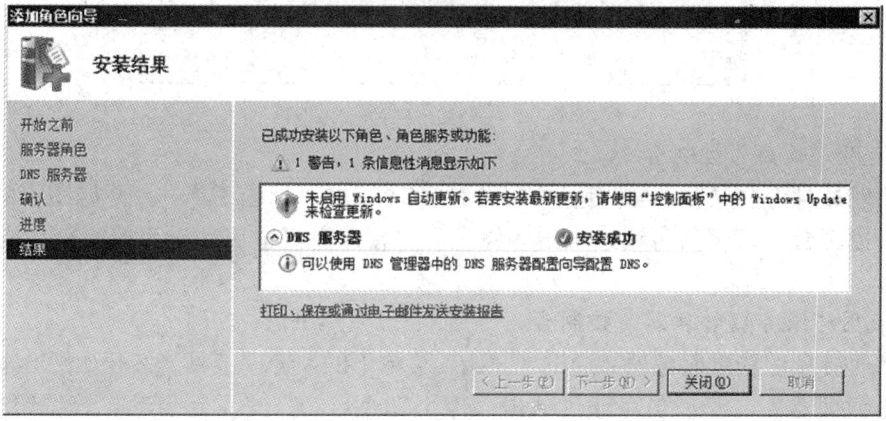

图 6-80　“安装结果”对话框

任务 3-3　配置和管理 DNS 服务器

1. 启动或停止 DNS 服务

要启动或停止 DNS 服务，可以使用 net 命令、“DNS 管理器”控制台、“服务”控制台和“服务器管理器”控制台 4 种常用方法。

1) 使用 net 命令

以管理员身份登录服务器，在命令提示符下，输入命令“net stop dns”停止 DNS 服务，输入命令“net start dns”启用 DNS 服务，如图 6-81 所示。

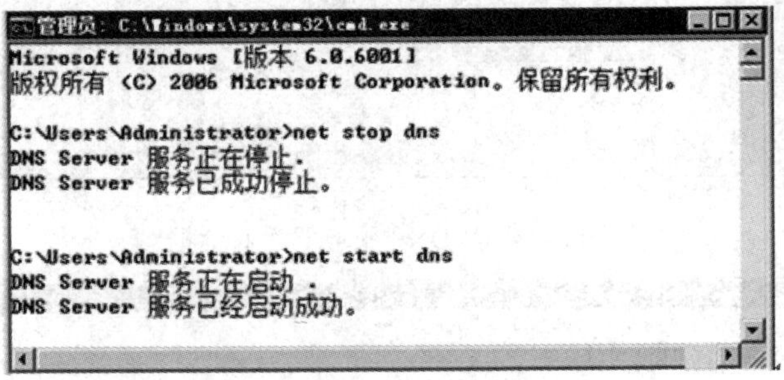

图 6-81　“net 命令”窗口

2) 使用“DNS 管理器”控制台

以管理员身份登录服务器，通过“开始”菜单下的“管理工具”打开如图 6-82 所示的“DNS 管理器”控制台。管理员可通过右键单击 DNS 服务器，在弹出的快捷菜单中选择“所有任务”中的“启动”或“停止”来完成对 DNS 的操作。

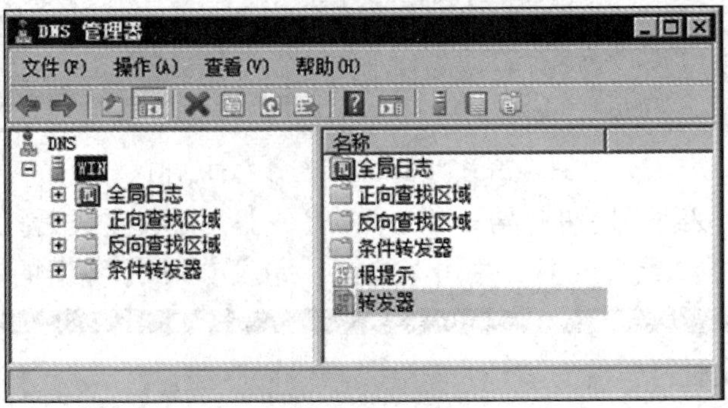

图 6-82　“DNS 管理器”控制台

3) 使用“服务”控制台

以管理员身份登录服务器，通过“开始”菜单下的“管理工具”打开如图 6-83 所示的“服务”控制台。管理员可通过单击“停止”“暂停”“重启动”等按钮来完成对 DNS 的操作。

4) 使用“服务器管理器”控制台

以管理员身份登录服务器，通过“开始”菜单下的“管理工具”打开如图 6-84 所示的“服务器管理器”。管理员可通过单击“停止”“启动”“重新启动”等按钮来完成对 DNS 的操作。

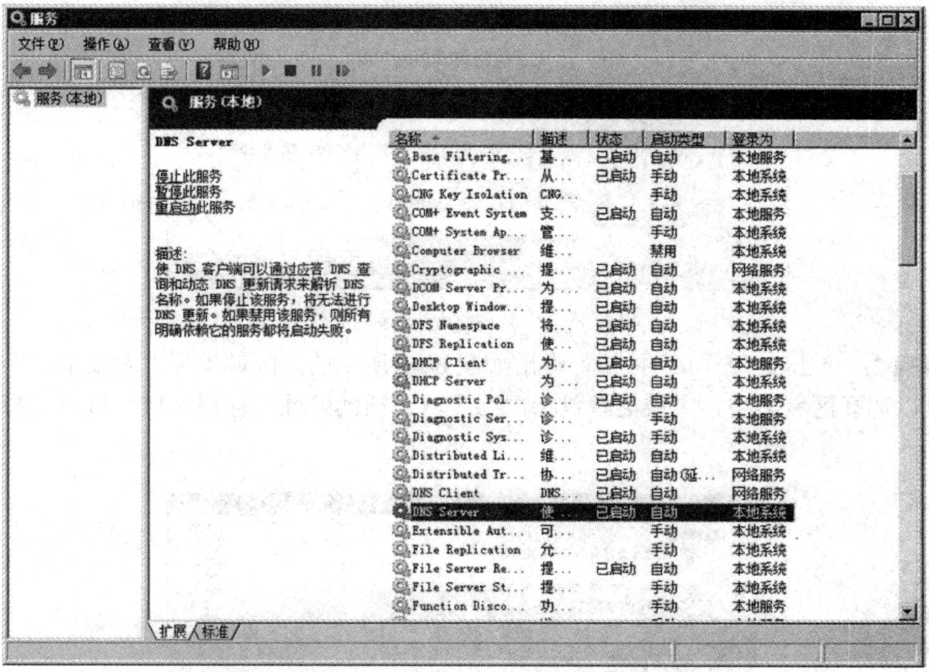

图 6-83 “服务”控制台

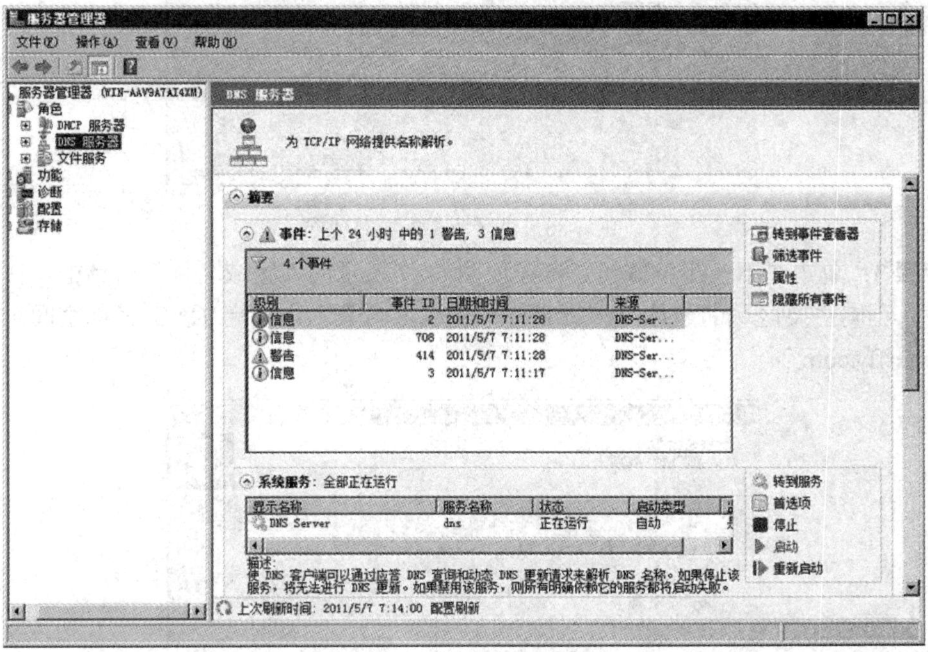

图 6-84 “服务器管理器”控制台

2. 创建正向查找区域(主机名解析为 IP 地址)

步骤 1：以管理员身份登录服务器，通过“开始”菜单下的“管理工具”打开“DNS”控制台。在控制台树中展开服务器节点，右键单击“正向查找区域”，在弹出的菜单中选择“新建区域”，打开如图 6-85 所示的“新建区域向导”对话框。

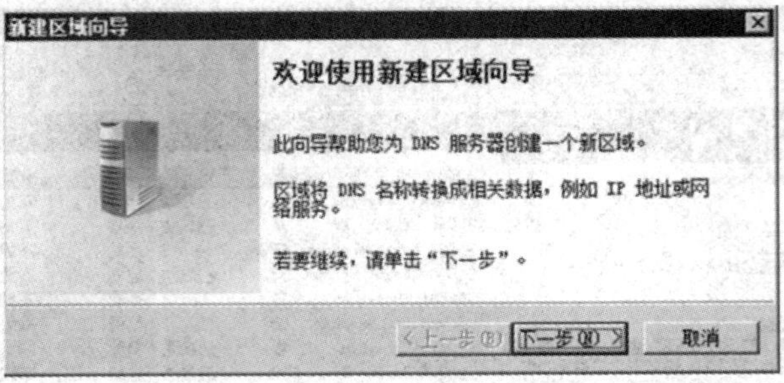

图 6-85　“新建区域向导”对话框

步骤 2：单击“下一步”按钮，弹出如图 6-86 所示的“区域类型”对话框，在该对话框中可以选择区域类型，区域类型包括主要区域、辅助区域、存根区域，这里选择“主要区域”。

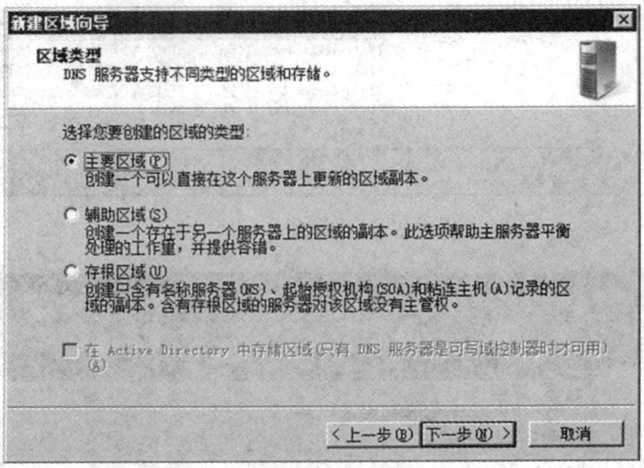

图 6-86　“区域类型”对话框

步骤 3：单击“下一步”按钮，打开如图 6-87 所示的“区域名称”对话框，在该对话框中输入正向主要区域的名称，区域名称一般以域名表示，指定 DNS 名称空间，这里输入“butterfly.com”。

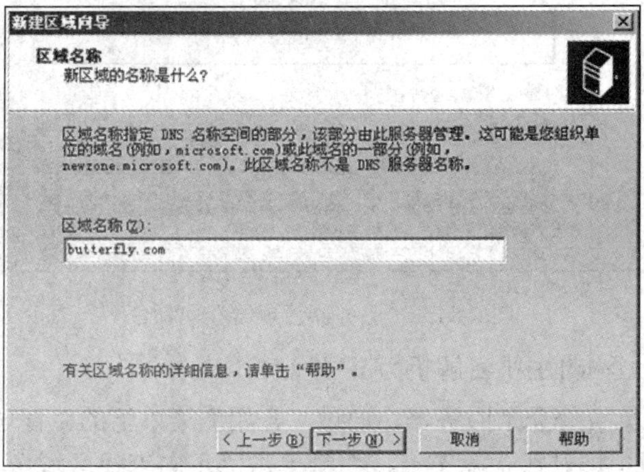

图 6-87　“区域名称”对话框

步骤 4：单击“下一步”按钮，打开如图 6-88 所示的“区域文件”对话框。

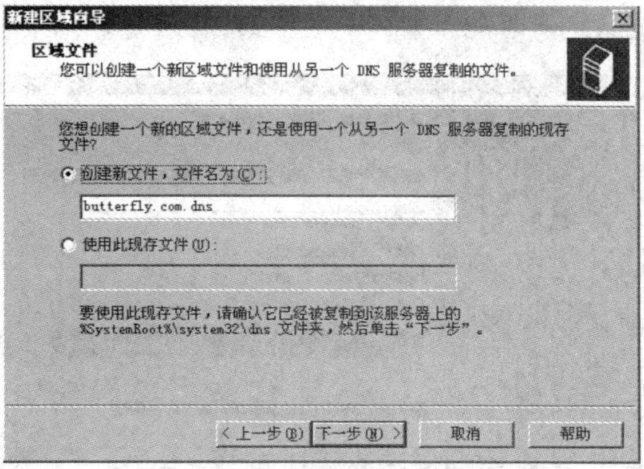

图 6-88　“区域文件”对话框图

步骤 5：弹出“动态更新”对话框，选择“不允许动态更新(D)”单选项，如图 6-89 所示。

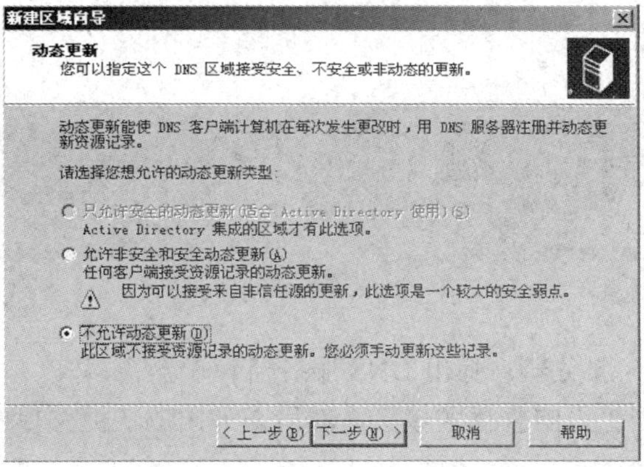

图 6-89　“动态更新”对话框

步骤 6：单击“下一步”按钮，弹出“转发器”对话框，如图 6-90 所示。

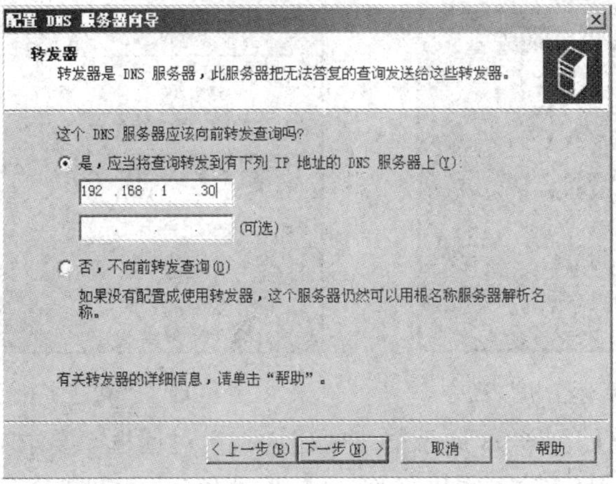

图 6-90　“转发器”对话框

步骤 7： 单击“下一步”按钮，弹出“正在收集根提示”对话框，然后弹出“正在完成新建区域向导”对话框，如图 6-91 所示。

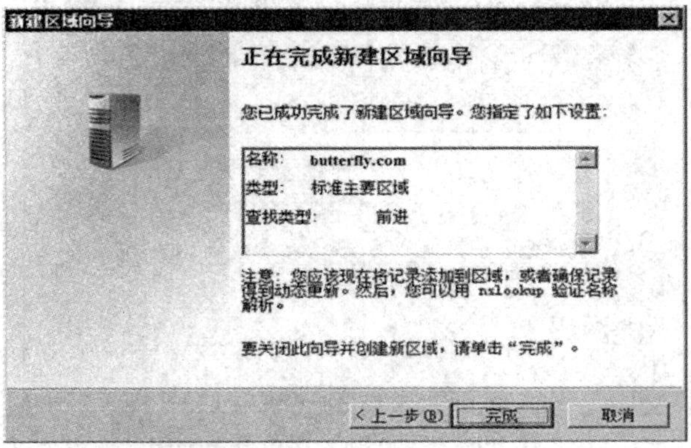

图 6-91　“正在完成新建区域向导”对话框

步骤 8： 检查设置信息是否正确，如正确则单击“完成”按钮，实现了正向搜索区域的创建。

注意

如选择的是“辅助区域”，则区域的名称须与主要区域名称相同，DNS 服务器对该区域的文件存在只读权限。

3. 建立主机

步骤 1： 启动 DNS 服务器，弹出 DNS 服务器管理器窗口。

步骤 2： 右键单击“正向查找区域”，然后在弹出的快捷菜单中选择“新建主机”命令，如图 6-92 所示。

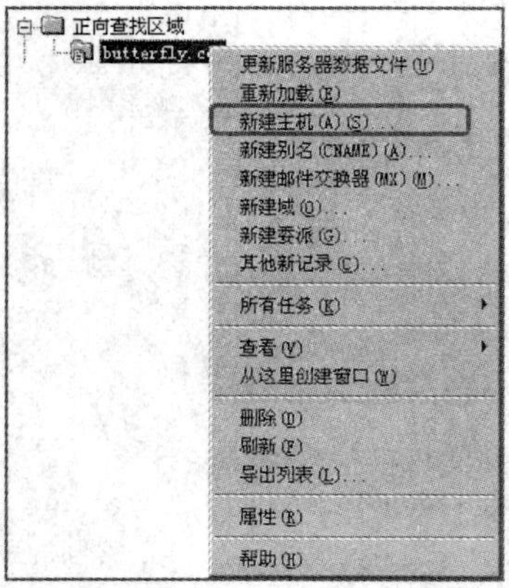

图 6-92　“新建主机”命令

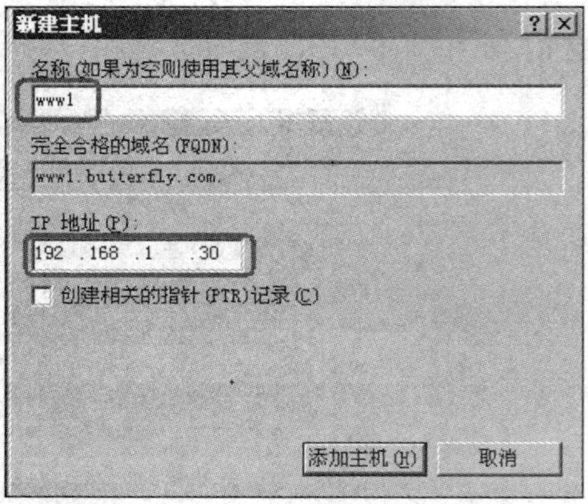

图 6-93　“新建主机”对话框

步骤 3： 系统弹出如图 6-93 所示的“新建主机”对话框。要求输入主机名称和主机 IP 地址(按照各参数表设置)，输入主机名称 www1。用户还可以选择“创建相关的指针(PTR)记录(C)”，选中该复选框即可。

步骤 4：单击“添加主机”按钮，系统弹出“DNS”对话框，表示主机记录已经创建成功，如图 6-94 所示。

步骤 5：打开 IE 浏览器，在浏览器的地址栏中输入“http://www1.butterfly.com”，就可访问 Web 网站 1 了，输入 ftp://ftp1.butterfly.com，则可查看 FTP 服务器上的资料。其余的站点访问方式相同，这样就不需要记忆 IP 地址了。

4. 创建反向查找区域(IP 地址解析为主机名)

反向解析是使用已知的 IP 地址搜索计算机名。创建反向解析区域的具体步骤如下所述。

步骤 1：选择“开始”→“程序”→“管理工具”→“DNS”，选择相应的 DNS 服务器，然后右键单击“反向搜索区域”，如图 6-95 所示。

图 6-94　主机记录已经创建成功

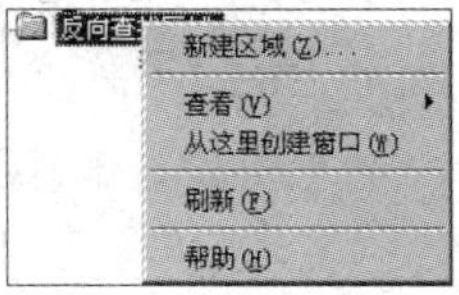

图 6-95　“反向搜索区域”菜单

步骤 2：单击“新建区域”命令，启动“区域类型”对话框选择“主要区域”，单击“下一步”，打开如图 6-96 所示“反向查找区域名称”对话框，在此选择“IPv4 反向查找区域(4)”单选项。

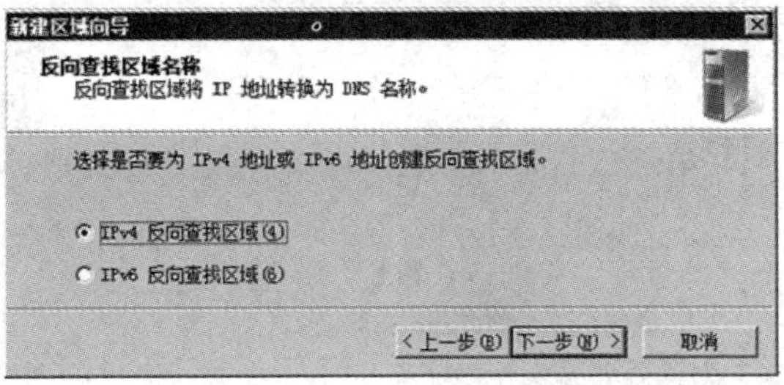

图 6-96　“反向查找区域名称”对话框

步骤 3：单击“下一步”按钮，打开如图 6-97 所示的“反向查找区域名称”对话框，输入网络 ID，如“www1.butterfly.com”的 IP 地址为 192.168.1.30，就在网络 ID 中输入 192.168.1。

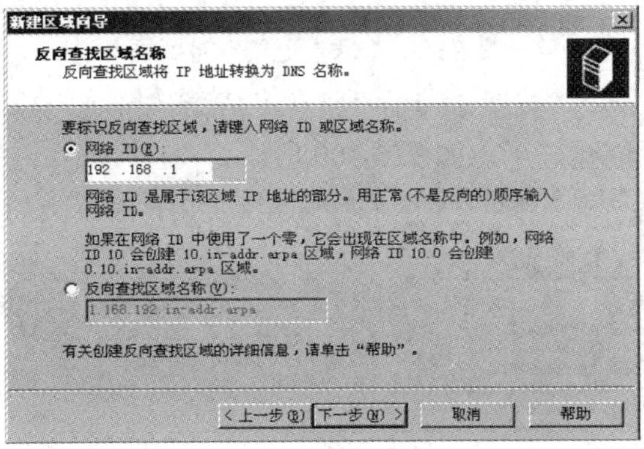

图 6-97　“反向查找区域名称”对话框

步骤 4：单击“下一步”按钮，打开如图 6-98 所示的“区域文件”对话框。

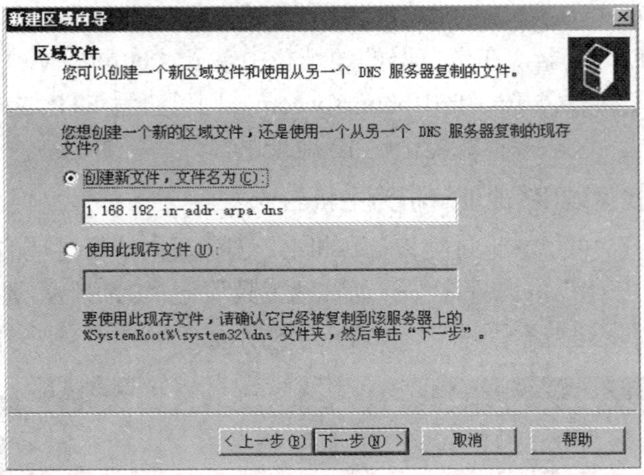

图 6-98　“区域文件”对话框

步骤 5：由于是反向解析，区域文件的命名默认与网络 ID 的顺序相反，以“dns”为扩展名，如“1.168.192.in-addr.arpa.dns”。如果选择现存文件单选项，必须先把文件复制到运行 DNS 服务的服务器的 SystemRoot\System32\dns 目录中。单击“下一步”按钮，弹出如图 6-99 所示的“动态更新”对话框，选择“不允许动态更新(D)”单选项。

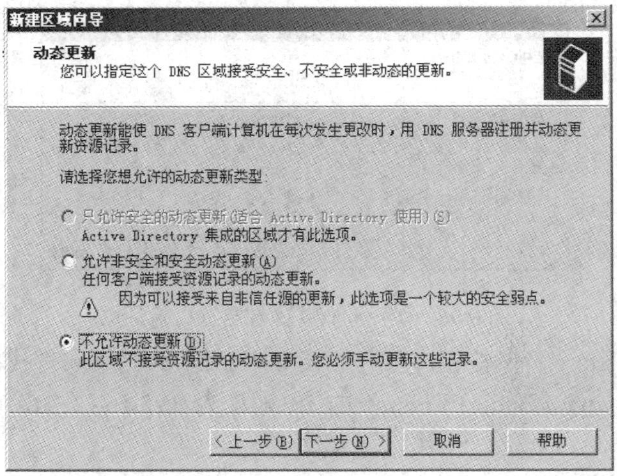

图 6-99　“动态更新”对话框

步骤 6：单击“下一步”按钮，弹出“正在完成新建区域向导”对话框。单击“完成”按钮，反向搜索区域就创建好了，如图 6-100 所示。

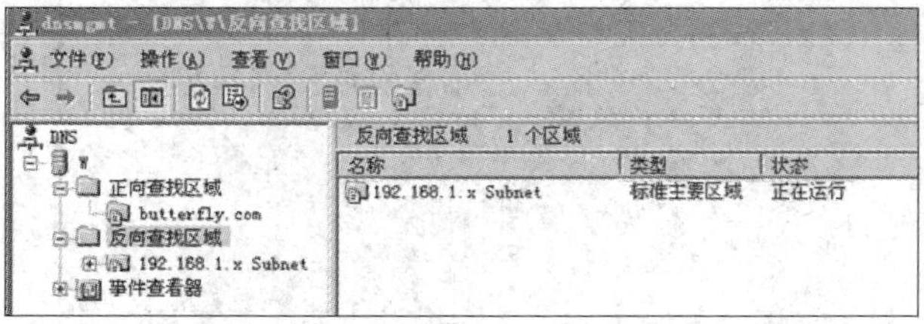

图 6-100　成功创建反向搜索区域图

注意

大部分的 DNS 搜索都执行正向解析。在已知 IP 地址搜索域名时，反向解析并不是必须设置的，因为正向解析就能完成。但是如果要使用 Nslookup 等故障排除工具，及在 IIS 日志文件中记录的是名字而不是 IP 地址时，就必须使用反向解析。

5. 创建辅助 DNS 服务器

如果 DNS 服务器出现故障或查询任务过重时，会造成客户无法通过 DNS 解析获得需要的 IP 地址，从而无法联系，为了避免这些情况的出现，最好是在架设好主服务器后，再架设一台辅助的 DNS 服务器，以备不时之需。

1) 架设和配置辅助 DNS 服务器

在“区域类型”选择对话框中，辅助 DNS 服务器的配置应选择“辅助区域(S)”，如图 6-101 所示，其余则与前面的配置基本相同。

在辅助 DNS 服务器所在的另一台主机的 DNS 窗口，右键单击所建的正向搜索区域，如 butterfly.com，在弹出菜单中选择“从主服务器复制”命令。这样，辅助 DNS 服务器就安装、配置完成了。

2) 主 DNS 服务器上的配置

在主 DNS 服务器 hosta 主机的 DNS 窗口，右键单击 butterfly.com，单击“属性”按钮，打开如图 6-102 所示“butterfly.com 属性”对话框。选择“区域复制”选项卡，勾选“允许区域复制(T)”复选框，选择“到所有服务器”单选项，单击“确定”按钮。

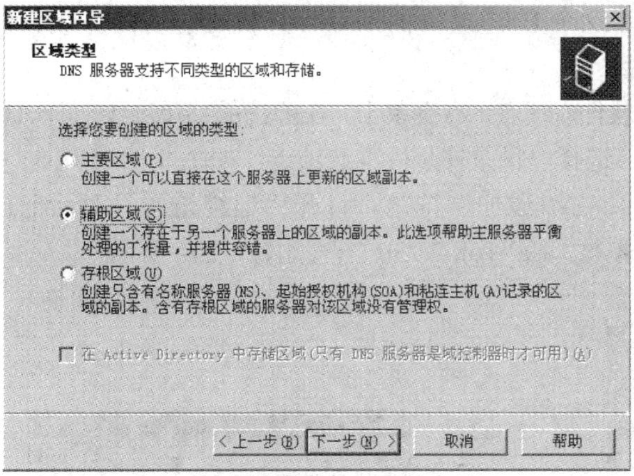

图 6-101 “区域类型”对话框

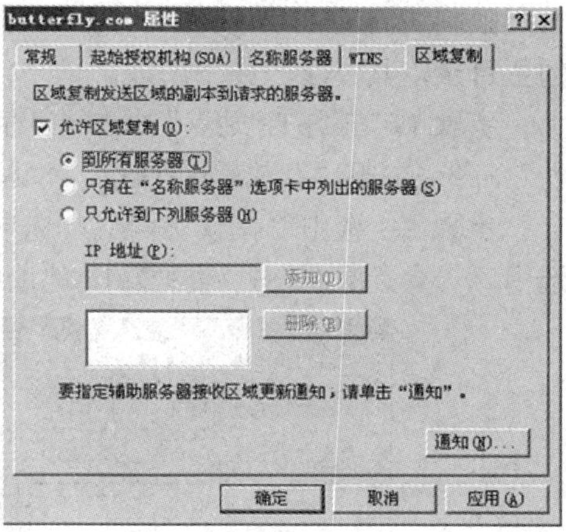

图 6-102 “butterfly.com 属性”对话框

任务 3-4 设置客户端 DNS

设置客户端 DNS 的操作步骤与前面的“设置静态 IP 地址”相同，在“Internet 协议(TCP/IP)属性”对话框中的“使用下面的 DNS 服务器地址”项中的“首选 DNS 服务器”文本框中填入 DNS 服务器的 IP 地址“192.168.1.30”，单击“确定”按钮。

任务 3-5　检测 DNS 设置

步骤：依次单击“开始”→“运行”，在运行文本框中输入“cmd”命令，单击“确定”按钮，打开“命令提示符”窗口，在 DOS 提示符下输入“nslookup”命令，回车，即可查看本机 DNS 服务器的 IP 地址。

任 务 拓 展

拓展任务　FTP 文件安全性设置

1. 任务拓展

拓展任务描述和任务分析如表 6-6 所示。

表 6-6　拓展任务描述和任务分析

任 务 描 述
前面的设置基本能使员工通过 FTP 服务器实现文件的下载和上传，但为了保证软件和宣传资料不被非法人员窃取，需要保证这些资料的安全性，还需要做相关设置
任 务 分 析
为了保证文件等资源通过 FTP 上传和下载时的安全性，可从限制同时连接数、限制访问的 IP 地址、禁止匿名访问等方面考虑安全性能，提高安全保障

2. 任务拓展完成过程提示

限制访问的 IP 地址，除 192.168.1.230 这个 IP 地址外的所有计算机均能访问存放软件的主目录，具体步骤如下所述。

步骤 1：在“FTP 站点”中选择“存放软件”站点，右键单击，在弹出的菜单项中选择“属性”命令，打开“存放软件 属性”对话框，选择“目录安全性”选项卡，如图 6-103 所示。

步骤 2：选中“授权访问”单选项，单击“添加”按钮，打开“拒绝访问”对话框，选中“一台计算机(<u>S</u>)”类型，IP 地址中填入“192.168.1.230”，如图 6-104 所示。

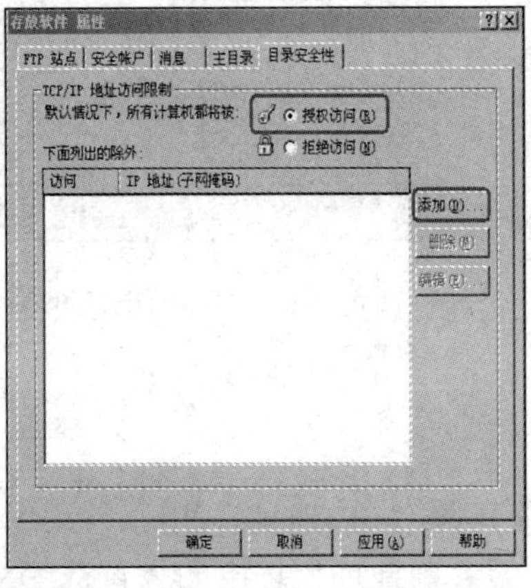

图 6-103　“存放软件 属性”对话框的“目录安全性”选项卡

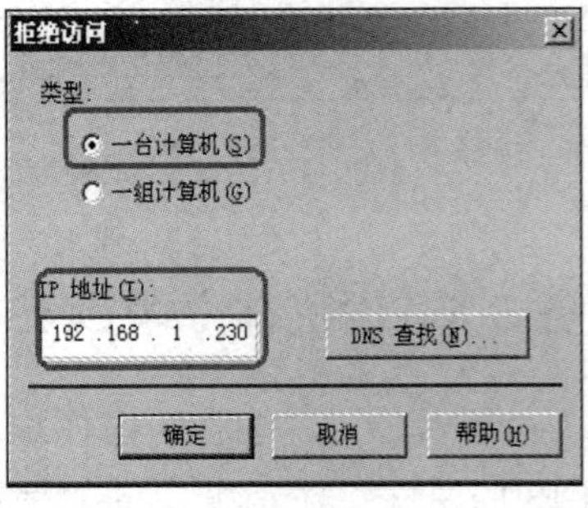

图 6-104　“拒绝访问”对话框

步骤3：单击“确定”按钮，如图6-105所示，则完成任务。

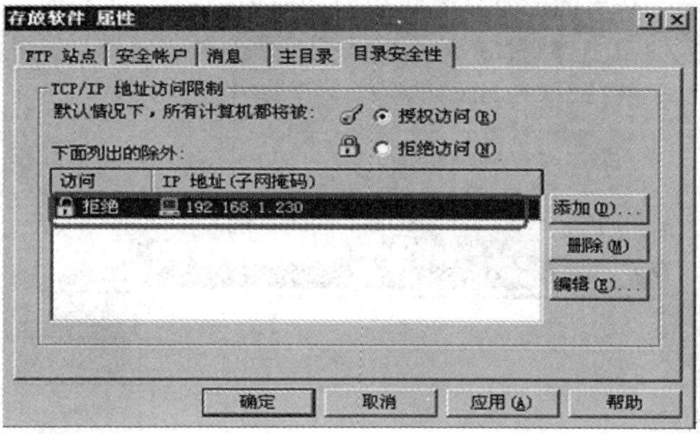

图6-105　“存放软件 属性”对话框拒绝某台计算机访问设置

除192.168.1.230这个IP地址外的所有计算机均不能访问存放软件的主目录，具体步骤如下所述。

步骤1：在“FTP站点”中选择“存放软件”站点，右键单击，在菜单项中选择“属性”命令，打开“存放软件 属性”对话框，选择“目录安全性”选项卡，选中“拒绝访问(N)”单选项，如图6-106所示。

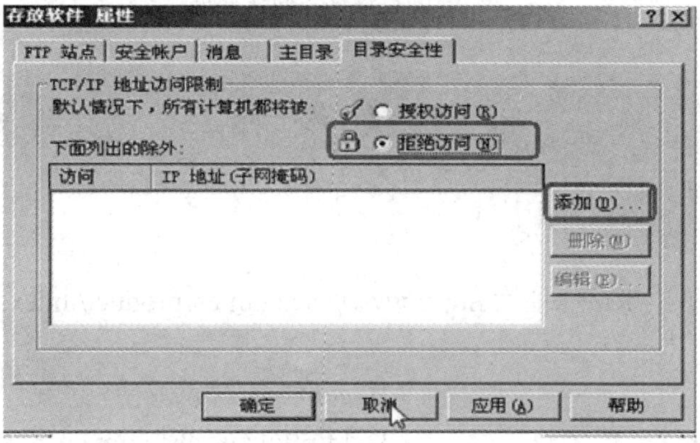

图6-106　“存放软件 属性”对话框的“目录安全性”选项卡

步骤2：单击“添加”按钮，打开“授权访问”对话框，如图6-107所示。

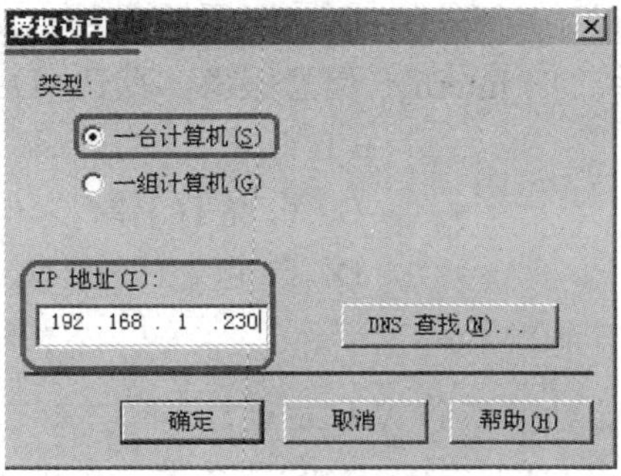

图6-107　“授权访问”对话框

步骤 3： 单击“确定”按钮，如图 6-108 所示，则只有 192.168.1.230 这台计算机能访问存放软件的主目录，其余的所有计算机访问均被拒绝。

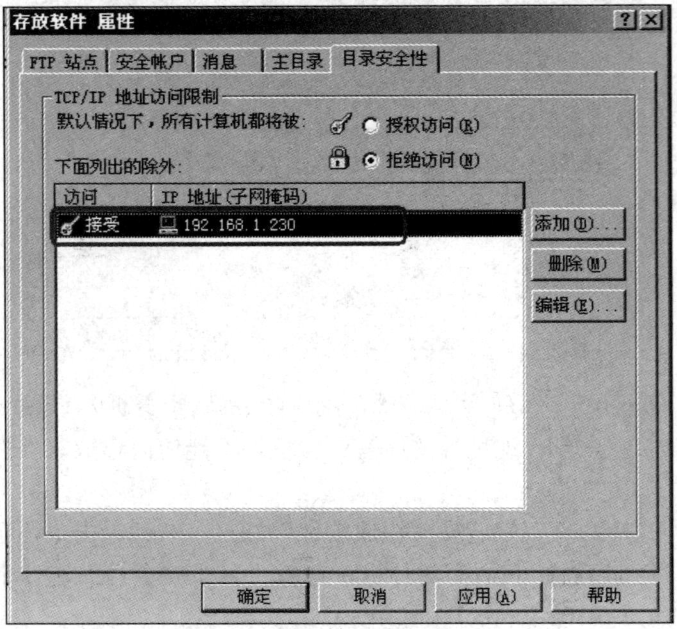

图 6-108　授权访问计算机

练 习 思 考

一、选择题

1. 某网站主页的 URL 地址为 http://www.abc.com.cn/product/index.html，该地址的域名是________。

A. index.html　　B. com.cn

C. www.abc.com.cn　　D. http://www.abc.com.cn

2. 关于 FTP 协议，下面的描述中，不正确的是________。

A. FTP 协议使用多个端口号　　B. FTP 可以上传文件，也可以下载文件

C. FTP 报文通过 UDP 报文传送　　D. FTP 是应用层协议

3. 在 Windows 操作系统的“Internet 信息服务→默认网站→属性”对话框中，不能进行的操作是________。

A. 修改默认文档　　B. 设置 TCP 端口

C. 删除 Cookies　　D. 自定义 HTTP 头

二、简答题

1. 如何实现多个 IP 地址对应多个 Web 站点？

2. 简述 DNS 系统的域名空间结构，DNS 服务器、辅助 DNS 服务器的作用是什么？DNS 服务器有哪几种查询类型，其特点是什么？

3. 架构活动目录服务器的作用是什么？

4. 为什么无法上传文件，提示连接时找不到主机？

三、操作题

1. 安装 FTP 服务器，添加 FTP 站点 teacher ftp 对应 E：/教学资源文件夹所应用的 IP 地址 192.168.0.1，设定该文件夹的权限为既能读取又能写入。添加 FTP 站点 student ftp 对应 F：/学生文件夹所应用的 IP 地址 192.168.0.2，要求只能写入，不能读取。

2. 安装 DNS 服务器，新建正向 DNS 主要区域 LAN.Com；新建反向 DNS 主要区域 192.168.0.x，并测试正、反向解析。

3. 通过 Serv-U 构建 FTP 服务器，其对应的 IP 地址为 192.168.0.1，要求设置 teacher 和 student 两个账号，用户 teacher 的可用磁盘空间为 1GB，student 的可用磁盘空间为 500MB，并设置磁盘满的提示符“磁盘空间已满，请清理！”。

项目 7 管理网络隔离与通信

某公司的网络覆盖多个部门，各部门之间不时需要相互通信，但是有些信息并不能对所有部门公开，在物理位置不发生改变的情况下，从逻辑上划分到不同的虚拟局域网中，以实现不同部门的管理。

学 习 目 标

知识目标	• 了解 VLAN 的作用和功能； • 熟悉 VLAN 的划分方法； • 熟悉 VLAN 的操作命令
技能目标	• 熟练规划 VLAN 的 IP 地址； • 熟练划分 VLAN； • 实现 VLAN 之间的通信
态度目标	• 认真分析任务目标，做好 VLAN 规划； • 耐心细致
相关知识点	• VLAN、本地 VLAN、VLAN 标准； • VTP； • Trunk
技能考核点	• 正确配置交换机，划分 VLAN，实现部门隔离

项 目 描 述

某公司有行政部、市场部、研发部、技术部、财务部等部门。其中市场部与技术部位于同一楼层，其余各部门处于不同的楼层，为了各部门信息的安全需要，需要相互隔离，只有在需要的时候各部门之间才可以相互通信。

项 目 分 解

本项目主要任务如表 7-1 所示。

表 7-1 任务分解

任务名称	操作环境描述	主要子任务
任务 办公网络安全隔离与通信	某公司财务部门的资料非常重要，经理希望部门成员能相互访问，在必要时可以访问其他部门的资源，但其他部门成员不能访问他们的资源，即财务部内部成员之间能相互访问，也能访问其他部门资源，但其他部门不能访问财务部的资源	(1) 划分 VLAN； (2) 配置 VLAN 间的路由

知识链接

【链接 1】 VLAN 简介

VLAN(Virtual Local Area Network)即“虚拟局域网”，是一种将局域网设备从逻辑上划分成一个个网段，从而实现虚拟工作组的数据交换的技术，主要应用于交换机和路由器中，但主流应用还是在交换机之中。

1. VLAN 的划分方法

VLAN 的划分方法主要有如下几种：

1) 根据端口来划分 VLAN

许多 VLAN 厂商都利用交换机的端口来划分 VLAN 成员，同一交换机的端口或者不同交换机的不同端口都可设定在同一个广播域中。

2) 根据 MAC 地址划分 VLAN

这种划分方法是根据每个主机的 MAC 地址来划分。其优点就是当用户物理位置移动时，即从一台交换机移动到其他交换机时，VLAN 不用重新配置；其缺点是初始化时所有用户都必须进行配置，工作量大，同时也导致了交换机执行效率低，因为在每一个交换机的端口都可能存在很多个 VLAN 组的成员，这样就无法限制广播包了。

3) 根据网络层划分 VLAN

这种划分方法是根据每个主机的网络层地址或协议类型(如果支持多协议)划分。其优点是即使用户的物理位置改变了，也不需要重新配置所属 VLAN，而且不需要附加的帧标签来识别 VLAN，可以减少网络通信量。其缺点是效率低，因为检查每一个数据包的网络层地址是需要消耗处理时间的(相对于前面两种方法而言)。

4) 根据 IP 多播划分 VLAN

即认为一个多播组就是一个 VLAN，这种划分的方法将 VLAN 扩大到了广域网，因此这种方法具有更大的灵活性，而且也很容易通过路由器进行扩展，但这种方法效率不高，不适合在局域网中使用。

5) 基于规则的 VLAN

基于规则的 VLAN 也称为基于策略的 VLAN。这是最灵活的 VLAN 划分方法，具有自动配置的能力，能够把相关的用户连成一体，在逻辑划分上称为“关系网络”。网络管理员只需在网管软件中确定划分 VLAN 的规则(或属性)，当一个站点加入网络中就会被“感知”，并被自动加入正确的 VLAN 中。同时，对站点的移动和改变也可自动识别和跟踪。

6) 按用户划分 VLAN

基于用户定义、非用户授权来划分 VLAN，是指为了适应特别的 VLAN 网络，根据具体的网络用户的特别要求来定义和设计 VLAN，而且可以让非 VLAN 群体用户访问 VLAN，但是需要提供用户密码，在得到 VLAN 管理的认证后，才可以加入一个 VLAN。

注意

以上划分 VLAN 的方式中，基于端口的 VLAN 端口方式建立在物理层上；MAC 方式建立在数据链路层上；网络层和 IP 广播方式建立在第 3 层上。

2. VLAN 标准

通用的 VLAN 标准有两种：802.10 与 802.1Q。还有一些公司的标准，如 Cisco 公司的 ISL 标准等。

1) 802.10

该协议基于 FrameTagging 方式。

2) 802.1Q

802.1Q 的出现打破了虚拟网依赖于单一厂商的僵局，从一个侧面推动了 VLAN 的迅速发展。另外，来自市场的压力使各大网络厂商立刻将新标准融合到他们各自的产品中。

3) Cisco ISL 标签

ISL(Inter-Switch Link)是 Cisco 公司的专有封装方式，因此只能在 Cisco 的设备中使用。ISL 是一个在交换机之间、交换机与路由器之间及交换机与服务器之间传递多个 VLAN 信息及 VLAN 数据流的协议，通过在交换机直接的端口配置 ISL 封装，即可跨越交换机进行整个网络的 VLAN 分配和配置。

3. VLAN 的定义和特点

虚拟局域网(VLAN)是一组逻辑上的设备和用户，这些设备和用户并不受物理位置的限制，可以根据功能、部门及应用等因素将它们组织起来，相互通信，就如处于同一个网段中。该技术工作在 OSI 参考模型的第 2 层和第 3 层，一个 VLAN 就是一个广播域，VLAN 之间的通信是通过第 3 层的路由来完成的。与传统的局域网技术相比较，VLAN 技术更加灵活，它具有以下优点：

(1) 网络设备的移动、添加和修改的管理开销减少。

(2) 可以控制广播活动。

(3) 可提高网络的安全性。

【链接 2】 VTP 简介

VTP 是 VLAN Trunk Protocol 的缩写，处于 OSI 参考模型第 2 层，是 VLAN 链路聚集协议，主要用于管理在同一个域的网络范围内 VLAN 的建立、删除和重命名。在一台 VTP Server 上配置一个新的 VLAN 时，该 VLAN 的配置信息将自动传播到本域内的其他所有交换机。这些交换机会自动接收这些配置信息，使其 VLAN 的配置与 VTP Server 保持一致，从而减少在多台设备上配置同一个 VLAN 信息的工作量，而且保持了 VLAN 配置的统一性。

VTP 有 3 种工作模式，分别为 Serve、Client、Transparent，其含义见表 7-2。

表 7-2 VTP 工作模式

序号	模式名称	含 义
1	Server	允许在该交换机上创建、修改、删除 VLAN 及其他一些对整个 VTP 域的配置参数，同步 VTP 域中其他交换机传递来的最新的 VLAN 信息
2	Client	本交换机不能创建、删除、修改 VLAN 配置，也不能在 NVRAM 中存储 VLAN 配置，但可同步由本 VTP 域中其他交换机传递来的 VLAN 信息
3	Transparent	可以创建、修改和删除本地 VLAN 数据库中的 VLAN，但不传播 VLAN 配置的变化信息给其他的交换机，即对 VLAN 的配置改变，只对处于透明模式的交换机自身有效

任务实施

任务实施流程如表 7-3 所示。

表 7-3 任务实施流程

实施流程
1. 阅读【知识链接】中的知识介绍，如果不够，则利用网络查找参考资料学习相关知识。 2. 认真阅读任务，明确任务。 3. 填写材料和设备清单，准备并领取实验工具与材料。 4. 根据【任务实施】任务先后顺序与步骤，完成具体安装或配置任务，在完成每个小任务后测试任务完成情况，保证任务 100%完成。 5. 检测 VLAN 的配置情况。 (1) VLAN 之间的隔离； (2) VLAN 内部成员的相互访问； (3) VLAN 之间的通信

任务 办公网络安全隔离与通信

任务 1-1 划分 VLAN

某公司包括行政部、市场部、研发部、技术部、财务部等部门，各部门处于不同的楼层，为了各部门信息安全需要，划分为 5 个 VLAN，分别为行政部 VLAN10、技术部 VLAN20、市场部 VLAN30、研发部 VLAN40、财务部 VLAN50，需要的时候各部门之间可以相互通信。下面以技术部和市场部为例说明 VLAN 的配置与通信。

1. 配置本地 VLAN

技术部与市场部处于同一楼层，而且成员不是很多，连接在同一台交换机上，其拓扑结构如图 7-1 所示。

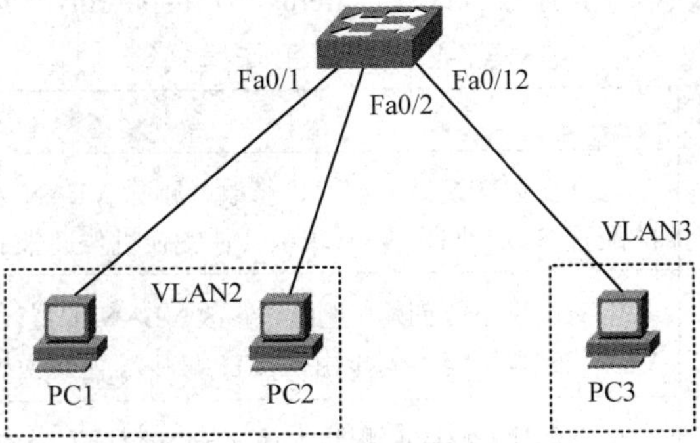

图 7-1　本地 VLAN 拓扑结构图

1) 配置步骤

(1) 按照图 7-1 设计的网络拓扑结构准备并连接好硬件设备。

(2) 规划 IP 地址与 VLAN。

将网络划分为两个 VLAN，PC1 和 PC2 处于技术部，划到 VLAN2 中，PC3 是市场部的成员，划分到 VLAN3 中。

(3) 配置 IP 地址和网关。

① 3550 交换机设置 VLAN2(172.16.2.1/24)、VLAN3(172.16.3.1/24)两个 VLAN。

② 将 PC1(172.16.2.12/24)、PC2(172.16.2.13/24)加入 VLAN2，PC1 与 PC2 网关均为 172.16.2.1，PC3(172.16.3.12/24)加入 VLAN3，PC4 网关为 172.16.3.1。

(4) 测试计算机的连通性。

① 在 PC1 上 ping PC3，测试结果不通。

② 在 PC1 上 ping PC2，测试结果为通畅。

(5) 交换机配置。

```
Switch>en                                         由用户模式进入特权模式
Switch# conf  t                                   由特权模式进入配置模式
Switch(config)#hostname  C3550                    在配置模式下修改主机名
C3550(config)#exit
C3550#vlan database                     进入 VLAN 配置模式
C3550(vlan)#vlan 2 name student  创建了一个编号为 2 ，名字为 student 的 VLAN
C3550(vlan)#vlan 3 name teacher  创建了一个编号为 3 ，名字为 teacher 的 VLAN
C3550(vlan)#exit
C3550#conf t
C3550(config)#int fastethernet 0/1                进入快速以太口
C3550(config-if)#switchport access vlan 2         将快速以太口划入 VLAN2
C3550(config-if)#exit
```

```
C3550(config)#int fastethernet0/2
C3550(config-if)#switchport access vlan 2
C3550(config-if)#exit
C3550(config)#int fastethernet0/12
C3550(config-if)#switchport access vlan 3
C3550(config-if)#end
C3550#write                                   保存配置信息
C3550#conf  t
C3550(config)# int  vlan 2                    给 VLAN2 的所有节点分配静态 IP 地址
C3550(config-if)# ip add 172.16.2.1 255.255.255.0
C3550(config-if)#no shut
C3550(config-if)#exit
C3550(config)# int  vlan 3
C3550(config-if)# ip add 172.16.3.1 255.255.255.0
C3550(config-if)#no shut
C3550(config-if)#end
C3550#conf  t
C3550(config)# ip routing                     启用路由
C3550(config)#end
C3550# write
```

2) 测试

在 PC1 上 ping　PC2，能通。

在 PC1 上 ping　PC3，能通。

在 PC2 上 ping　PC3，能通。

从上述测试结果可知，VLAN 2 和 VLAN 3 间实现了通信。

2. 配置跨交换机 VLAN

财务部与市场部处于不同楼层，分别连接在 S1 和 S2 两台交换机上，财务部有一个员工临时到市场部帮忙，为了避免计算机搬动的麻烦和部门安全，建议将该员工的计算机从逻辑上划分到市场部，其拓扑结构如图 7-2 所示。

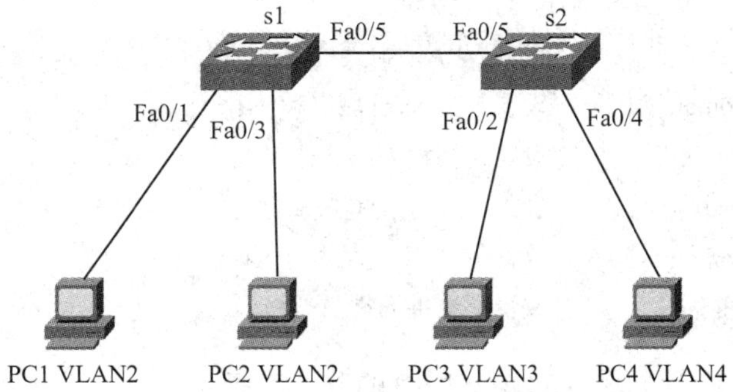

图 7-2　跨交换机 VLAN 拓扑结构图

1) 配置步骤

(1) 按照图 7-2 给出的网络拓扑结构连接好设备。

(2) 规划 IP 地址与 VLAN。

将网络划分为两个 VLAN，PC1 和 PC3 划分到 VLAN2，PC2 和 PC4 划分到 VLAN3 中。

(3) 配置 IP 地址和网关。

① S1 交换机上设置 VLAN2(172.16.2.1/24)，S2 交换机上设置 VLAN3(172.16.3.1/24)两个 VLAN。

注意

交换机有 3 种命令模式，分别为用户模式、特权模式、配置模式。

(1) 用户模式(User EXEC)是交换机启动时的缺省模式，仅允许执行一些非破坏性的操作，如查看交换机的配置参数，测试交换机的连通性等，不能对交换机配置做任何改动。该模式下的提示符(Prompt)为“>”。

(2) 特权模式(Privileged EXEC)也叫使能(Enable)模式，提示符为“#”。可对交换机进行更多的操作。

(3) 配置模式(Global Configuration)是交换机的最高操作模式，可以设置在交换机上运行的硬件和软件的相关参数；配置各接口、路由协议和广域网协议；设置用户和访问密码等。在特权模式“#”提示符下输入 config 命令，进入配置模式。

② 将 PC1(172.16.2.12/24)、PC3(172.16.2.13/24)加入 VLAN2，PC1 与 PC3 网关均为 172.16.2.1。

③ 将 PC2(172.16.3.12/24)、PC4(172.16.3.14/24)加入 VLAN3，PC2、PC4 网关均为 172.16.3.1。

(4) 测试计算机的连通性。

① 在 PC1 上 ping PC3，测试结果通畅。

② 在 PC1 上 ping PC4，测试结果为不通。

(5) 配置交换机。

① 设置 VTP DOMAIN(管理域)。

VTP 用于在建立了汇聚链路的交换机之间同步和传递 VLAN 配置信息的协议，以在同一个 VTP 域中维持 VLAN 配置的一致性。

S1#vlan database	进入 VLAN 配置模式
S1(vlan)#vtp domain S1	设置 VTP 管理域名称 S1
S1(vlan)#vtp server	设置交换机为服务器模式
S2#vlan database	进入 VLAN 配置模式
S2(vlan)#vtp domain S1	设置 VTP 管理域名称 S1
S2(vlan)#vtp Client	设置交换机为客户端模式

② 配置中继(保证管理域能够覆盖所有的分支交换机)。

在核心交换机端配置如下：

```
S1(config)#interface FastEthernet 0/5
S1(config-if)#switchport trunk encapsulation dot1q 配置中继协议
S1(config-if)#switchport mode trunk
```

在分支交换机端配置如下：

```
S2(config)#interface FastEthernet 0/5
S2(config-if)#switchport mode trunk
```

Trunk 链路为汇聚链路，承载了所有 VLAN 的通信流量，为了标示数据帧属于哪一个 VLAN，需要对流经汇聚链路的数据帧进行封装，以附加 VLAN 信息。目前支持交换机打封装的协议有 IEEE 802.1Q 和 ISL。IEEE802.1Q 属于国际标准协议，适用于各种类型的交换机，通常写成 dot1q；ISL 是 Inter Switch Link 的缩写，只能用于 Cisco 网络设备的互联。也就是说，只有当汇聚链路连接的都是 Cisco 交换机时，才能使用 ISL 进行封装。

③ 创建 VLAN。

```
S1#vlan database
S1(vlan)#Vlan 2 name vlan2                创建一个编号为 2，名字为 vlan2 的 VLAN
S1(vlan)#Vlan 3 name vlan3                创建一个编号为 3，名字为 vlan3 的 VLAN
```

④ 将交换机端口划入 VLAN。

```
S1#conf t
S1(config)#interface fastEthernet 0/1          配置端口 1
S1(config-if)#switchport access vlan 2         归属 VLAN2
S1(config-if)#exit
S1(config)#interface fastEthernet 0/3          配置端口 2
S1(config-if)#switchport access vlan 3         归属 VLAN3
S1(config-if)#end
S1#write
S2#conf t
S2(config)#interface fastEthernet 0/2          配置端口 1
S2(config-if)#switchport access vlan 2         归属 VLAN2
S2(config-if)#exit
S2(config)#interface fastEthernet 0/4          配置端口 2
S2(config-if)#switchport access vlan 3         归属 VLAN3
S2(config-if)#end
S2#write
```

注意

本例是在核心交换机上建立的 VLAN。实际上，在管理域中的任何一台 VTP、属性为 Server 的交换机上都可建立 VLAN，通过 VTP 通告整个管理域中的所有交换机。VTP 会通告 VLAN 的更改，但如果要将具体的交换机端口划入某个 VLAN，VTP 不会通告，必须在该端口所属的交换机上进行设置。

⑤ 配置三层交换，给 VLAN 所有的节点分配静态 IP 地址。

在核心交换机上分别设置各 VLAN 的接口 IP 地址如下：

```
S1(config)#interface vlan 2
S1(config-if)#ip address 172.16.2.1 255.255.255.0 VLAN2          接口 IP
S1(config)#interface vlan 3
S1(config-if)#ip address 172.16.3.1 255.255.255.0 VLAN3          接口 IP
```

2) 测试

在 PC1 上 ping PC3，能通，表示同一 VLAN 内可以实现通信。

在 PC1 上 ping PC4，能通，即 VLAN2 与 VLAN3 可以通信，表示不同 VLAN 间实现了通信。

还可以在 PC2 上对 PC3、PC4 进行连通性测试，比较测试结果是否相同。

任务 1-2　配置 VLAN 间的路由

通过路由器的 VLAN 划分与通信配置拓扑结构如图 7-3 所示。

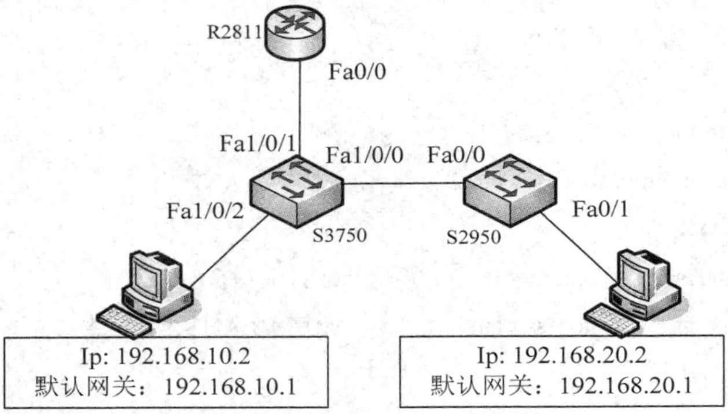

图 7-3　VLAN 间路由配置拓扑结构图

1. 配置要求

(1) S3750：0、1 口为 trunk 口，2、3、4 口配置到 VLAN10，5、6、7 口配置到 VLAN20。

(2) S2950：0 口为 trunk 口，2、3、4 口配置到 VLAN10，5、6、7 口配置到 VLAN20。

(3) R2811：以太网口 0 通过直连线与 S3750 交换机相连。

2. 配置步骤

1) R2811

```
Router#config terminal
Router(config) #interface fa0/0
Router(config-if) #no shutdown
Router(config-if)#int fa0/0.10
Router(config-subif)#encapsulation dot1q 10
Router(config-subif)#ip address 192.168.10.2 255.255.255.0
Router(config-subif)#no shutdown
Router(config-subif)# int fa0/0.20
```

```
Router(config-subif)#encapsulation dot1q 20
Router(config-subif)#ip address 192.168.20.2 255.255.255.0
Router(config-subif)#no shutdown
Router(config-subif)#exit
```

2) S3750

```
s3750#vlan database
s3750(vlan)#vlan 10 name teacher
s3750(vlan)#vlan 20 name student
s3750(vlan)#vtp server
s3750(vlan)#exit
s3750#config terminal
s3750(config)#interface range fa1/0/2-4
s3750(config-if-range)#switchport access vlan 10
s3750(config)#interface range fa1/0/4-7
s3750(config-if-range)#switchport access vlan 20
s3750(config)#interface fa1/0/1
s3750(config-if)#switchport trunk encapsulation dot1q
s3750(config-if)#switchport mode trunk
s3750(config-if)#exit
s3750(config)#interface fa1/0/0
s3750(config-if)#switchport trunk encapsulation dot1q
s3750(config-if)#switchport mode trunk
s3750#show vlan brief
```

3) S2950

```
S2950# vlan database
S2950(vlan)# vtp client
S2950(vlan)#exit
S2950#show vlan brief
S2950#config terminal
S2950(config)#int fa0/0
S2950(config-if)# switchport mode trunk
S2950(config)#interface range fa0/2-4
S2950 (config-if-range)#switchport access vlan 10
S2950 (config-if-range)# interface range fa0/4-7
S2950 (config-if-range)#switchport access vlan 20
S2950 (config-if-range)#exit
```

3. 测试

将计算机分别接入 VLAN20 和 VLAN30。设置计算机的 IP 地址、子网掩码、默认网关等信息，如图 7-3 所示，完成 Ping 测试，检查 VLAN 间的连通性。

任 务 拓 展

拓展任务　不同网段计算机间的通信

1. 拓展任务

拓展任务描述和任务分析如表 7-4 所示。

表 7-4　拓展任务描述和任务分析

任 务 描 述
软件公司两个办公室计算机 IP 地址设置在不同的网段上，一个为 192.168.1.0，另一个为 192.168.2.0。在没有路由器的情况下，在同一个 IP 子网内的主机才能通信；主机不在同一网段内，即使通过同一个交换机或集线器连接(如在交换机划分不同的 VLAN)也无法相互通信。该怎么处理
任 务 分 析
(1) 配置服务器，为服务器绑定 1 个 IP 地址和多个 IP 地址； (2) 配置客户端，为不同网段的客户机设置 IP 地址和网关

2. 任务拓展完成过程提示

不同网段的计算机在没有路由器的情况下要实现通信，可以采用 Windows Server 2008 自带的路由工具来解决，即在一台 Windows Server 2008 服务器上绑定两个 IP 地址 192.168.1.1 和 192.168.2.1，然后在 Windows Server 2008 上启动路由服务，将 Windows Server 2008 作为路由器，实现两个网段互通。具体配置过程如下所述。

1) 配置服务器

步骤 1： 打开“本地连接”的“属性”对话框，选择“Internet 协议(TCP/IP)属性”，单击“属性”按钮，为服务器绑定第一个 IP 地址 192.168.1.1，子网掩码设为 255.255.255.0，如图 7-4 所示。

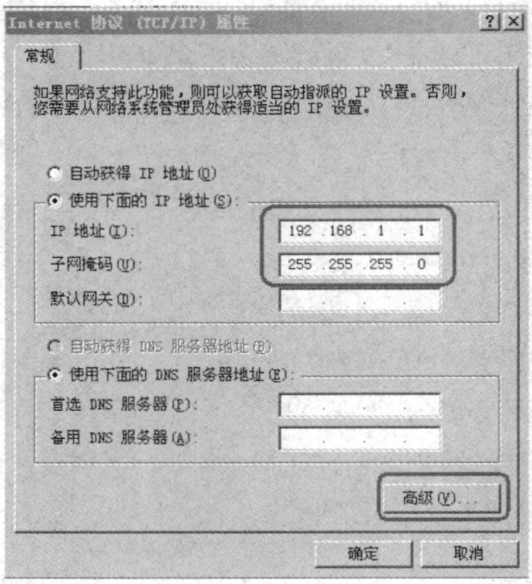

图 7-4　“Internet 协议(TCP/IP)属性”对话框

步骤 2：单击“高级”按钮，在“高级 TCP/IP 设置”对话框的“IP 地址”项中，单击“添加”按钮，弹出“TCP/IP 地址”对话框，在“IP 地址”和“子网掩码”中分别填入绑定第 2 个 IP 地址的信息 192.168.2.1，子网掩码设为 255.255.255.0，如图 7-5 所示。

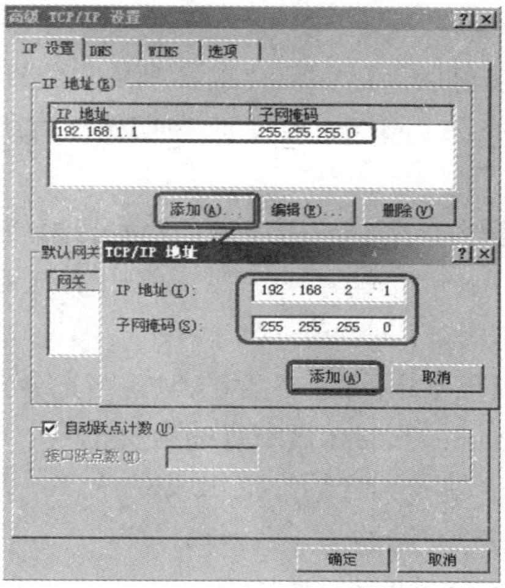

图 7-5　“高级 TCP/IP 设置”对话框

步骤 3：单击“添加”按钮，如图 7-6 所示。两个地址都绑定到了服务器上。然后依次单击“确定”按钮。

2) 配置客户端

在网卡的“Internet 协议(TCP/IP 属性)”中，处于 192.168.1.0 网段中的计算机 TCP/IP 属性设置——IP 地址设为 192.168.1.88，默认网关设为 192.168.1.1；处于 192.168.2.0 网段中的计算机 TCP/IP 属性设置——IP 地址设为 192.168.2.88，默认网关设为 192.168.2.1。

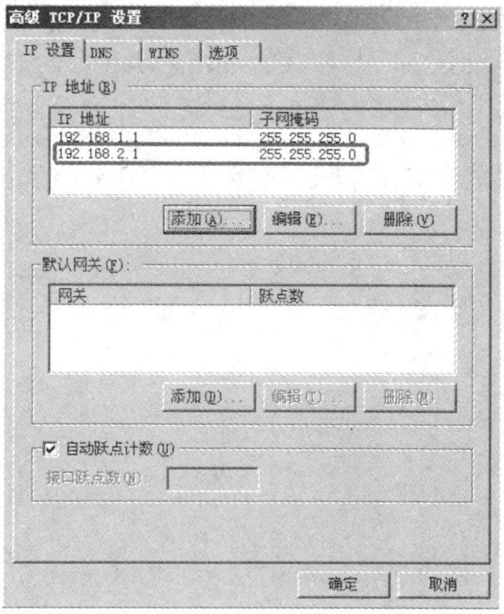

图 7-6　IP 地址绑定到服务器上

练 习 思 考

一、选择题

1. 采用________的方法可以满足如下要求：当用户物理位置移动，如从一台交换机移动到其他交换机时，VLAN 不用重新配置，但在初始化时所有用户都必须进行配置，工作量大。

A. 基于端口的 VLAN 配置　　B. 基于 MAC 地址的 VLAN 配置

C. 根据网络层划分 VLAN　　D. 基于规则的 VLAN

2. VTP 是________的缩写。

A. 虚拟局域网　B. 虚拟专用网　C. VLAN 链路聚合协议　D. 邮件传输协议

3. C3550(vlan)#vlan 2 name student 命令行的含义是________。

A. 创建一个名为 student 编号为 2 的虚拟局域网

B. 创建一个名为 2 的虚拟局域网

C. 使用名为 student 虚拟局域网

D. 使用 2 号虚拟局域网

4. “不同网段的计算机是不可能实现通信的”这句话描述得________。

A. 正确　B. 不正确

5. int fa0/0.10 命令配置必须在________下完成。

A. 配置模式　B. 接口模式　C. 所有模式　D. 用户模式

6. s (config-if-range)#switchport access vlan 10 在________情况下执行。

A. s(config-if-range)　B. s(config-if)

C. s(config)　D. s(vlan)

7. 由 S1#转换成 S1(vlan)#需要输入的命令是________。

A. vlan　B. vlan database　C. config vlan　D. config

二、操作题

使用 Packet Tracer 模拟器完成非同一交换机上不同 VLAN 的通信。

第 4 部分　网络安全维护

随着计算机技术、网络技术的迅猛发展，信息化建设的普及，数据现在主要记载在计算机或相关的设备上，既方便保存，也方便查询，还方便传输。要保证系统安全、数据安全、远程访问数据的安全、防止病毒传播等，就需要在保障网络基本安全的基础上，加强内网与外网通信的安全。

项目 8　基本网络安全维护

全球信息化不仅推动了企业和家庭对信息的严重依赖，同时也推动了政府电子政务的信息化建设，甚至家庭照片都趋于数字化。计算机病毒感染或遭受黑客攻击等造成数据丢失、系统被破坏、文件被非法访问等，带来了不可估量的损失，数据备份和安全性已经成为社会各领域共同关注的热点。

学 习 目 标

知识目标	● 了解备份与还原的作用和功能； ● 熟悉数据备份与恢复的概念和工作原理
技能目标	● 能熟练完成系统备份与恢复； ● 能熟练完成简单数据备份与恢复； ● 熟练设置共享文件或文件夹的访问权限
态度目标	● 充分认识网络安全的重要性，具备安全防范意识； ● 耐心细致地进行安全基本维护
相关知识点	● 数据备份与恢复的定义与类型
技能考核点	● 正确、快速地完成系统备份与恢复操作，实现有效的备份系统

项 目 描 述

随着信息化建设不断深入和互联网的广泛应用，某公司信息存储安全问题显得尤为突出，诸如计算机病毒感染、误操作、人为故意破坏等，轻则引起系统失常、文件损坏等，重则造成系统崩溃，乃至所有系统信息和用户文件丢失等恶劣后果。系统重装、维护浪费了巨大的人力、物力、财力，更为严重的是，有些用户的重要数据丢失会造成不可挽回和难以估量的损失。为了保障业务持续运行，不给公司造成损失，因此首先要对网络进行基本的安全维护。

项 目 分 解

本项目主要任务如表 8-1 所示。

表 8-1　任务分解表

任务名称	操作环境描述	主要子任务
任务　基本网络安全维护	某公司财务部门、业务部门的资料非常重要，而又不可避免需要与外界和部门之间进行信息交流，因此公司决定立体化设置网络安全	(1) 备份和还原系统； (2) 数据备份与恢复

知识链接

【链接 1】　系统备份与普通数据备份的区别

系统备份不仅是备份系统中的数据，还备份系统中安装的应用程序、数据库系统、用户设置及系统参数等信息，以便需要时迅速恢复整个系统。

【链接 2】　双机热备与双机互备的区别

双机热备即通常所说的 active/standby 方式，服务器数据包括数据库数据同时写入两台或多台服务器，或使用一个共享的存储设备。当 active 服务器出现故障时，通过软件诊断并激活 standby 设备，保证应用在短时间内完全恢复正常使用。

双机互备指在双机热备的基础上，两个相对独立的应用在两台机器上同时运行，彼此互为备机。当某台服务器出现故障时，另一台服务器可以在短时间内将故障服务器的应用接管过来，保证了应用的连续性。

任务实施

任务实施流程如表 8-2 所示。

表 8-2　任务实施流程

实 施 流 程
1. 阅读【知识链接】中的知识介绍，如果不够，则利用网络查找参考资料学习相关知识。 2. 认真阅读任务，明确任务。 3. 了解目前网络状况及网络中计算机的配置情况。 4. 设计网络基本安全维护方案，准备维护。 5. 根据【任务实施】任务先后顺序与步骤，完成具体安装或配置任务，在完成每个小任务后测试任务完成情况，保证任务 100%完成。 6. 根据系统备份情况还原系统。 7. 将丢失的数据恢复

任务　基本网络安全维护

不管是什么类型的网络或什么用途的网络，其基本的组成部件都离不开计算机，因此首先要保证系统的安全使用，在需要的时候能快速恢复。

任务 1-1　备份与还原系统

通常情况下，系统管理员要恢复系统至少需要如下几个步骤。

(1) 恢复硬件；

(2) 重新装入操作系统；

(3) 设置操作系统(驱动程序、系统及用户设置)；

(4) 重新装入应用程序，进行系统设置；

(5) 用最新的备份恢复系统数据。

完成这些步骤至少需要半天至 1 天的时间，但这对于企业和应用来说是无法容忍的，如果采用系统备份措施则比较简单和快捷。

1. 备份系统

计算机操作系统在使用一段时间后，可能会因为操作不当而使得系统无法开机或无法使用。如果要重装系统，费时费力。为了在意外情况出现后能迅速恢复系统，而不需要重新安装，建议在安装好操作系统和需要的工具软件后，做好系统备份。

本项目以 Ghost 为例介绍整个备份过程，具体操作步骤如下所述。

步骤 1：启动软件。双击软件“Ghost32．exe”文件，打开如图 8-1 所示的界面。

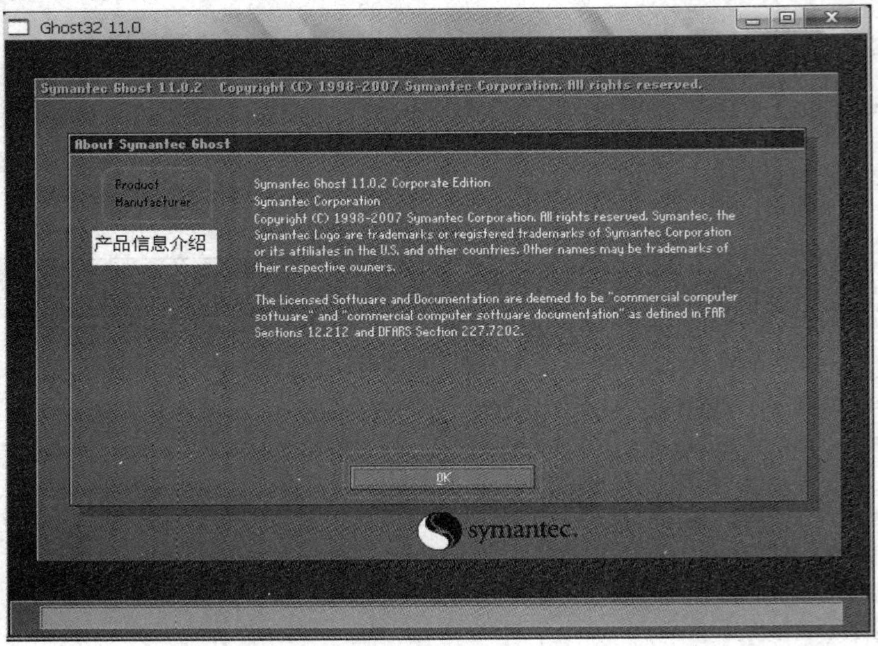

图 8-1　备份软件界面图

步骤 2：单击“OK”按钮，打开如图 8-2 所示系统备份界面。

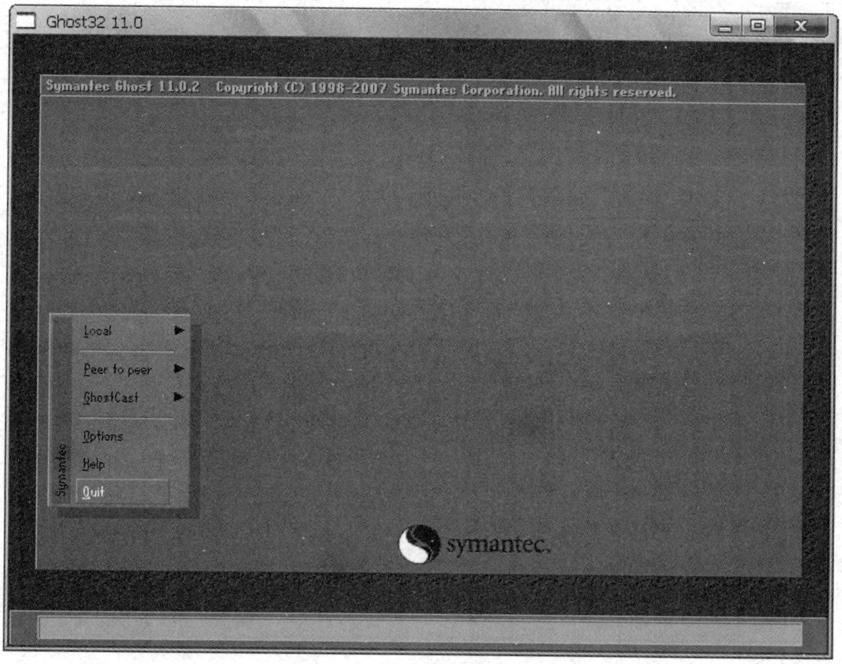

图 8-2　系统备份界面图

步骤 3：单击“local”→“Partition”→“To Image”，将硬盘分区备份为一个后缀为“.gho”的镜像文件，如图 8-3 所示。

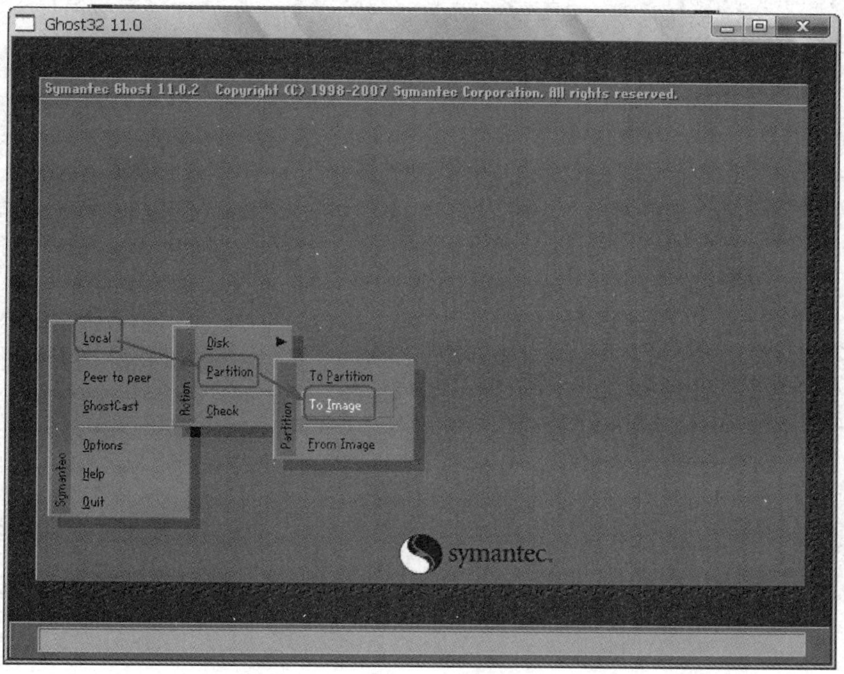

图 8-3　备份步骤图

各参数说明见表 8-3。

表 8-3　系统备份参数表

Disk	硬盘操作选项	含　义
	To Disk	硬盘对硬盘完全复制
	To Image	硬盘内容备份成镜像文件
	From Image	从镜像文件恢复到原来硬盘
Partition	硬盘分区操作选项	含义
	To Disk	分区对分区完全复制
	To Image	分区内容备份成镜像文件
	From Image	从镜像文件复原到分区
Check		检查功能选项

步骤 4：单击“To Image”，选择需要进行系统备份的磁盘，单击“OK”按钮。实例中只有一个磁盘，所以不需要选择，直接按“OK”按钮，如图 8-4 所示。

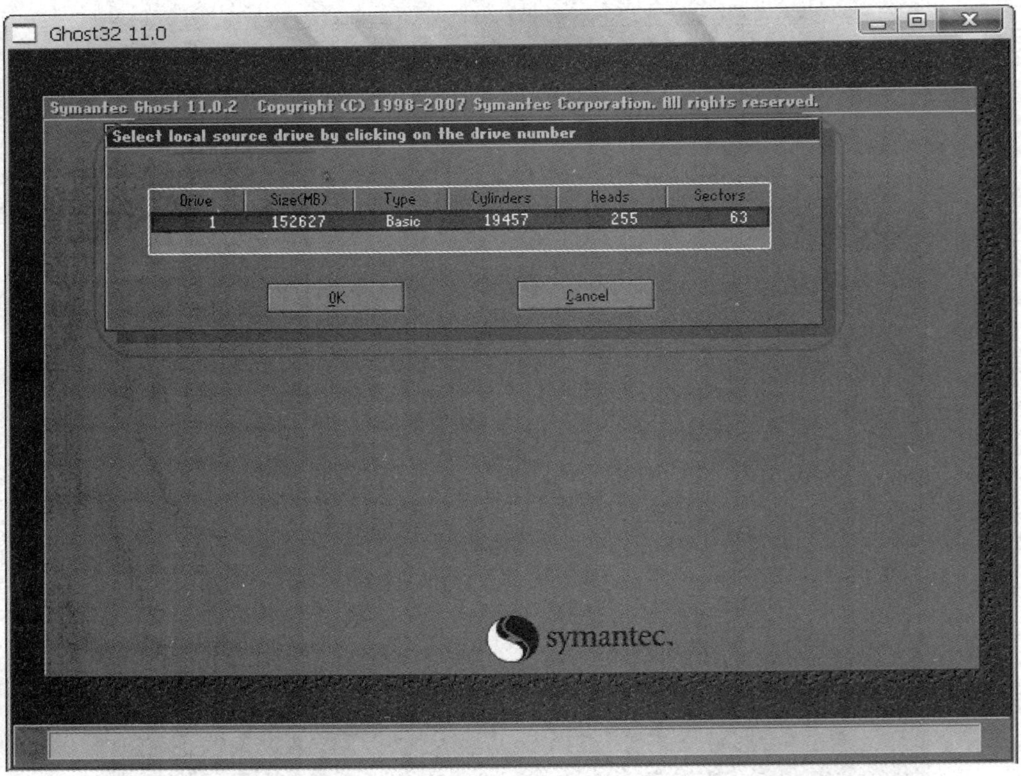

图 8-4　选择需进行系统备份的磁盘界面图

步骤 5：选择需要进行系统备份的磁盘分区(源磁盘分区)，单击“OK”按钮，如图 8-5 所示。

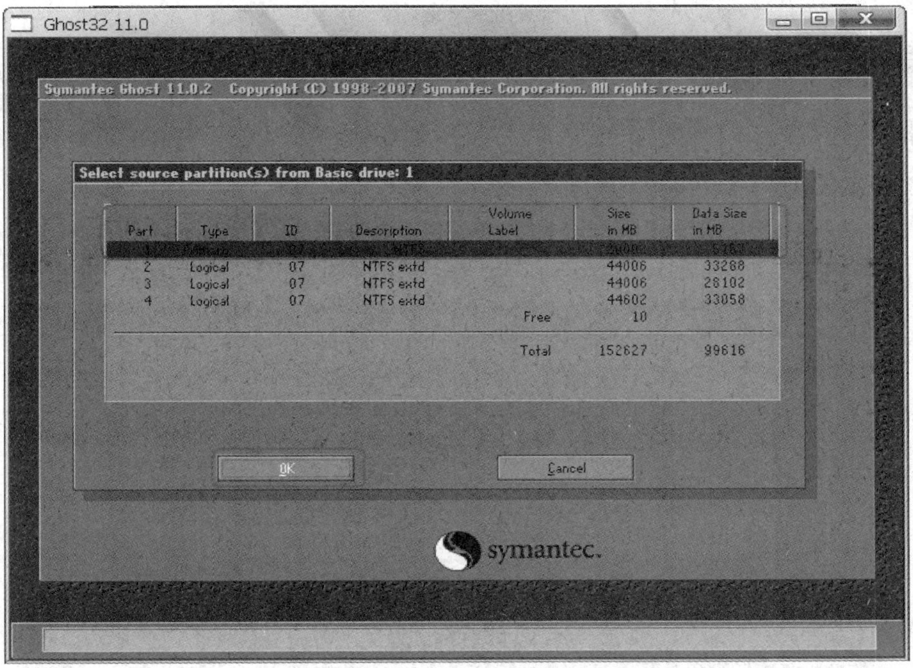

图 8-5　选择需要进行系统备份的磁盘分区界面图

步骤 6：选择镜像文件存放的磁盘分区(目标磁盘分区)，给系统备份的镜像文件命名，如图 8-6 所示。

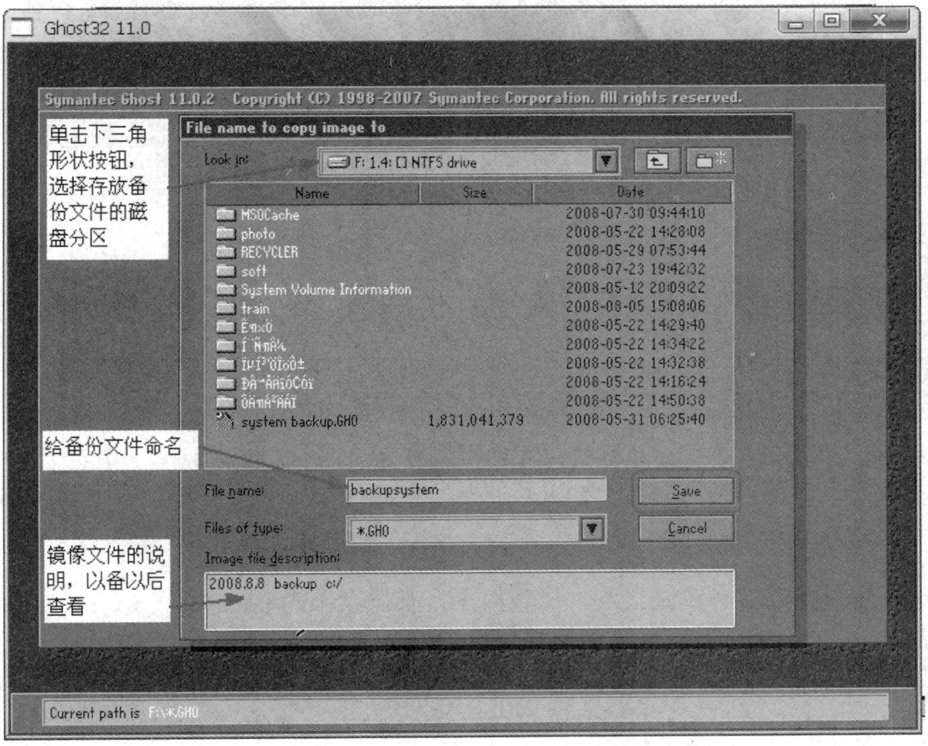

图 8-6　命名镜像文件界面图

注意

系统备份的镜像文件不能存放在正在备份的分区上。如要备份系统磁盘 C:/，则备份的镜像文件不能存放在 C:/上。

步骤 7：单击“Save”按钮，选择系统备份的压缩方式，如图 8-7 所示。

图 8-7　压缩方式选择界面

注意

一般情况下选择“Fast”标准比例压缩方式来进行系统备份。“High”的速度慢点，但可以将文件大小压缩 50%。

步骤 8：单击“Fast”标准按钮，开始进行系统备份。备份完成后，系统提示备份完成。退出 Ghost 软件。

2. 恢复系统

恢复工作是备份工作的逆过程，比较简单，具体操作如下。

步骤 1：修改 CMOS 参数，将系统设置为光驱引导。

步骤 2：选择“Local”→“Partition”→“From Image”，从镜像文件恢复系统。

步骤 3：选择镜像文件所在的路径和文件名，如 backupsystem.GHO，单击“Open”按钮，如图 8-8 所示。

步骤 4：选择还原到哪个分区，单击“OK”按钮，如图 8-9 所示。

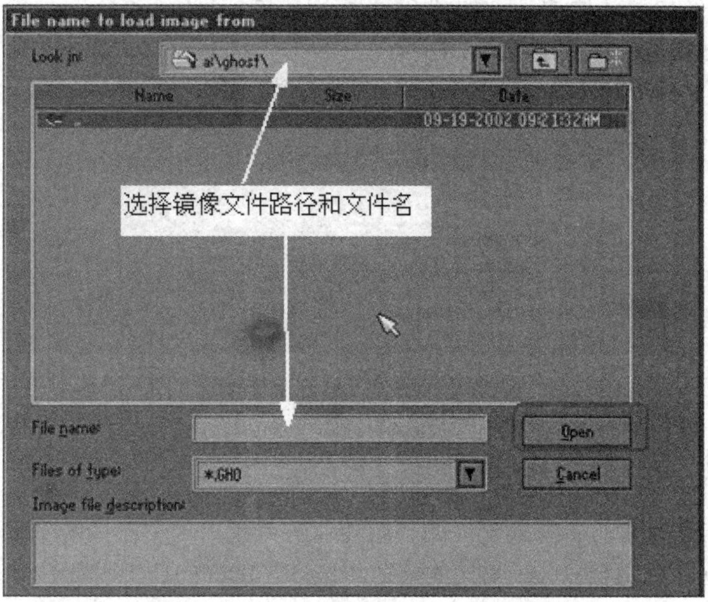

图 8-8　选择需要恢复的文件界面

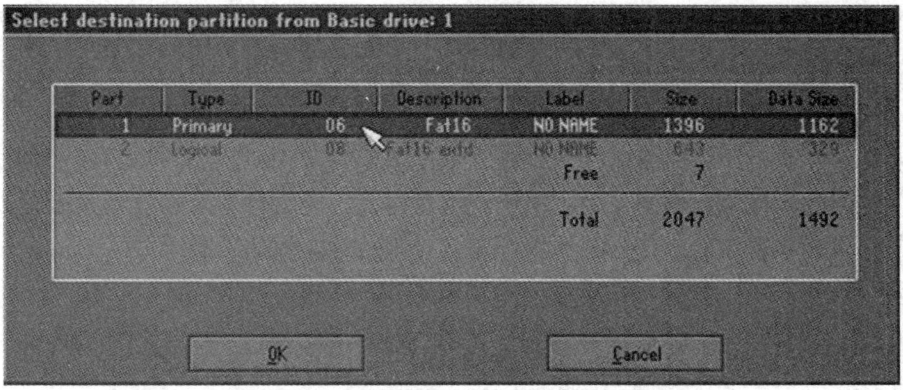

图 8-9　选择还原分区界面

步骤 5：确认是否进行还原操作。要还原，单击“Yes”按钮，则开始释放镜像文件修复系统分区，如图 8-10 所示。

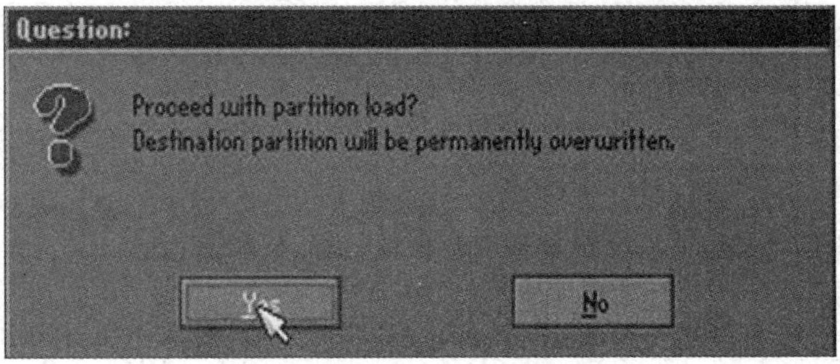

图 8-10　确认是否进行还原操作界面

步骤 6： 系统提示还原成功，如图 8-11 所示。单击“Reset Computer”按钮，重新启动计算机。整个系统恢复工作完成，回到正常的工作状态。

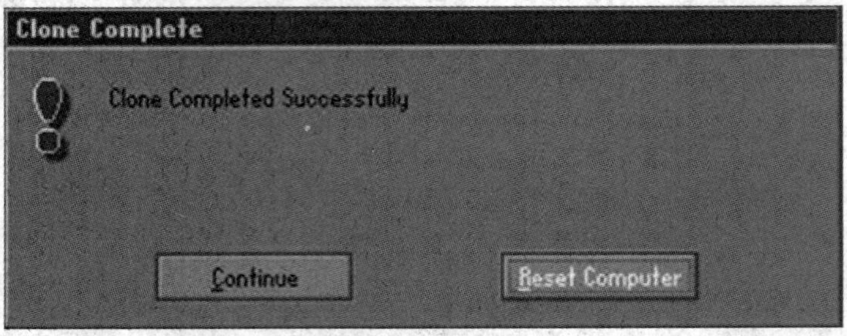

图 8-11　成功还原界面图

任务 1-2　数据备份与恢复

美国明尼苏达大学的研究表明，如果企业业务系统出现灾难后两个星期内无法恢复，则 75%的公司业务会完全停顿，43%的公司将破产。IDC 的研究统计数字也表明因数据丢失等原因在两年内倒闭的公司有 29%，生存下来的仅占 16%。因此企业要重点关注数据备份技术。

备份技术有很多种，下面以双机热备和双机互备为例进行说明，其余不一一列举。

1. 双机互备

1) 双机互备的含义

双机互备是两台主机均为工作机，正常情况下两台工作机均为信息系统提供支持，并互相监视对方的运行情况。当一台主机出现异常时，不能支持信息系统正常运营，另一台主机则主动接管异常机的工作，从而保证系统正常运行，避免了系统故障的情况，但正常运行主机的负载会有所增加。其工作原理如图 8-12 所示。

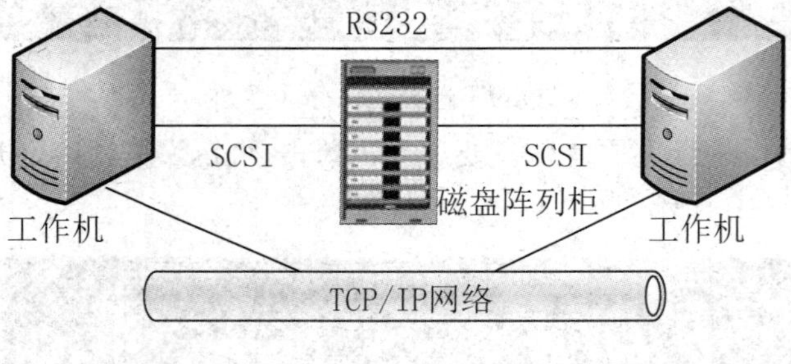

图 8-12　双机互备工作原理

2) 切换启用另一台工作机的情况

当出现如下情况之一时，就需要切换启用另一台工作机。

(1) 系统软件或应用软件造成服务器死机；

(2) 服务器没有死机，但系统软件或应用软件工作不正常；

(3) SCSI 卡损坏，造成服务器与磁盘阵列无法存取数据；

(4) 服务器内硬件损坏，造成服务器死机；

(5) 服务器不正常关机。

2. 双机热备

1) 双机热备的含义

双机热备是指一台主机为工作机，另一台主机为备份机，在系统正常运行情况下，工作机为系统提供支持，备份机监视工作机的运行情况；当工作机出现异常时，备份机主动接管工作机进行工作；工作机修复后，系统管理员通过管理命令或以人工或自动的方式将备份机的工作切换回工作机，或者激活监视程序，将两者的角色互换，即原来的备份机作为工作机，原来的工作机转换为备份机。其工作原理如图 8-13 所示。

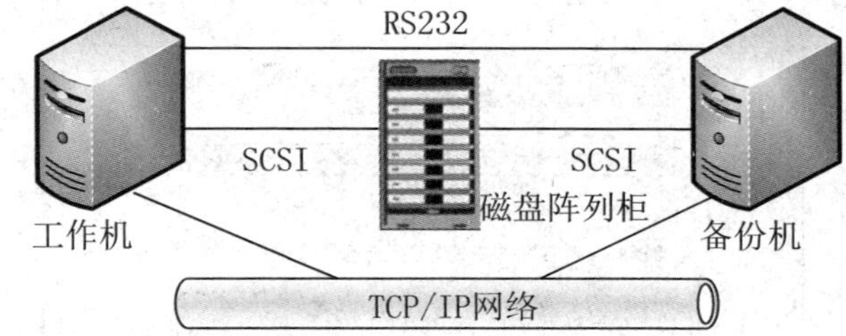

图 8-13　双机热备工作原理

2) 切换启用备份机的情况

双机热备启用备份机的情况与双机互备的情况相同。

任 务 拓 展

拓展任务　修复 Microsoft Internet Explorer 浏览器拦截恶意网页

1. 拓展任务

拓展任务描述和任务分析如表 8-4 所示。

表 8-4　拓展任务描述和任务分析

任 务 描 述
IE 起始主页就是每次打开 IE 时最先进入的页面。随时点击 IE 工具栏中的“主页”按钮也能进入起始主页，它一般是我们需要频繁查看的页面，而有些恶意网页会将起始主页改为某些乌七八糟的网址，以达到其不可告人的目的
任 务 分 析
修复恶意造成的网页浏览问题，可从两方面来解决： (1) 更改主页； (2) 修改注册表

2. 任务拓展完成过程提示

1) 更改主页

在 IE“工具”菜单中单击“Internet 选项”，打开“Internet 选项”对话框，选择“常规”选项卡，如图 8-14 所示，在“主页”文本框中输入起始页网址。

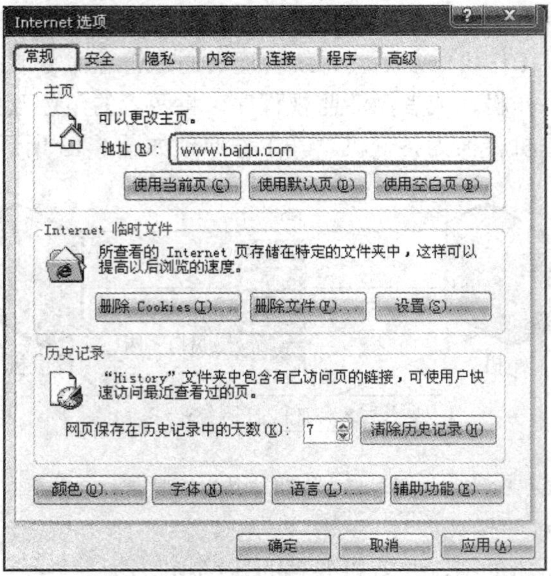

图 8-14　“Internet 选项”对话框

2) 修改注册表

如果进行上述设置后不起作用，那么肯定是在 Windows 的“启动”组中加载了恶意程序，使每次启动计算机时自动运行程序来对 IE 进行非法设置。此时可通过注册表编辑器将此类程序从“启动”组清除。

单击“开始”→“运行”，在打开的“运行”文本框中输入 Regedit，然后按 Enter 键，在注册表编辑器中依次展开“HKEY_LOCAL_MACHINE\Software\Microsoft\Windows\Current Version\Run”主键，右部窗口中显示的是所有启动时加载的程序项，如图 8-15 所示。查看这些启动项，如发现包含有可疑程序，则选中该可疑程序的名称，单击右键选择“删除”项，删除该程序。

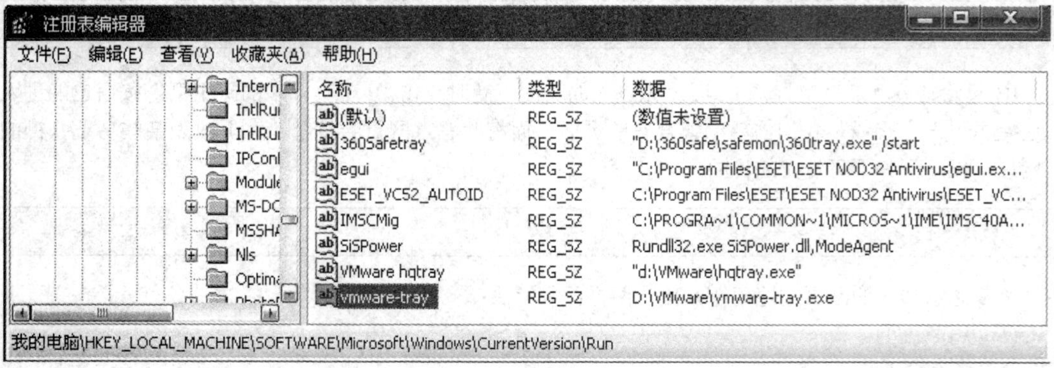

图 8-15　注册表启动项界面图

注意

如果碰到默认主页被修改的情况，也可通过注册表编辑器来修复。展开“HKEY_LOCAL_MACHINE\ Software\Microsoft\Internet Explorer\Main”主键右部窗口中的键值名“Default-Page-URL”决定 IE 的默认主页。双击该键值名，在“键值”文本框中输入网址，该网址将成为新的 IE 默认主页。

练 习 思 考

一、选择题

1. 下列选项中，防范网络监听最有效的方法是______。

A. 安装防火墙　　B. 采用无线网络传输

C. 数据加密　　D. 漏洞扫描

2. ______不属于防火墙能够实现的功能。

A. 网络地址转换　　B. 差错控制

C. 数据包过滤　　D. 数据转发

二、简述题

1. 简述数据备份与服务器容错的区别。

2. 简述系统备份与普通数据备份的区别。

参 考 文 献

[1] 宁蒙. 局域网组建与维护[M]. 北京：机械工业出版社，2020.

[2] 宋一兵. 局域网组建与维护项目教程[M]. 北京：人民邮电出版社，2019.

[3] 杨昊龙，杨云，沈宇春. 局域网组建、管理与维护[M]. 3 版. 北京：机械工业出版社，2019.

[4] 汪双顶，张选波. 局域网构建与管理[M]. 北京：机械工业出版社，2019.

[5] 王卫国，张伊，李明敏. 局域网组建与维护实例教程[M]. 3 版. 北京：清华大学出版社，2018.

[6] 刘永华，张秀洁. 局域网组建、管理与维护[M]. 3 版. 北京：清华大学出版社，2018.

[7] 俞利君，王见，吴秀梅. Windows Server 2008 网络配置与管理实训[M]. 北京：清华大学大学出版社，2017.

[8] 邹迎春. 局域网的搭建[M]. 北京：高等教育出版社，2017.

[9] 史宝会. 局域网组建实训[M]. 北京：高等教育出版社，2016.

[10] 刘华，赵艳杰. 局域网组建、管理与维护[M]. 2 版. 北京：清华大学出版社，2012.

[11] 贺全荣，车世安. 局域网组建、管理及维护实用教程[M]. 北京：清华大学出版社，2009.

[12] 钟小平，张金石. 网络服务器配置与应用[M]. 北京：人民邮电出版社，2008.

[13] 平山工作室，赵江，张锐. 非常网管：Windows Server 2008 配置与应用指南[M]. 北京：人民邮电出版社，2008.

[14] 王群，王春海. 非常网管：网络管理[M]. 北京：人民邮电出版社，2006.

[15] TOMSHO G. 网络维护和故障诊断指南[M]. 北京：清华大学出版社，2003.